高等院校"十三五"系列教材

建筑安装工程计量与计价

主　编　左丽萍　李　茜　滕伟玲
副主编　刘文华　饶　婕　张利娟

南京大学出版社

图书在版编目(CIP)数据

建筑安装工程计量与计价/左丽萍,李茜,滕伟玲主编.—南京:南京大学出版社,2019.2(2025.7 重印)
ISBN 978-7-305-21439-4

Ⅰ.①建…　Ⅱ.①左…　②李…　③滕…　Ⅲ.①建筑安装-建筑造价管理　Ⅳ.①TU723.3

中国版本图书馆 CIP 数据核字(2019)第 011155 号

出版发行　南京大学出版社
社　　址　南京市汉口路 22 号　　　　邮　　编　210093
书　　名　**建筑安装工程计量与计价**
　　　　　JIANZHU ANZHUANG GONGCHENG JILIANG YU JIJIA
主　　编　左丽萍　李　茜　滕伟玲
责任编辑　朱彦霖　　　　　　　编辑热线　025-83597482
照　　排　南京开卷文化传媒有限公司
印　　刷　南京京新印刷有限公司
开　　本　787 mm×1092 mm　1/16　印张 16.25　字数 401 千
版　　次　2025 年 7 月第 1 版第 6 次印刷
ISBN 978-7-305-21439-4
定　　价　45.00 元

网　　址:http://www.njupco.com
官方微博:http://weibo.com/njupco
官方微信号:njupress
销售咨询热线:(025)83594756

前　言

本书根据现行的《建设工程工程量清单计价规范》(GB 50500—2013)、《通用安装工程工程量计算规范》(GB 50856—2013)、《江西省通用安装工程消耗量定额及统一基价表(2017)》,结合建筑安装工程施工图纸和预算实例进行编写。

本书主要介绍了与建筑工程密切相关的建筑安装工程的工程量清单编制及招标控制价文件编制,主要内容有建筑安装工程计量与计价概论、建筑给排水工程计量与计价、建筑电气工程计量与计价、建筑消防工程计量与计价、建筑通风工程计量与计价、安装工程计量与计价软件简介等。

建筑安装工程覆盖多个学科及其交叉的领域,专业面广、设备材料品种繁多、施工技术要求高,所以安装工程计量与计价不仅取决于计价方法的准确运用,对各专业知识的了解也是做好安装工程计量与计价的重要基础。希望大家通过本书基础知识及预算实例的学习后,能够掌握安装工程计价文件的编制方法,并能很快胜任该方面的工作。

本书在编写过程中,力求做到紧跟国家最新规范、概念清楚,具有实用性和操作性强的特点。本书既可作为高等院校工程造价专业及相关专业的教材,也可作为相关工程技术人员的参考用书。

习近平总书记一直非常关心高校思想政治工作,他说高校要"把思想政治工作贯穿教育教学全过程,实现全程育人、全方位育人,努力开创我国高等教育事业发展新局面","要从党和国家事业发展全局的高度,坚守为党育人、为国育才,把立德树人融入思想道德教育、文化知识教育、社会实践教育各环节,贯穿基础教育、职业教育、高等教育各领域,体现到学科体系、教学体系、教材体系、管理体系建设各方面,培根铸魂、启智润心"。

本书将立德树人的思想政治教育有机地结合到建筑安装工程计量与计价的社会

实践中,力求通过这种方式,将社会主义核心价值观深植于读者的心灵。本书将理论与实践相结合,鼓励读者在实际工作中应用所学知识,通过实践案例练习,以加强读者的理解和应用能力。希望通过本书的学习,让读者不仅能够掌握建筑安装工程计量与计价的专业知识,更能体会到大国工匠精神,勇于实现中国梦。

本书由江西理工大学左丽萍、江西建设职业技术学院李茜、西京学院滕伟玲主编;江西理工大学刘文华、江西建设职业技术学院饶婕、西京学院张利娟等副主编。

本书在编写过程中参考了书后所列参考文献中的部分内容,谨在此向其作者致以衷心的感谢!另外在本书编写过程中,还得到了江西理工大学、江西建设职业技术学院、江西省工程造价管理站等单位的大力支持,在此一并表示衷心的感谢!

由于编者水平有限,书中难免有疏漏和不当之处,恳请各位读者批评指正。

编者

2024 年 1 月

目　录

第 1 章 建筑安装工程计量与计价概论

【教学目的】

掌握基本建设程序,建筑安装工程费用的组成及计价方法。

【教学重点】

建筑安装工程费用的组成,安装工程预算定额,工程量清单计价规范。

【思政元素】

古人说:"诚信者,天下之结也"。作为工程人,不仅需要具备扎实的专业知识和技能,更要遵守国家法律法规及行业标准和规范,严格遵守职业道德和职业操守,诚信为本,确保每项工作的合法性及专业性,培育诚信和责任感,在学习、工作中始终保持诚实和信用,避免任何形式的欺诈或误导行为。

1.1 绪论

1. 建设项目总投资

建设项目总投资,是指进行某项工程建设所需的全部费用,即一项工程从立项开始,经可行性研究、勘察设计、建设准备、施工安装、竣工投产这一全过程中预计花费或实际花费的全部投资费用。

生产性建设项目总投资包括固定资产投资和流动资金两部分;非生产性建设项目总投资只包括固定资产投资。

(1) 建设项目总投资分固定资产投资和流动资产投资。

固定资产投资由建筑安装工程费用、设备及工器具购置费及其他费用(工程建设其他费、预备费、建设期贷款利息等)组成,如图1.1所示。

建设项目总投资 ⎰
设备及工器具购置费:设备购置费;工具、器具及生产家具购置费用;设备购置费

建筑安装工程费:人工费、材料费、施工机具使用费、企业管理费、利润、规费、税金;或分部分项工程费、措施项目费、其他项目费、规费和税金

工程建设其他费用:土地使用费、与项目建设有关的其他费用、与未来企业生产经营有关的其他费用

预备费:基本预备费和涨价预备费

建设期利息

固定资产投资方向调节税

经营性项目铺底流动资金

图 1.1 建设项目总投资

（2）建筑安装工程费用包括土建、装修、安装工程费用。

建筑安装工程费是指为完成工程项目建造、生产性设备及配套工程安装所需的费用。该费用是指各类建筑装饰工程预算和列入建筑工程预算的供水、供暖、卫生、通风、煤气等设备费用及其安装费用以及列入建筑工程预算的各种管道、电力、电信和电缆导线敷设工程的费用。

本课程重点讲解建筑工程中的建筑给排水工程、建筑电气工程、建筑消防工程、建筑通风工程计价文件的编制。

2. 建设项目各阶段计价文件的形式

建设工程项目周期长，分为多个工作阶段，参与基本建设的各单位的工作内容和深化程度又各不相同，故形成多次计算工程造价的情况，即在基本建设不同的阶段有不同的计价文件，如图 1.2 所示。

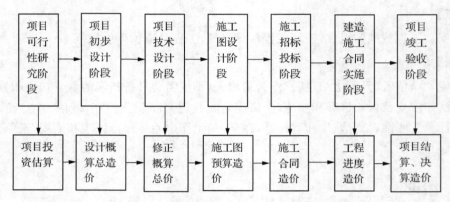

图 1.2　建设工程项目多次计价示意图

（1）项目可行性研究阶段——投资估算

建设单位或其委托的咨询机构依据投资估算指标（如地区公布的相关建设项目的单方造价×××元/m² 或类似工程的造价），对拟建项目的总投资作出估算。投资估算总造价是项目决策、筹款和控制总造价的依据之一。

（2）设计阶段

① 初步设计阶段——概算：设计单位在投资估算的控制下，依据初步设计的图纸和概算定额等资料，编制建设项目从筹建到交付使用所需的全部费用，即投资概算总造价。概算是根据设计要求对工程造价进行概略计算，是设计文件的组成部分，使估算更清晰。

② 技术设计阶段——修正概算：也称为扩大初步设计阶段，各专业相互协调的阶段，其成果可修改投资概算。

③ 施工图设计阶段——施工图预算：在施工图设计完成并经过图纸审查之后，根据施工图纸、计价规范、预算定额、当地当时的人工材料价格等资料，建设单位或其委托的造价咨询机构编制项目施工图预算文件。施工图预算造价更接近工程实际造价，可作为工程招投标的依据。

（3）施工招投标阶段——招标控制价、工程量清单、投标报价

① 建设单位依据施工图纸和施工图预算向投标单位公布招标控制价、提供工程量清单等文件，作为招标文件的组成部分。

② 投标单位依据施工图纸、工程量清单、计价规范、预算定额、企业定额和当地当时的材

料价格等资料,编制投标报价书,是评标委员会确定中标单位、签订合同价的依据之一。

评标委员会根据评标办法确定中标单位,一般情况下中标单位的投标报价就是施工合同价。招投标阶段确定的施工合同价是支付工程进度款、办理竣工结算和工程索赔等的重要依据。

(4) 施工阶段——施工预算、进度款预算

① 项目施工单位依据施工图纸和施工定额、企业定额或企业资源等,安排每个施工阶段的人、材、机等费用,形成施工预算文件,是企业内部备料及成本核算的依据之一。

② 施工单位在施工过程中,依据施工合同中有关付款条件和已完成的工程量,按规定的程序向建设单位申报工程进度表,进度款预算是建设单位审核和拨付工程进度款的依据。

(5) 竣工验收阶段——工程结算、竣工决算

① 工程竣工验收交付使用后,施工单位依据施工合同、变更签证、竣工图纸等资料,编制工程结算书,并由建设单位或其委托的咨询单位进行审核,审核后三方同意的工程结算书,是双方建筑安装工程价款结算的依据之一。

② 工程价款结算后,建设单位编制建设项目从筹建到竣工验收交付使用后,全过程中实际开支的全部费用,称作竣工决算书,是财务中形成固定资产的依据之一。

本课程重点介绍施工图设计阶段安装工程施工图预算的编制。

3. 基本建设项目的划分

(1) 建设项目:指在一个或几个场地上,按一个设计意图,在一个总体设计或初步设计范围内,进行施工的各个项目总和,包括房屋、道路、管网、园林绿化、附属设施(围墙、球场)等总和。

(2) 单项工程:又称为工程项目,指一个建设项目中,具有独立设计文件,竣工后可独立发挥生产能力或效益的工程,如单栋建筑、一期路网等。

(3) 单位工程:是单项工程的组成部分,指具有独立设计文件,可以独立组织施工,但竣工后不能独立发挥生产能力或效益的工程,如土建、装修、给排水、电气工程等。

(4) 分部工程:指在一个单位工程中,按照工程部位、工种以及使用的材料进一步划分的工程,如土方、桩基、砖墙,管道、阀门,导线、灯具等。

(5) 分项工程:指在一个分部工程中,按照不同的施工方法、不同材料和规格对分部工程进一步划分的工程,如一砖墙、半砖墙;钢管、塑料管等。

4. 基本建设项目预算文件的组成

(1) 单位工程预算书:将分项工程、分部工程汇总成一份单位工程预算书,如土建装修工程预算书、给排水工程预算书、电气工程预算书。

(2) 单项工程预算书:将某单项工程所属的各单位工程预算书汇总而成,如教学楼工程预算书;学生宿舍工程预算书等。

(3) 总预算书:指建设项目预算书,是将某建设项目所属的各单项工程预算书汇总而成,如校区一期建设总预算书,某住宅小区建设总预算书等。

将一个庞大、复杂的建设工程有规律地解剖、细分到最基本的构成单位(如分项工程),用其工程量与相应单价相乘,再依次汇总计价,得出整个建设工程总造价。这种方法便于计算、审核、分析和比校,如图 1.3 所示。

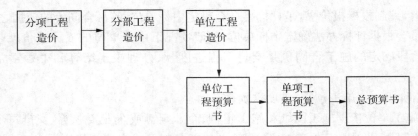

图 1.3　工程造价计价顺序示意图

本课程重点介绍单位工程预算书的编制。

5. 建筑工程费用的计算

我国在过去很长一段时间实行的是计划经济,建设工程价格根据政府制定的定额来计算;但随着我国加入 WTO 与世界接轨,转入社会主义市场经济,采用工程量清单计价办法,更能真实地反应市场经济活动规律,故越来越受到重视;而定额计价办法由于长期使用,又深深地影响了人们的习惯,短时期内不能全改变。因此,现阶段我国存在两种工程造价计算模式,分别是定额计价模式和工程量清单计价模式。

虽然这两种计价方法在采用的单价、编制工程量主体、采用的计算规则和采用的生产要素价格等方面都存在不同,但是影响建设工程价格的基本要素只有两个,即分项工程的实物工程量和单位价格。

(1) 实物工程数量

工程实物量是计价的基础,是指根据相关的工程量计算规则和设计图纸,计算出来的分项工程的实物量。

目前,我国工程量计算规则包括两大类:

① 清单工程量计算规则,即国家标准《建设工程工程量清单计算规范》各附录中规定的计算规则,得出的是清单工程量。

② 定额工程量计算规则,即各类工程建设定额规定的计算规则,得出的是定额计价工程量。

(2) 单位价格

单位价格是由完成相应实物所需资源的数量和相应资源的价格来确定,这里的资源主要是指人工、材料和施工机械的使用;也是指分项工程相对应的价格。

清单计价时是指分项工程的综合单价,包括人工费、材料费、施工机械使用费、企业管理费、利润和一定范围内的风险费用。

定额计价时是指定额基价,即包括人工费、材料费、施工机械使用费。

1.2　定额计价简介

定额计价是我国以前长期使用的一种计价方法,自实施清单计价以来,定额计价方式在建设项目中日趋减少。定额计价是根据统一的工程量计算规则,利用施工图纸计算工程量,然后套取定额(确定价格的依据),确定人工费、材料费、施工机具使用费等,再根据工程费用定额规定的费用计算程序计算工程造价的方法。

同时由于我国实行工程量清单计价的经验正在积累中,很多企业定额还正在完善中,目前当地造价部门发布的消耗量定额及统一基价表,在建设工程各清单项目计价时起着重要的指导作用。

1. 建设工程费用项目组成

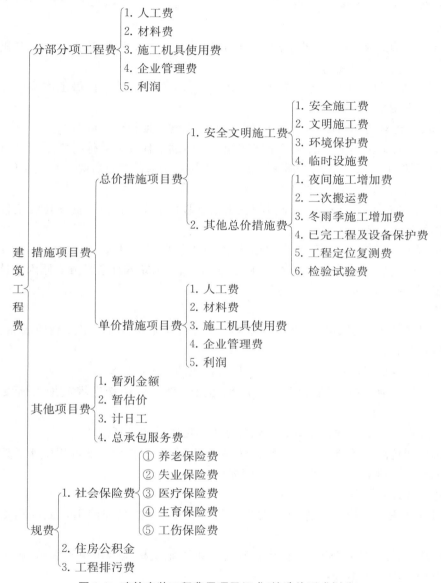

图 1.4 建筑安装工程费用项目组成(按造价形成划分)

建筑安装工程费用按照费用构成要素划分为人工费、材料(包含工程设备)费、施工机具使用费、企业管理费、利润、规费和税金;按照工程造价形成划分为分部分项工程费、措施项目费、其他项目费、规费、税金,其中:分部分项工程、措施项目费、其他项目费包含人工费、材料费、施工机具使用费、企业管理费和利润。

"13 清单规范"第 1.0.3 条解释,建设工程发承包及实施阶段,无论采用何种计价方式,工程造价是由分部分项工程费、措施项目费、其他项目费、规费、税金组成。

1) 分部分项工程费

分部分项工程费是指各专业工程的分部分项工程应予列支的各项费用。专业工程指按现行国家计量规范划分的房屋建筑与装饰、通用安装、市政等工程。分部分项工程指按现行国家计量规范对各专业工程划分的项目。

(1) 人工费

按工资总额构成规定,人工费是指支付给从事建筑安装工程施工的生产工人和附属生产单位工人的各项费用。内容包括:

① 计时工资或计件工资:是指按计时工资标准和工作时间或对已做工作按计件单价支付给个人的劳动报酬。

② 奖金:是指对超额劳动和增收节支支付给个人的劳动报酬。如节约奖、劳动竞赛奖等。

③ 津贴补贴:是指为了补偿职工特殊或额外的劳动消耗和因其他特殊原因支付给个人的津贴,以及为了保证职工工资水平不受物价影响支付给个人的物价补贴。如流动施工津贴、特殊地区施工津贴、高温(寒)作业临时津贴、高空津贴等。

④ 加班加点工资:是指按规定支付的在法定节假日工作的加班工资和在法定日工作时间外延时工作的加点工资。

⑤ 特殊情况下支付的工资:是指根据国家法律、法规和政策规定,因病、工伤、产假、计划生育假、婚丧假、事假、探亲假、定期休假、停工学习、执行国家或社会义务等原因按计时工资标准或计时工资标准的一定比例支付的工资。

(2) 材料费

材料费是指施工过程中耗费的原材料、辅助材料、构配件、零件、半成品或成品、工程设备的费用。内容包括:

① 材料原价:是指材料、工程设备的出厂价格或商家供应价格。

② 运杂费:是指材料、工程设备自来源地运至工地仓库或指定堆放地点所发生的全部费用。

③ 运输损耗费:是指材料在运输装卸过程中不可避免的损耗。

④ 采购及保管费:是指为组织采购、供应和保管材料、工程设备的过程中所需要的各项费用。包括采购费、仓储费、工地保管费、仓储损耗。

(3) 施工机具使用费

施工机具使用费是指施工作业所发生的施工机械、仪器仪表使用费或其租赁费。内容包括:

① 施工机械使用费:以施工机械台班耗用量乘以施工机械台班单价表示,施工机械台班单价应由下列七项费用组成:

a. 折旧费:指施工机械在规定的使用年限内,陆续收回其原值的费用。

b. 大修理费:指施工机械按规定的大修理间隔台班进行必要的大修理,以恢复其正常功能所需的费用。

c. 经常修理费:指施工机械除大修理以外的各级保养和临时故障排除所需的费用。包括为保障机械正常运转所需替换设备与随机配备工具附具的摊销和维护费用,机械运转中日常保养所需润滑与擦拭的材料费用及机械停滞期间的维护和保养费用等。

d. 安拆费及场外运费：安拆费指施工机械(大型机械除外)在现场进行安装与拆卸所需的人工、材料、机械和试运转费用以及机械辅助设施的折旧、搭设、拆除等费用；场外运费指施工机械整体或分体自停放地点运至施工现场或由一施工地点运至另一施工地点的运输、装卸、辅助材料及架线等费用。

e. 人工费：指机上司机(司炉)和其他操作人员的人工费。

f. 燃料动力费：指施工机械在运转作业中所消耗的各种燃料及水、电等。

g. 税费：指施工机械按照国家规定应缴纳的车船使用税、保险费及年检费等。

② 仪器仪表使用费：是指工程施工所需使用的仪器仪表的摊销及维修费用。

（4）企业管理费

企业管理费是指建筑安装企业组织施工生产和经营管理所需的费用。内容包括：

① 管理人员工资：是指按规定支付给管理人员的计时工资、奖金、津贴补贴、加班加点工资及特殊情况下支付的工资等。

② 办公费：是指企业管理办公用的文具、纸张、账表、印刷、邮电、书报、办公软件、现场监控、会议、水电、烧水和集体取暖降温(包括现场临时宿舍取暖降温)等费用。

③ 差旅交通费：是指职工因公出差、调动工作的差旅费、住勤补助费，市内交通费和误餐补助费，职工探亲路费，劳动力招募费，职工退休、退职一次性路费，工伤人员就医路费，工地转移费以及管理部门使用的交通工具的油料、燃料等费用。

④ 固定资产使用费：是指管理和试验部门及附属生产单位使用的属于固定资产的房屋、设备、仪器等的折旧、大修、维修或租赁费。

⑤ 工具用具使用费：是指企业施工生产和管理使用的不属于固定资产的工具、器具、家具、交通工具和检验、试验、测绘、消防用具等的购置、维修和摊销费。

⑥ 劳动保险和职工福利费：是指由企业支付的职工退职金、按规定支付给离休干部的经费，集体福利费、夏季防暑降温、冬季取暖补贴、上下班交通补贴等。

⑦ 劳动保护费：是企业按规定发放的劳动保护用品的支出。如工作服、手套、防暑降温饮料以及在有碍身体健康的环境中施工的保健费用等。

⑧ 工会经费：是指企业按《工会法》规定的全部职工工资总额比例计提的工会经费。

⑨ 职工教育经费：是指按职工工资总额的规定比例计提，企业为职工进行专业技术和职业技能培训，专业技术人员继续教育、职工职业技能鉴定、职业资格认定以及根据需要对职工进行各类文化教育所发生的费用。

⑩ 财产保险费：是指施工管理用财产、车辆等的保险费用。

⑪ 财务费：是指企业为施工生产筹集资金或提供预付款担保、履约担保、职工工资支付担保等所发生的各种费用。

⑫ 税金：是指企业按规定缴纳的房产税、车船使用税、土地使用税、印花税等。

⑬ 附加税：是指企业按规定缴纳的城市维护建设税、教育费附加以及地方教育附加。按简易计税法计算工程造价时，附加税另列入税金。

⑭ 其他：包括技术转让费、技术开发费、投标费、业务招待费、绿化费、广告费、公证费、法律顾问费、审计费、咨询费、保险费等。

（5）利润

利润是指施工企业完成所承包工程获得的盈利。

2）措施项目费

措施项目费是指为完成建设工程施工，发生于该工程施工前和施工过程中的技术、生活、安全、环境保护等方面的费用。措施项目费分为总价措施项目费和单价措施项目费。

（1）总价措施项目费

① 安全文明施工费

a. 环境保护费：是指施工现场为达到环保部门要求所需要的各项费用。

b. 文明施工费：是指施工现场文明施工所需要的各项费用。

c. 安全施工费：是指施工现场安全施工所需要的各项费用。

d. 临时设施费：是指施工企业为进行建设工程施工所必须搭设的生活和生产用的临时建筑物、构筑物和其他临时设施费用。包括临时设施的搭设、维修、拆除、清理费或摊销费等。

② 其他总价措施费

a. 夜间施工增加费：是指因夜间施工所发生的夜班补助费、夜间施工降效、夜间施工照明设备摊销及照明用电等费用。

b. 二次搬运费：是指因施工场地条件限制而发生的材料、构配件、半成品等一次运输不能到达堆放地点，必须进行二次或多次搬运所发生的费用。

c. 冬雨季施工增加费：是指在冬季或雨季施工需增加的临时设施、防滑、排除雨雪，人工及施工机械效率降低等费用。

d. 已完工程及设备保护费：是指竣工验收前，对已完工程及设备采取的必要保护措施所发生的费用。

e. 工程定位复测费：是指工程施工过程中进行全部施工测量放线和复测工作的费用。

f. 检验试验费：是指施工企业按照有关标准规定，对建筑以及材料、构件和建筑安装物进行一般鉴定、检查所发生的费用，包括自设试验室进行试验所耗用的材料等费用。不包括新结构、新材料的试验费，对构件做破坏性试验及其他特殊要求检验试验的费用和建设单位委托检测机构进行检测的费用，对此类检测发生的费用，由建设单位在工程建设其他费用中列支。但对施工企业提供的具有合格证明的材料进行检测不合格的，该检测费用由施工企业支付。

g. 施工因素增加费：是指市政工程中，具有专业施工特点，但又不属于临时设施的范围，并在施工前能预见到发生的因素而增加的费用。在市政工程其他总价措施费率中包含施工因素增加费。

（2）单价措施项目费

单价措施项目是指可以计算工程量的措施项目，如：脚手架、混凝土模板及支架（撑）、垂直运输、超高施工增加、大型机械设备进出场及安拆、施工排水及降水等，以"量"计价，更有利于措施费的确定和调整，其工程量计算规范详见《各专业工程消耗量定额及统一基价表》。

3）其他项目费

（1）暂列金额：招标人在工程量清单中暂定并包括在合同价款中的一笔款项。用于工程合同签订时尚未确定或者不可预见的所需材料、工程设备、服务的采购，施工中可能发生的工程变更、合同约定调整因素出现时的合同价款调整以及发生的索赔、现场签证确认等的费用。

（2）暂估价：招标人在工程量清单中提供的用于支付必然发生但暂时不能确定价格的材料、工程设备的单价以及专业工程的金额。

（3）计日工：在施工过程中，承包人完成发包人提出的工程合同范围以外的零星项目或工作,按合同中约定的单价计价的一种方式。

（4）总承包服务费:总承包人为配合协调发包人进行的专业工程发包,对发包人自行采购的材料、工程设备等进行保管以及施工现场管理、竣工资料汇总整理等服务所需的费用。

4）规费

根据国家法律、法规规定,由省级政府或省级有关权力部门规定施工企业必须缴纳的,应计入建筑安装工程造价的费用。包括:

（1）社会保险费:

a. 养老保险费:是指企业按照规定标准为职工缴纳的基本养老保险费。

b. 失业保险费:是指企业按照规定标准为职工缴纳的失业保险费。

c. 医疗保险费:是指企业按照规定标准为职工缴纳的基本医疗保险费。

d. 生育保险费:是指企业按照规定标准为职工缴纳的生育保险费。

e. 工伤保险费:是指企业按照规定标准为职工缴纳的工伤保险费。

（2）住房公积金:是指企业按规定标准为职工缴纳的住房公积金。

（3）工程排污费:是指按规定缴纳的施工现场工程排污费。

5）税金

税金是指国家税法规定的应计入建筑安装工程造价内的增值税。增值税的计税方法,包括一般计税方法和简易计税方法。

2. 定额计价模式下计价程序

① 收集各种编制依据及资料;包括施工图纸、施工组织设计、现行消耗量定额、费用定额、预算手册、相关价格信息等;

② 按消耗量定额中的"工程量计算规则",计算施工图纸中相应工程量;

③ 套用消耗量定额,编制工程预算表;

④ 进行工料机分析,按规定进行价差调整;

⑤ 套用费用定额,计算其他各项取费,汇总得出总价;

⑥ 撰写编制说明,填写封面,装订成册。

3. 定额计价模式下的单位工程预算文件组成

① 封面

② 编制说明

③ 工程预(结)算书

④ 主要材料价差表

⑤ 工程取费表

另外:工程量计算书另外装订备查。

4. 安装工程消耗量定额

安装工程消耗量定额指在正常的生产条件下,完成合格的单位安装产品所必须消耗的人工、材料、机械台班的数量标准以及相应安装费基价的标准数值。

（1）安装工程消耗量定额组成

《江西省通用安装工程消耗量定额及统一基价表(2017)》(以下简称本定额),是在国家《通用安装工程消耗量定额》(第一册～第十二册)(TY 02—31—2015)基础上,结合江西省实际情况编制完成。本定额共十二册：

第一册　机械设备安装工程

第二册　热力设备安装工程

第三册　静置设备与工艺金属结构制作安装工程

第四册　电气设备安装工程

第五册　建筑智能化工程

第六册　自动化控制仪表安装工程

第七册　通风空调工程

第八册　工业管道工程

第九册　消防工程

第十册　给排水、采暖、燃气工程

第十一册　通信设备及线路工程(另行发布)

第十二册　刷油、防腐蚀、绝热工程

每册定额的内容有定额总说明、各专业工程定额篇说明、目录、分章说明、定额子目表以及附录。

在编制建筑安装工程预算中,常用到的安装定额是第四册(电气)、第五册(智能化)、第七册(通风空调)、第九册(消防)、第十册(给排水、供热)、第十二册(刷油防腐)、第一册(机械设备),其他册定额用得较少。

(2) 安装定额的基价

定额基价是一个计量单位的分项工程的基础价格,从上面内容可知,定额基价是由人工费、材料费、机械台班使用费组成的。

① 人工费＝综合工日×工日单价

a. 综合工日:定额的人工工日不分技术等级,一律以综合工日表示,内容包括基本用工、超运距用工和人工幅度差。

b. 工日单价:《江西省通用安装工程消耗量定额及统一基价表(2017)》综合工日单价是每工日 85 元;人工每工日按 8 小时工作制计算。

② 材料费＝材料消耗量×材料单价

a. 材料消耗量:包括直接消耗在施工中消耗的主要材料、辅助材料、周转材料和其他材料等,并计入了相应损耗。

b. 主要材料:凡定额内未注明单价的材料均为主材,基价中不包括其价格,应根据"( )"内所列的用量,按有关建筑安装材料预算价格计算。分部分项工程中的主材大都为未计价材料。

未计价材料在定额中一般有两种表现形式,计算未计价材料费用的方法也有两种:

第一种,定额表格中列出含量的未计价材料。在定额项目表中的材料栏中,常看到有的数字是"( )"括起来的,括号内的材料数量是该子项目工程的材料消耗量,但其价值并未计入基价。编制预算时未计价材料费用应按括号内的数量和地区材料价格进行计算。

未计价材料数量＝按施工图算出的工程量×括号内的材料消耗量

未计价材料价值＝未计价材料数量×材料单价

第二种,定额表格中未列含量的未计价材料。只是在附注中注明是未计价材料的,此时应按设计用量加损耗量,按地区材料价格计算其价值。

未计价材料数量＝按施工图算出的工程量×(1＋施工损耗率)

未计价材料价值＝未计价材料数量×材料单价

c. 计价材料：在定额编制时，将消耗的辅助或次要材料价值，计入定额基价中，这些材料就称为计价材料。计价材料数量不带括号，其价值已计入定额基价内，编制预算时不应另行计算。

d. 定额中材料单价：是指到工地仓库的价格，包括材料供应价、运输费、运输损耗费、采保费等。实际使用时，定额中的计价材料价格可进行调整。材料预算价格中不包含增值税可抵扣进项税额的价格。

③ 施工机具使用费＝机械台班消耗量×台班单价

a. 定额中的机械台班消耗量：是按正常机械施工工效并考虑机械幅度差综合确定。实际施工中品种、规格、型号、数量与定额不一致，除章节另有说明外，均不做调整。这一点在使用定额时应特别注意。

凡单位价值 2 000 元以内、使用年限在一年以内的不构成固定资产的施工机械，不列入机械台班消耗量，作为工具用具在建筑安装工程费中的企业管理费考虑，其消耗的燃料动力等列入材料内。

b. 施工机械台班单价：是按《江西省建设工程施工机械台班费用定额》(增值税版)计算。机械台班价格的组成项费用均不包括增值税可抵扣进项税额的价格。

(3) 本定额应用时注意事项

① 掌握各分册及各章节的说明，熟悉各章节的适用范围和工程量计算规则。

② 注意区分定额项目表中设备、材料、未计价材料的概念，在套用定额时应区分和注明未计价材料的规格、型号。

③ 掌握各分册中关于按系数计算的费用规定。

④ 掌握安装工程预算定额配套的费用定额的使用。

(4) 本定额几项用系数计算的费用

安装工程预算定额中把不便列项目的内容，如脚手架搭拆费、操作高度增加费、建筑物超高增加费等，用规定的系数计算其费用。这些系数可分为子目系数和综合系数，它们列在各专业定额的册说明中或章节说明中。

① 脚手架搭拆费：是指安装工程施工中，脚手架搭设、拆除和摊销所需的费用。

计算规则：以人工费为基数乘以规定的系数计算。各册定额中脚手架搭拆费系数不同，除定额册中规定不计算此项费用之外，不论工程实际是否搭拆脚手架或搭拆数量多少，均按各册定额说明中规定的系数计算脚手架搭拆费，包干使用。

② 操作高度增加费：当安装物或操作物的高度超过定额规定的安装高度时，可以计算操作高度增加费。安装高度的计算，有楼地面的按楼地面至安装物的高度，无楼地面的按操作地面(或安装地点的设计地面)至安装工作物的高度确定。

计算规则：以超过规定高度以上部分的项目人工费为基数，乘以相应系数计算。规定高度以下部分的项目人工费不作为计算基数。安装定额中规定的各专业工程的超高系数是不同的，使用时一定要根据各定额册的规定正确选择。

③ 建筑物超高增加费：指在建筑物层数大于 6 层或建筑物高度大于 20 m 以上的工业与民用建筑物上进行安装时，引起的人工工效降低、由于人工工效降低而引起的机械降效以及通信联络设备的使用而增加的费用。

需要注意的是，现行安装定额中建筑物超高增加费的适用范围与建筑装饰定额中不同，建筑装饰工程建筑物超高增加费定额子目适用于单层建筑物檐口高度超过 20 m，多层建筑物超过 6 层的项目。

计算规则：以全部工程的人工费为基数乘以规定的系数计算，计算基数中含 6 层或 20 m 以下工程部分，也包括地下室工程。

各册定额规定的建筑物超高增加费系数，根据建筑的层数和建筑物高度为指标设置的，选择系数时，应按照层数和高度两者中的高值确定。突出主体建筑物顶的电梯机房、楼梯间、水箱间、瞭望塔、排烟机房等不计入檐口高度，地下室不计入层数。

本定额未考虑施工与生产同时进行、有害身体健康的环境中施工时降效增加费，发生时另行计算。本定额中遇有两个或两个以上系数时，按连乘法计算。

以《江西省通用安装工程消耗量定额及统一基价表（2017）》为例，各分册中几项用系数计算的费用的规定列举如下：

（5）第四册《电气设备安装工程》用系数计算费用的规定

① 脚手架搭拆费按定额人工费（不包括本册定额第十七章"电气设备调试工程"中人工费，不包括装饰灯具安装工程中人工费）5%计算，其费用中人工费占 35%。

电压等级小于或等于 10 kV 架空输电线路工程、直埋敷设电缆工程、路灯工程不单独计算脚手架费用。

② 操作高度增加费：安装高度距离楼面或地面大于 5 m 时，超过部分工程量按定额人工费乘以系数 1.10 计算（已经考虑了超高因素的定额项目除外，如小区路灯、投光灯、氙气灯、烟囱或水塔指示灯、装饰灯具）。

电缆敷设工程、电压等级≤10 kV 架空输电线路工程不执行本条规定。

③ 建筑物超高增加费：指在建筑物层数大于 6 层或建筑物高度大于 20 m 以上的工业与民用建筑物上进行安装时，按表 1 - 1 计算，建筑物超高增加的费用，其费用中人工费占 65%。

表 1 - 1　建筑物超高增加费

建筑物高度(m)	≤40	≤60	≤80	≤100	≤120	≤140	≤160	≤180	≤200
建筑层数(层)	≤12	≤18	≤24	≤30	≤36	≤42	≤48	≤54	≤60
按人工费的百分比(%)	2	5	9	14	20	26	32	38	44

④ 在地下室内（含地下车库）、暗室内、净高小于 1.6 m 楼层、断面小于 4 m² 且大于 2 m² 隧道或洞内进行安装的工程，定额人工乘以系数 1.12。

⑤ 在管井内、竖井内、断面小于或等于 2 m² 隧道或洞内、封闭吊顶天棚内进行安装的工程（竖井内敷设电缆项目除外），定额人工乘以系数 1.16。

（6）第五册《建筑智能化工程》用系数计算费用的规定

① 操作高度增加费：安装高度距离楼面或地面 5 m 时，超出部分工程量按定额人工费乘以表 1 - 2 所示系数。

表 1 - 2　操作高度增加费

操作高度(m)	≤10	≤30	≤50
系　数	1.20	1.30	1.50

② 建筑物超高增加费:指高度在 6 层或 20 m 以上的工业与民用建筑物上进行安装时增加的费用,按表 1-3 计算,其费用中人工费占 65%。

表 1-3　建筑物超高增加费

建筑物檐高(m)	≤40	≤60	≤80	≤100	≤120	≤140	≤160	≤180	≤200
建筑层数(层)	≤12	≤18	≤24	≤30	≤36	≤42	≤48	≤54	≤60
按人工费的%	2	5	9	14	20	26	32	38	44

(7) 第七册《通风空调工程》用系数计算费用的规定

① 系统调整费:按系统工程人工费 7% 计取,其费用中人工费占 35%。包括漏风量测试和漏光法测试费用。

② 脚手架搭拆费按定额人工费的 4% 计算,其费用中人工费占 35%。

③ 操作高度增加费:本册定额操作物高度是按距离楼地面 6 m 考虑的,超过 6 m 时,超过部分工程量按定额人工费乘以系数 1.20 计取。

④ 建筑物超高增加费:指高度在 6 层或 20 m 以上的工业与民用建筑物上进行安装时增加的费用,按表 1-4 计算,其费用中人工费占 65%。

表 1-4　建筑物超高增加费

建筑物檐高(m)	≤40	≤60	≤80	≤100	≤120	≤140	≤160	≤180	≤200
建筑层数(层)	≤12	≤18	≤24	≤30	≤36	≤42	≤48	≤54	≤60
按人工费的%	2	5	9	14	20	26	32	38	44

(8) 第九册《消防工程》用系数计算费用的规定

① 脚手架搭拆费按定额人工费的 5% 计算,其费用中人工费占 35%。

② 操作高度增加费:本册定额操作高度,均按 5 m 以下编制;安装高度超过 5 m 时,超过部分工程量按定额人工费乘以表 1-5 系数。

表 1-5　操作高度增加费

操作物高度(m)	≤10	≤30
系　数	1.10	1.20

③ 建筑物超高增加费:高度在 6 层或 20 m 以上的工业与民用建筑物上进行安装时增加的费用,按表 1-6 计算,其费用中人工费占 65%。

表 1-6　建筑物超高增加费

建筑物檐高(m)	≤40	≤60	≤80	≤100	≤120	≤140	≤160	≤180	≤200
建筑层数(层)	≤12	≤18	≤24	≤30	≤36	≤42	≤48	≤54	≤60
按人工费的(%)	2	5	9	14	20	26	32	38	44

(9) 第十册《给排水、采暖、燃气工程》用系数计算费用的规定

① 脚手架搭拆费按定额人工费的 5% 计算,其费用中人工费占 35%。单独承担的室外埋地管道工程,不计取该费用。

② 操作高度增加费：定额中操作物高度以距楼地面 3.6 m 为限，超过 3.6 m 时，超过部分工程量按定额人工费乘以表 1-7 所示系数。

表 1-7　操作高度增加费

操作物高度（m）	≤10	≤30	≤50
系　数	1.10	1.20	1.50

③ 建筑物超高增加费，指高度在 6 层或 20 m 以上的工业与民用建筑物上进行安装时增加的费用，按表 1-8 计算，其费用中人工费占 65%。

表 1-8　建筑物超高增加费

建筑物檐高（m）	≤40	≤60	≤80	≤100	≤120	≤140	≤160	≤180	≤200
建筑层数（层）	≤12	≤18	≤24	≤30	≤36	≤42	≤48	≤54	≤60
按人工费的（%）	2	5	9	14	20	26	32	38	44

④ 在洞库、暗室，在已封闭的管道间（井）、地沟、吊顶内安装的项目，人工、机械乘以系数 1.20。

5. 安装工程费用定额

以《江西省建筑与装饰、通用安装、市政工程费用定额》（2017）为例，建设安装工程总价措施费、企业管理费、利润、规费和税金的计取标准如下：

（1）总价措施项目费计取标准

① 安全文明施工措施费［包括安全文明环保费（环境保护、文明施工、安全施工费）和临时设施费］计取标准见表 1-9。

表 1-9　安全文明施工措施费计取标准

专业工程　　　费用名称	计费基础	费用名称及费率（%）	
		安全文明环保费	临时设施费
建筑工程	定额人工费	9.43	4.04
装饰工程		8.26	3.54
安装工程		8.62	3.69
市政建筑工程		6.73	2.89
市政安装工程		4.36	1.87
金属构件制安工程		5.22	2.24
桩基工程		5.94	2.54
建筑工程大型机械土石方及单独土石方工程	定额人工费＋定额机械费	4.70	2.00
市政工程大型机械土石方及单独土石方工程		2.02	0.87

② 其他总价措施费计取标准

表 1-10　其他总价措施费计取标准

专业工程 ＼ 费用名称	计费基础	费率（%）
建筑工程	定额人工费	4.16
装饰工程		2.38
安装工程		3.02
市政建筑工程		6.88
市政安装工程		5.44
金属构件制安工程		4.35
桩基工程		4.28
建筑工程大型机械土石方及单独土石方工程	定额人工费＋定额机械费	2.07
市政工程大型机械土石方及单独土石方工程		2.06

（2）企业管理费、利润计取标准

表 1-11　企业管理费、利润计取标准

专业工程 ＼ 费用名称	计费基础	费用名称及费率				
		企业管理费	附加税			利润
			在市区	在县城、镇	不在市区、县城、镇	
建筑工程	定额人工费	23.29	1.84	1.53	0.92	15.99
装饰工程		10.05	0.83	0.69	0.42	7.41
安装工程		13.12	1.85	1.54	0.93	11.13
市政建筑工程		25.35	2.84	2.36	1.42	23.81
市政安装工程		19.77	2.18	1.81	1.09	16.01
金属构件制安工程		14.08	1.11	0.92	0.56	13.95
桩基工程		18.29	1.43	1.19	0.72	18.35
建筑工程大型机械土石方及单独土石方工程	定额人工费＋定额机械费	11.61	0.92	0.76	0.46	7.98
市政工程大型机械土石方及单独土石方工程		7.61	0.85	0.71	0.43	7.15

（3）规费计取标准（单位：%）

表 1-12　规费计取标准（单位：%）

费用名称 专业工程	计费基础	费用名称及费率		
		社会保险费	住房公积金	工程排污费
建筑工程	定额人工费 + 定额机械费	13.11	3.32	0.17
装饰工程		8.95	2.27	0.11
安装工程		12.50	3.16	0.16
市政建筑工程		12.32	3.12	0.16
市政安装工程		8.97	2.27	0.11
金属构件制安工程		14.23	3.60	0.18
桩基工程		4.25	1.08	0.05
建筑工程大型机械土石方及单独土石方工程		8.24	2.08	0.10
市政工程大型机械土石方及单独土石方工程		5.33	1.35	0.07

（4）税金计取标准

① 一般计税方法

表 1-13　一般计税方法

税金名称	计费基础	税金税率（%）
增值税	不含进项税税前工程总造价	9

② 简易计税方法

表 1-14　简易计税方法

税金名称	计费基础	税金征收率（%）	附加税（%）		
			在市区	在县城、镇	不在市区、县城、镇
增值税	含进项税税前工程总造价	3	0.36	0.3	0.18

1.3　工程量清单计价简介

工程量清单计价方法是国际上通用的方法，是指由招标人按照国家统一规定的工程量计算规则计算工程数量，由投标人按照企业自身的实力，根据招标人提供的工程数量，自主报价的一种模式。这种计价方法与工程招投标活动有着很好的适应性，能够有利于促进工程招投标公平、公正和高效地进行。

1. 工程量清单计价概述

（1）清单计价模式下计价程序

① 收集各种编制依据及资料，包括施工图纸、施工组织设计、现行清单计价规范、消耗量定额、费用定额、预算手册、相关价格信息等；

② 依据清单计价规范中"工程量计算规则"，计算施工图纸中相应工程量；

③ 招标人编制工程量清单和招标控制价；

④ 依据招标人提供的工程量清单和招标控制价，投标人编制投标报价；

⑤ 撰写编制说明，填写封面，装订成册。

（2）工程量清单文件组成

① 封面

② 总说明

③ 分部分项工程和单价措施项目清单与计价表

④ 总价措施项目清单与计价表

⑤ 其他项目清单与计价汇总表

⑥ 规费、税金项目计价表

另外：工程量计算书另外装订备查。

工程量清单编制时注意事项：

封面应按规定的内容填写、签字、盖章，由造价员编制的工程量清单应有负责审核的造价工程师签字、盖章。受委托编制的工程量清单，应有造价工程师签字、盖章以及工程造价咨询人盖章。

总说明应按下列内容填写：

a. 工程概况：建设规模、工程特征、计划工期、施工现场实际情况、自然地理条件、环境保护要求等；

b. 工程招标和专业工程发包范围；

c. 工程量清单编制依据；

d. 工程质量、材料、施工等的特殊要求；

e. 其他需要说明的问题。

（3）**工程量清单计价文件组成**（以招标控制价文件为例）

① 封面、总价

② 总说明

③ 单位工程招标控制价汇总表

④ 分部分项工程和单价措施项目清单与计价表

⑤ 总价措施项目清单与计价表

⑥ 其他项目清单与计价汇总表

⑦ 规费、税金项目计价表

⑧ 综合单价分析表

另外：主要材料及价差表可附在文件后装订备查。

封面应按规定的内容填写、签字、盖章，除承包人自行编制的投标报价和竣工结算外，受委托编制的招标控制价、投标报价、竣工结算，由造价员编制的应有负责审核的造价工程师签字、盖章以及工程造价咨询人盖章。

总说明应按下列内容填写：

a. 工程概况：建设规模、工程特征、计划工期、合同工期、实际工期、施工现场及变化情况、施工织设计的特点、自然地理条件、环境保护要求等。

b. 编制依据。

2.《建设工程工程量清单计价规范》(GB 50500—2013)简介

我国《建设工程工程量清单计价规范》(GB 50500—2003)自 2003 年 7 月 1 日起实施；在 2008 年 12 月 1 日实施修订后的《建设工程工程量清单计价规范》(GB 50500—2008)；在 2013 年 7 月 1 日实施修订后的《建设工程工程量清单计价规范》(GB 50500—2013)，原国家标准 GB 50500—2008 同时废止。《建设工程工程量清单计价规范》(GB 50500—2013)以下简称"13 清单规范"。

"13 清单规范"规定：为规范建设工程造价计价行为，统一建设工程计价文件的编制原则和计价方法，根据《中华人民共和国建筑法》《中华人民共和国合同法》《中华人民共和国招标投标法》等法律法规，制定本规范。本规范适用于建设工程发承包及实施阶段的计价活动。

建设工程包括：房屋建筑与装饰工程、仿古建筑工程、安装工程、市政工程、园林绿化工程、矿山工程、构筑物工程、城市轨道交通工程、爆破工程等。

发承包及实施阶段的计价活动包括：工程量清单编制、招标控制价编制、投标报价编制、工程合同价款的约定、工程施工过程中工程计量与合同价款的支付、索赔与现场签证、合同价款的调整、竣工结算的办理和合同价款争议的解决以及工程造价鉴定等活动，涵盖了工程建设发承包以及施工阶段的整个过程。

"13 清单规范"由正文"清单计价规范"和六本"工程量计算规范"组成。其中"工程量计算规范"分别是房屋建筑与装饰工程、仿古建筑、通用安装、市政、园林绿化、矿山、构筑物、城市轨道交通、爆破工程的工程量计算及工程量清单的编制依据。

(1)"13 清单规范"关于适用范围的规定：

第 3.1.1 条：使用国有资金投资的建设工程发承包，必须采用工程量清单计价(本条为强制性条文，必须严格执行)。

国有资金投资的工程建设项目包括使用国有资金投资和国家融资投资的工程建设项目。

① 国有资金投资的工程建设项目包括：

a. 使用各级财政预算资金的项目；

b. 使用纳入财政管理的各种政府性专项建设资金的项目；

c. 使用国有企事业单位自有资金，并且国有资产投资者实际拥有控制权的项目。

② 国有融资资金投资的工程建设项目包括：

a. 使用国家发行债券所筹资金的项目；

b. 使用国家对外借款或者担保所筹资金的项目；

c. 使用国家政策性贷款的项目；

d. 国家授权投资主体融资的项目；

e. 国家特许的融资项目。

本条为强制性条文，必须严格执行。

第 3.1.2 条：非国有资金投资的建设项目，宜采用工程量清单计价。

第 3.1.3 条：不采用工程量清单计价的建设工程，应执行本规范除工程量清单等专门性规定外的其他规定。

（2）"13 清单规范"关于编制人员的要求及编制原则的规定

第 1.0.4 条：招标工程量清单、招标控制价、投标报价、工程计量、合同价款调整、合同价款结算与支付以及工程造价鉴定等工程造价文件的编制与核对，应由具有专业资格的工程造价人员承担。

第 1.0.5 条：承担工程造价文件的编制与核对的工程造价人员及其所在单位，应对工程造价文件的质量负责。

第 1.0.6 条：建设工程发承包及实施阶段的计价活动应遵循客观、公正、公平的原则。

第 1.0.7 条：建设工程发承包及实施阶段的计价活动，除应符合本规范外，尚应符合国家现行有关标准的规定。

3. 工程量清单编制

工程量清单是指载明建设工程分部分项工程项目、措施项目、其他项目的名称和相应数量以及规费、税金项目等内容的明细清单。"13 清单规范"正文有如下规定：

第 4.1.1 条：工程量清单应由具有编制能力的招标人或受其委托，具有相应资质的工程造价咨询人编制。

工程造价咨询人是指专门从事工程造价咨询服务的中介机构。中介机构应依法取得工程造价咨询企业资质方能成为工程造价咨询人，并只能在其资质等级许可的范围内从事工程造价咨询活动。

第 4.1.2 条：招标工程量清单必须作为招标文件的组成部分，其准确性和完整性由招标人负责。（本条为强制性条文，必须严格执行。）

采用工程量清单方式招标发包，工程量清单必须作为招标文件的组成部分，招标人应将工程量清单连同招标文件的其他内容一并发给投标人，投标人依据工程量清单进行投标报价，对工程量清单不负有核实的义务，更不具有修改和调整的权力。

如招标人委托工程造价咨询人或招标代理人编制，其责任仍应由招标人承担。因为，中标人与招标人签订工程施工合同后，在履约过程中发现工程量清单漏项或错算，引起合同价款调整的，应由发包人（招标人）承担，而非其他编制人，所以此处规定仍由招标人负责。至于因为工程造价咨询人或招标代理人的错误应承担什么责任，则应由招标人与工程造价咨询人或招标代理人通过合同约定处理或协商解决。

第 4.1.3 条：招标工程量清单是工程量清单计价的基础，应作为编制招标控制价、投标报价、计算或调整工量、索赔等的依据之一。

第 4.1.4 条：招标工程量清单应以单位（项）工程为单位编制，应由分部分项工程项目清单、措施项目清单、其他项目清单、规费和税金项目清单组成。

（1）分部分项工程量清单

分部工程是单项或单位工程的组成部分，是按结构部位、路段长度及施工特点或施工任务将单项或单位工程划分为若干分部的工程；分项工程是分部工程的组成部分，是按不同施工方法、材料、工序及路段长度等将分部工程划分为若干个分项或项目的工程。分部分项工程量清单是指构成拟建工程实体的全部分项实体项目名称和相应数量的明细清单。

"13 清单规范"第 4.2.1 条：分部分项工程项目清单必须载明项目编码、项目名称、项目特征、计量单位和工程量。

第 4.2.2 条:分部分项工程项目清单必须根据相关工程现行国家计量规范规定的项目编码、项目名称、项目特征、计量单位和工程量计算规则进行编制。

这两条为强制性条文,必须严格执行。

① 项目编码

项目编码是指分部分项工程和措施项目清单名称的阿拉伯数字标识。项目编码采用十二位阿拉伯数字表示,一至九位应按附录的规定设置,十至十二位应根据拟建工程的工程量清单项目名称设置,同一招标工程的项目编码不得有重码。

举例:01—05—03—004—001

第一级,专业工程代码,01 表示建筑装饰工程

第二级,附录分类顺序码,05 表示混凝土及钢筋混凝土工程

第三级,分部工程顺序码,03 表示现浇混凝土梁

第四级,分项工程项目名称顺序码,004 表示现浇混凝土圈梁

第五级,具体清单项目名称顺序码,由编制人编制,从第一次使用前九位时自 001 开始编码。

如:030404017001 表示安装电气工程控制设备中的配电箱。

清单编制人在自行设置编码时应注意:

a. 一个项目编码对应一个项目名称、计量单位、计算规则、工程内容、综合单价。

b. 项目编码不应再设付码,如用 010302001001 - 1(付码)。

c. 同一个分项工程中项目编码不应重复。

d. 清单编制人在自行设置编码时,并项要慎重考虑。如天棚刮瓷和墙面刮瓷工序相同,但施工部位不同、难易程度不同,一般不考虑并项目。

e. 编制工程量清单出现附录中未包括的项目,编制人应作补充,并报省级或行业工程造价管理机构备案。补充项目的编码由各专业工程量计算规范代码与 B 和三位阿拉伯数字组成,并应从 ＊ ＊ B001 起顺序编制,例如 03B001。

② 项目名称及项目特征

项目名称应按附录的项目名称结合拟建工程的实际确定。

项目特征是构成分部分项工程量清单项目、措施项目自身价值的本质特征,是确定一个清单项目综合单价不可缺少的重要依据。

在编制工程量清单时,必须对项目特征进行全面和准确的描述。为了达到规范、简洁、全面、准确地描述项目特征,具体编制时应考虑如下因素:

a. 清单项目名称可以是附录中的项目名称,也可以结合拟建项目实际的名称适当增减附录中项目名称的文字来表达。

b. 项目特征的描述的内容应按附录中的规定,结合拟建工程的实际,能满足综合单价的需要。

c. 项目特征的描述可直接采用详见 ＊ ＊ 标准图集或 ＊ ＊ 图号的方式,对不能满足项目特征描述的部分,仍用文字描述。

d. 项目特征描述时一般不加序号,有时为了更清晰也可加序号,但不应注明"项目特征"字样。

③ 计量单位

工程量清单中的计量单位应按附录中统一规定的计量单位确定。

如挖土方的计量单位是"m³"，楼地面工程的计量单位是"m²"，钢筋工程的计量单位为"t"，管道的计量单位为"m"，配电箱的计量单位为"台"等。

④ 工程数量

工程量清单中所列工程量应按附录中规定的工程量计算规则计算。

工程数量的有效位数应遵守下列规定：

a. 以"吨"为单位，应保留小数点后三位数字，第四位四舍五入；

b. 以"立方米""平方米""米"为单位，应保留小数点后两位数字，第三位四舍五入；

c. 以"个""项"等为单位，应取整数。

⑤ 编制分部分项工程量清单的注意事项：

a. 分部分项工程量清单为不可调整的闭口清单，是招标文件的组成部分；

b. 招标人对工程量清单的准确性、完整性负责；

c. 投标人如果认为工程量清单内容有不妥或遗漏，只能通过质疑的方式由清单编制人作统一修改更正，并将修改更正后的工程量清单发给所有投标人；

d. 投标人必须按招标工程量清单填报价格，项目编码、项目名称、项目特征、计量单位、工程量必须与招标工程量清单一致。投标人对分部分项工程量清单必须逐一报价，对清单所列内容不允许作任何更改变动，也称"五统一"。

（2）措施项目清单

措施项目清单是指为完成工程项目施工，发生于该工程施工前和施工过程中技术、生活、安全等方面的非工程实体项目的明细清单。

"13 清单规范"第 4.3.1 条：措施项目清单必须根据相关工程现行国家计量规范的规定编制（本条为强制性条文，必须严格执行）。

第 4.3.2 条：措施项目清单应根据拟建工程的实际情况列项。

单价项目指工程量清单中以单价计价的项目，即根据现行国家计量规范规定的工程量计算规则计算工程量，再乘以综合单价计价的项目，如现行国家计量规范规定的分部分项工程项目、可以计算工程量的措施项目。

总价项目是指工程量清单中以总价（或计算基础乘以费率）计价的项目，此类项目在现行国家计量规范中无工程量计算规则，不能计算工程量，如安全文明施工费、夜间施工增加费，以及总承包服务费、规费等。

措施项目划分为单价措施项目和总价措施项目。

单价措施项目参照相应计价定额中单价措施项目列项计算（例如技术措施类的脚手架、模板等）；总价措施项目参照相应《费用定额》中的总价措施列项计算（如安全文明施工、临时设施项目等）。

在编制措施项目清单时，因工程情况不同，出现计量规范附录中未列出的措施项目，可根据工程的具体情况对措施项目清单进行补充。

编制措施项目清单的注意事项：

① 措施项目的发生，涉及多种因素，而影响各个具体的单位工程措施项目的因素又是各异的。因此，清单编制人必须熟悉施工图设计文件，并根据经验和有关规范的规定拟订合理的

施工方案,为投标人提供较全面的措施项目清单。

② 措施项目清单为可调整清单,投标人对招标文件中所列项目,可根据企业自身特点作适当的变更增减。投标人要对拟建工程可能发生的措施项目和措施费用作通盘考虑,一般情况下措施项目清单一经报出,即被认为包括了所有应该发生的措施项目的全部费用。

③ 建筑安装工程的措施项目清单比较简单,依据目前江西省的计价办法,一般情况下单价措施项目有脚手架搭拆费、建筑超高增加费总价措施项目有安全文明环保费、临时设施费、其他总价措施费等。

(3) 其他项目清单

其他项目清单是指除分部分项工程量清单、措施项目清单外的由于招标人的特殊要求而设置的项目清单。

其他项目清单应按照下列内容列项:

① 暂列金额:应根据工程特点按有关计价规定估算。一般可以以分部分项工程量清单费的 10%～15% 为参考。

暂列金额的性质:包括在签约合同价之内,但并不直接属承包人所有,而是由发包人暂定并掌握使用的一笔款项。

暂列金额的用途:

a. 由发包人用于在施工合同协议签订时尚未确定或者不可预见的在施工过程中所需材料、工程设备、服务的采购;

b. 由发包人用于施工过程中合同约定的各种合同价款调整因素出现时的合同价款调整以及索赔、现场签证确认的费用;

c. 其他用于该工程并由发承包双方认可的费用。

② 暂估价:暂估价中的材料、工程设备暂估单价应根据工程造价信息或参照市场价格估算,列出明细表;专业工程暂估价应分不同专业,按有关计价规定估算,列出明细表。

暂估价是在招标阶段预见肯定要发生,只是因为标准不明确或者需要由专业承包人完成,暂时又无法确定具体价格,故在编制工程量清单时采用的一种暂估价格的形式,工程实施阶段各暂估价必须明确。

③ 计日工:在施工过程中,承包人完成发包人提出的工程合同范围以外的零星项目或工作的计日工应列出项目名称、计量单位和暂估数量。

计日工是指对零星项目或工作采取的一种计价方式,包括完成该项作业的人工、材料、施工机械台班。计日工的单价由投标人通过投标报价确定,计日工的数量按完成发包人发出的计日工指令的数量确定。

国际上常见的标准合同条款中,大多数都设立了计日工(Daywork)计价机制。计日工以完成零星工作所消耗的人工工时、材料数量、机械台班进行计量,并按照计日工表中填报的适用项目的单价进行计价支付。计日工适用的零星工作一般是指合同约定之外的或者因变更而产生的、工程量清单中没有相应项目的额外工作,尤其是那些时间不允许事先商定价格的额外工作。

计日工为额外工作和变更的计价提供了一个方便快捷的途径。但是,在以往的实践中,计日工经常被忽略。其主要原因是因为计日工项目的单价水平一般要高于工程量清单项目单价的水平。理论上讲,合理的计日工单价水平一定是高于工程量清单的价格水平,其原因在于计日工往往是用于一些突发性的额外工作,缺少计划性,承包人在调动施工生产资源方面难免会影响已经计划好的工作,生产资源的使用效率也会有一定的降低,客观上造成超出常规的额外投入。另一方面,计日工清单往往忽略给出一个暂定的工程量,无法纳入有效的竞争,也是造成计日工单价水平偏高的原因之一。

因此,为了获得合理的计日工单价,计日工表中一定要给出暂定数量,并且需要根据经验,尽可能估算一个比较贴近实际的数量。当然,尽可能把项目列全,防患于未然,更是值得充分重视的工作。

④ 总承包服务费:应列出总承包人为配合协调发包人服务项目及其内容等。

总承包服务费的性质:是在工程建设的施工阶段实行施工总承包时,由发包人支付给总承包人的一笔费用。承包人进行的专业分包或劳务分包不在此列。

总承包服务费的用途:

a. 当招标人在法律、法规允许的范围内对专业工程进行发包,要求总承包人协调服务;

b. 发包人自行采购供应部分材料、工程设备时,要求总承包人提供保管等相关服务;

c. 总承包人对施工现场进行协调和统一管理、对竣工资料进行统一汇总整理等所需的费用。

对建设工程施工合同而言,由承包人供应材料是最常态的承包方式,但是,发包人从保证工程质量和降低工程造价等角度出发,有时会提出由自己供应一部分材料,而对此法律也是认可的。当发包人自行采购供应部分材料、工程设备时,要求总承包人提供保管等相关服务,双方应约定发包人应承担的保管费用,这也是总承包服务费中的内容之一。需注意的是,在保管期间,承包人不承担不可抗力的风险。

其他项目清单出现上述未列的项目,应根据工程实际情况补充。

(4)规费项目清单

"13 清单规范"第 4.5.1 条:规费项目清单应按照下列内容列项:

① 社会保险费:包括养老保险费、失业保险费、医疗保险费、工伤保险费、生育保险费;

② 住房公积金;

③ 工程排污费。

出现上述未列的项目,应根据省级政府或省级有关部门的规定列项。

(5)税金项目清单

"13 清单规范"第 4.6.1 条:税金项目清单应包括下列内容:

① 营业税;

② 城市维护建设税;

③ 教育费附加;

④ 地方教育附加。

出现上述未列的项目,应根据税务部门的规定列项。

注:编制工程量清单时,规费和税金项目清单,计价软件会按照当地当时有关部门的规定自动生成,不需要清单编制人员在软件中编辑。

我国从 2016 年 5 月 1 日起,建筑行业执行"营改增"的计税方式;增值税的计税方法分一般计税法和简易计税法,在计价软件新建"单位工程"时必须选择合适的计税方式。

4. 招标控制价编制

招标控制价是指招标人根据国家或省级、行业建设主管部门颁发的有关计价依据和办法，以及拟定的招标文件和招标工程量清单，结合工程具体情况编制的招标工程的最高投标限价。

"13 清单规范"第 5.1.1 条：国有资金投资的建设工程招标，招标人必须编制招标控制价（本条为强制性条文，必须严格执行）。

第 5.2.1 条：招标控制价应根据下列依据编制与复核：

① 本规范；

② 国家或省级、行业建设主管部门颁发的计价定额和计价办法；

③ 建设工程设计文件及相关资料；

④ 拟定的招标文件及招标工程量清单；

⑤ 与建设项目相关的标准、规范、技术资料；

⑥ 施工现场情况、工程特点及常规施工方案；

⑦ 工程造价管理机构发布的工程造价信息，当工程造价信息没有发布时，参照市场价；

⑧ 其他的相关资料。

第 5.1.4 条：招标控制价应按照本规范第 5.2.1 条的规定编制，不应上调或下浮。

这体现了招标的公开、公平、公正性，防止招标人有意抬高或压低工程造价、给投标人以错误信息。根据《建设工程质量管理条例》第十条"建设工程发包单位不得迫使承包方以低于成本的价格竞标"的规定，招标人应在招标文件中如实公布招标控制价，不得对所编制的招标控制价进行上浮或下调。

（1）分部分项工程费的计算

"13 清单规范"第 3.1.4 条：工程量清单应采用综合单价计价（本条为强制性条文，必须严格执行）。

综合单价是指完成一个规定清单项目所需的人工费、材料和工程设备费、施工机具使用费和企业管理费、利润以及一定范围内的风险费用。

该定义仍是一种狭义上的综合单价，规费和税金费用并不包括在综合单价中。国际上所谓的综合单价，一般是指包括全部费用的综合单价，在我国目前建筑市场存在过度竞争的情况下，保障税金和规费等不可竞争的费用仍是很有必要的。随着我国社会主义市场经济体制的进一步完善，社会保障机制的进一步健全，实行全费用的综合单价也将只是时间问题。

计算分部分项工程费的步骤：

① 确定单个清单项目所综合的工作内容；

分析工程量清单中"项目名称和项目特征"栏内提供的施工过程，结合企业定额或消耗量定额，确定清单项目所综合的工作内容。

② 计算单个清单项目所综合施工方案的工程量；

③ 组价并确定单个清单综合单价；

a. 根据每个清单项目分解的定额项目的工程量，套用企业定额或消耗量定额得到人工、材料、机械消耗量，再根据市场人工单价、材料价格及机械台班单价，确定人工费、材料费及机械费；

b. 风险因素按材料费或施工机械使用费的一定百分比计算；

c. 计算企业管理费、利润，得出本清单项目的合价；

即：单个清单项目的合价＝∑组价项目定额消耗量×市场人材机单价＋相应企业管理费、利润和风险费；

d. 用单个清单项目的合价除以清单工程量，即得单个清单项目的综合单价。

单个清单项目的综合单价＝单个清单项目的合价/清单工程量

④ 汇总合计：分部分项工程费＝∑单个清单项目综合单价×清单工程量。

（2）甲供材料的计价方式

发包人提供甲供材料，若是招标发包的，应在招标文件中明示；若是直接发包的，应在合同中约定清楚。在合同履行过程中，发包人不应再定甲供材料，否则，就可能产生侵犯承包权的情况。发包人的甲供材料应在招标文件或合同中明确，并包括甲供材料的名称、规格、数量、单价、交货方式、交货地点等。

编制招标控制价和投标报价时，甲供材料单价应计入相应项目的综合单价中；签约后在合同价款支付时，发包人应按扣除甲供材料款，不予支付。需注意的是，投标人编制投标报价时，甲供材料不能让利。

若发包人要求承包人采购已在招标文件中确定为甲供材料的，材料价格应由发承包双方根据市场调查确定，并应另行签订补充协议。

（3）风险费用

风险费用指隐含于已标价工程量清单综合单价中，用于化解发承包双方在工程合同中约定内容和范围内的市场价格波动风险的费用。

"13 清单规范"第 3.4.1 条：建设工程发承包，必须在招标文件、合同中明确计价中的风险内容及其范围，不得采用无限风险、所有风险或类似语句规定计价中的风险内容及范围。（本条为强制性条文，必须严格执行。）

工程建设具有单件性和建设周期长的特点，在工程施工过程中影响工程施工及工程造价的风险因素很多，发承包双方都面临许多风险，但不是所有的风险都是承包人能预测、能控制和能承担损失的。基于市场交易的公平性和工程施工过程中发、承包双方权、责的对等性要求，应按风险共担的原则，对风险进行合理分摊。所以要求招标人在招标文件中或在合同中禁止采用无限风险、所有风险或类似语句规定投标人应承担的风险内容及其风险范围或风险幅度。

根据我国工程建设的特点，风险因素分为三类：

① 投标人应完全承担的风险是技术风险和管理风险，如企业管理费和利润。

② 投标人应有限度承担的是市场风险，如材料价格、施工机具使用费等风险；这个限度就是在招标文件中体现的风险范围（幅度）。

③ 投标人应完全不承担的是法律、法规、规章和政策变化的风险。

"13 清单规范"第 5.2.2 条：综合单价中应包括招标文件中划分的应由投标人承担的风险范围及其费用。招标文件中没有明确的，如是工程造价咨询人编制，应提请招标人明确；如是招标人编制，应予明确。

本规范定义的风险是综合单价包含的内容。根据我国目前工程建设的实际情况，各省、自治区、直辖市建设行政主管部门，均根据当地劳动行政主管部门的有关规定发布人工成本信息，对此关系职工切身利益的人工费不宜纳入风险；材料价格的风险宜控制在 5％以内；施工机具使用费的风险可控制在 10％以内，超过部分予以调整；管理费和利润的风险由投标人全部承担。

编制招标控制价时，单价项目的计价原则：

a. 采用的工程量应是招标工程量清单提供的工程量；

b. 综合单价应按清单规范第 5.2.1 条规定的依据确定；

c. 招标文件提供了暂估单价的材料，应按招标文件确定的暂估单价计入综合单价；

d. 综合单价应当包括招标文件中招标人要求投标人所承担的风险内容及其范围（幅度）产生的风险费用。

（4）措施项目费的计算

措施项目中的单价项目，应根据拟定的招标文件和招标工程量清单项目中的特征描述及有关要求确定综合单价计算。即计算按工程量列项的单价措施费时，要根据所包含的子目内容进行组价，并计算其综合单价，其计算方法及步骤与分部分项工程费相同。

措施项目中的总价项目应根据拟定的招标文件和常规施工方案按规范的规定计价。即计算按费率列项的总价措施费时，可依据当地当时的费用定额中相关费率计算。投标时除安全文明施工费不得让利外，其他措施费投标人都可以根据实际情况自主报价。

一般建筑安装工程的措施项目费（如脚手架搭拆费、环保安全文明措施费、临时设施费、其他总价措施费），都是按费率计算的，相对建筑装饰工程的措施项目费计算要简单。

"13 清单规范"第 3.1.5 条：措施项目中的安全文明施工费必须按国家或省级、行业建设主管部门的规定计算，不得作为竞争性费用。（本条为强制性条文，必须严格执行。）

安全文明施工费是在合同履行过程中，承包人按照国家法律、法规、标准等规定，为保证安全施工、文明施工，保护现场内外环境和搭拆临时设施等所采用的措施而发生的费用。即包括环境保护费、文明施工费、安全施工费、临时设施费。

（5）其他项目费的计算

其他项目费应按下列规定计价：

① 暂列金额应按招标工程量清单中列出的金额填写；

② 暂估价中的材料、工程设备单价应按招标工程量清单中列出的单价计入综合单价；

③ 暂估价中的专业工程金额应按招标工程量清单中列出的金额填写；

④ 计日工应按招标工程量清单中列出的项目及数量，根据工程特点和有关计价依据确定综合单价计算；

⑤ 总承包服务费，招标人应根据招标文件中列出的内容和向总承包人提出的要求，参照下列标准计算：

a. 招标人仅要求对分包的专业工程进行总承包管理和协调时，按分包的专业工程估算造价的 1.5% 计算；

b. 招标人要求对分包的专业工程进行总承包管理和协调，并同时要求提供配合服务时，根据招标文件中列出的配合服务内容和提出的要求，按分包的专业工程估算造价的 3%～5% 计算；

c. 招标人自行供应材料的，按招标人供应材料价值的 1% 计算。

按规定，投标报价时，招标人列出的暂列金额、暂估价中的材料和工程设备单价、暂估价中的专业工程金额投标人不得作为竞争性费用；计日工在清单中列出的项目和数量不得变动，投标人可自主确定计日工的综合单价；总承包服务费根据招标人列出的内容和要求，投标人自主确定。

（6）规费的计算

规费是指政府和有关部门规定必须缴纳的费用的总和，属于不可竞争费用。规费包括养老保险费、失业保险费、医疗保险费、生育保险费、工伤保险费、住房公积金、工程排污费等费用。

在执行时不得随意调整，应严格执照政府和有关部门规定的费率计取。

（7）税金的计算

税金是指国家税法规定的应计入建筑安装工程造价内的增值税。增值税的计税方法，包括一般计税方法和简易计税方法；应在规定计费基础上严格按照政府和有关部门规定的税率计取。

税金＝（分部分项工程费＋措施项目费＋其他项目费＋规费）×税率

"13 清单规范"第 3.1.6 条：规费和税金必须按国家或省级、行业建设主管部门的规定计算，不得作为竞争性费用（本条为强制性条文，必须严格执行）。

复习思考题

1. 基本建设程序不同阶段完成的计价文件分别是什么？

2. 基本建设项目为了便于计量与计价分为哪五类？

3. 目前我国工程造价的计价模式及其费用组成是什么？

4. 定额计价模式下单位工程预算文件组成有哪些？

5. 简述安装工程消耗量定额的概念。

6. 安装工程中脚手架搭拆费、操作高度增加费、建筑物超高增加费的定义和计算规则是什么？

7. 安装工程的企业管理费和利润的计费基础是什么？

8. 清单计价模式下招标控制价文件的组成有哪些？

9. 工程量清单中的项目编码共由多少位数字组成？ 每级编码表示什么？

10. 简述工程量清单中项目特征的作用。

11. 什么是措施项目清单？ 一般安装工程中的措施项目，正常情况下有哪几项？

12. 什么是其他项目清单？ 其他项目清单分为哪几部分？

13. 招标工程量清单中暂列金额和暂估价应如何估算？

14. 简述综合单价的定义。

15. 综合单价中的风险因素分为哪几类？ 人工费、材料费和机械费风险的范围是多少？

16. 工程量清单投标报价时必须遵守的"五统一"是指什么？

17. 投标报价时按规定不得作为竞争性的费用有哪些？

第 2 章　建筑给排水工程计量与计价

【教学目的】

掌握建筑给排水工程定额计价、工程量清单编制及招标控制价编制。

【教学重点】

建筑给排水工程工程量清单计算规则和计价方法。

【思政元素】

习近平总书记强调，"技术工人队伍是支撑中国制造、中国创造的重要力量。我国工人阶级和广大劳动群众要大力弘扬劳模精神、劳动精神、工匠精神，适应当今世界科技革命和产业变革的需要，勤学苦练、深入钻研，勇于创新、敢为人先，不断提高技术技能水平，为推动高质量发展、实施制造强国战略、全面建设社会主义现代化国家贡献智慧和力量"；"激励更多劳动者特别是青年一代走技能成才、技能报国之路，培养更多高技能人才和大国工匠"；"时代发展，需要大国工匠；迈向新征程，需要大力弘扬工匠精神"。

学生在本章学习过程中，需要全面掌握建筑给排水计量与计价的规范与要求，学会正确运用理论知识指导实际操作，形成严谨的工作态度，不断提升解决问题的能力，培养自主学习的能力，增强学习意识，遵循国家规范标准、行业准则进行计量和计价工作。在具体的教学过程中，教师为学生树立正确的价值观，引导学生养成遵守规章制度及行业规范的意识，培养学生养成认真负责的工作态度、严谨细致的工作作风，练就高强的专业能力和专业素养，养成精益求精的工匠精神。

2.1　建筑给排水工程概述

1. 建筑给排水工程的分类与组成

（1）建筑给水工程分类：按其供水对象的不同，可分为以下三类：生活给水系统、生产给水系统、消防给水系统。

（2）建筑排水工程分类：按其所排除污水的性质不同可分以下四类：生活污（废）水的排水系统、生产污（废）水的排水系统、雨水排水系统、空调凝结水排水系统。

（3）建筑给水系统的组成

如图 2.1 所示，建筑给水系统由以下几部分组成：

① 引入管：是指由建筑物外第一个给水阀门引至室内给水总阀门或室内进户总水表之间的管段，是室外给水管网与室内给水管网之间的联络管段，也称进户管。它多埋设于室内外地面以下。

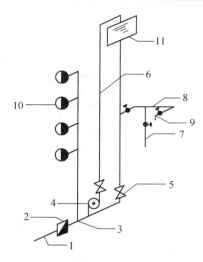

图 2.1　给水系统组成示意图

1. 引入管；2. 水表节点；3. 给水干管；4. 水泵；5. 阀门；6. 给水立管；
7. 大便器冲洗管；8. 给水横管；9. 水龙头；10. 室内消火栓；11. 水箱

② 水表节点：是指引入管上装设的水表及在其前后设置的阀门、泄水装置、旁通管等的总称。水表节点有设有旁通管水表节点和不设旁通管的水表节点，详见图 2.2 和图 2.3。

图 2.2　设有旁通管的水表节点　　**图 2.3　不设旁通管的水表节点**

③ 给水管道系统：由水平的或垂直的干管、立管及横支管等组成。

④ 给水附件：是指给水管道系统上装设的阀门、止回阀、消火栓及各式配水龙头等。它主要用于控制管道中的水流，以满足用户的使用要求。

⑤ 升压和贮水设备：当用户对水压的稳定性和供水的可靠性要求较高时，室内给水系统中通常还需要设置水池、水泵、水箱、气压给水装置等。

（4）建筑排水系统的组成

如图 2.4 所示，建筑排水系统由以下几部分组成：

① 污水收集设备：常见的污水收集设备主要为卫生器具。

② 排水管道系统：它主要由排出管、排水立管、排水横支管组成。

③ 通气装置：通气装置通常由通气管、透气帽等组成。一般建筑物内只设普通通气管，即排水立管向上延伸出建筑物屋面；高层建筑会设有专门的通气立管。透气帽设置在通气管顶端，防止杂物落入管中。

④ 清通设备：清通设备主要有检查口、清扫口及检查井等。清扫口的主要形式有两种，即地面清扫口和横管丝堵清扫口。

⑤ 排水管附件：主要有排水栓、存水弯等。排水栓一般设在盥洗槽、污水盆的下水口处，防止大颗粒的污染物堵塞管道。存水弯一般设置在排水支立管上，防止管道内的污浊空气进入室内。

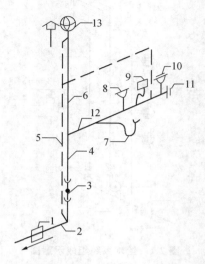

图 2.4　排水系统组成示意图

1. 室外排水检查井；2. 排出管；3. 检查口；4. 排水立管；5. 主通气立管；
6. 伸顶通气立管；7、8、9、10. 卫生器具排水支管；11. 清扫口；12. 排水横管；13. 通气帽

2. 建筑给排水施工图的组成及识读

建筑给排水施工图通常由设计说明、施工平面图（总平面图或底层平面图、标准层平面图、顶层平面图）、给水系统图和排水系统图、大样图或详图及标准图组成。

（1）设计说明主要包括工程概况、所用材料品种及要求、工程做法、卫生器具种类和型号等内容。

（2）管道在平面图上的表示：各种水、卫、暖管道的平面图，一般要把该楼层地面以上和楼板以下的所有管道都表示在该层建筑平面图上，对于底层还要把地沟内的管道表示出来。

（3）管道在系统图上的表示：室内管道系统图主要是反映管道在室内空间的走向和标高位置。

识读给排水施工图时，应首先查看设计说明，明确设计要求，然后将给水和排水分开阅读，把平面图和系统图对照起来看，最后阅读详图和标准图。

① 明确各部分给水管道的空间走向、标高、管道直径及其变化情况，阀门的设置位置和规格、数量。

② 明确各部分排水管道的空间走向、管路分支情况、管道直径及其变化情况，弄清横管的坡度、管道各部分的标高、存水弯的形式、清通设施的设置情况。

2.2　建筑给排水工程计量与计价项目

2.2.1　建筑给排水管道计量与计价项目

按照《通用安装工程工程量计算规范》（GB 50856—2013）附录 K.1，建筑给排水管道的工程量清单项目设置、项目特征描述内容、计量单位、工程量计算规则、工程内容详见表 2−1。

表 2-1　给排水、采暖、燃气管道（编码：031001）

项目编码	项目名称	项目特征	计量单位	工程量计算规则	工程内容
031001001	镀锌钢管	1. 安装部位 2. 介质 3. 规格、压力等级 4. 连接形式 5. 压力试验及吹、洗设计要求 6. 警示带形式	m	按设计图示管道中心线以长度计算	1. 管道安装 2. 管件制作、安装 3. 压力试验 4. 吹扫、冲洗 5. 警示带铺设
031001002	钢管				
031001003	不锈钢管				
031001004	铜管				
031001005	铸铁管	1. 安装部位 2. 介质 3. 材质、规格 4. 连接形式 5. 接口材料 6. 压力试验及吹、洗设计要求 7. 警示带形式			1. 管道安装 2. 管件安装 3. 压力试验 4. 吹扫、冲洗 5. 警示带铺设
031001006	塑料管	1. 安装部位 2. 介质 3. 材质、规格 4. 连接形式 5. 阻火圈设计要求 6. 压力试验及吹、洗设计要求 7. 警示带形式			1. 管道安装 2. 管件安装 3. 塑料卡固定 4. 阻火圈安装 5. 压力试验 6. 吹扫、冲洗 7. 警示带铺设
031001007	复合管	1. 安装部位 2. 介质 3. 规格、压力等级 4. 连接形式 5. 压力试验及吹、洗设计要求 6. 警示带形式			1. 管道安装 2. 管件安装 3. 塑料卡固定 4. 压力试验 5. 吹扫、冲洗 6. 警示带铺设
031001008	直埋式预制保温管	1. 埋设深度 2. 介质 3. 管道材质、规格 4. 连接形式 5. 接口保温材料 6. 压力试验及吹、洗设计要求 7. 警示带形式			1. 管道安装 2. 管件安装 3. 接口保温 4. 压力试验 5. 吹扫、冲洗 6. 警示带铺设

注：1. 安装部位，指管道安装在室内、室外；
　2. 输送介质包括给水、排水、中水、雨水、热媒体、燃气、空调水等；
　3. 方形补偿器制作安装应含在管道安装综合单价中；
　4. 铸铁管安装适用于承插铸铁管、球墨铸铁管、柔性抗震铸铁管等；
　5. 塑料管安装适用于 UPVC、PVC、PP-C、PP-R、PE、PB 管等塑料管材；
　6. 复合管安装适用于钢塑复合管、铝塑复合管、钢骨架复合管等复合型管道安装；
　7. 直埋保温管包括直埋保温管件安装及接口保温；
　8. 排水管道安装包括立管检查口、透气帽；
　9. 管道工程量计算不扣除阀门、管件、（包括减压器、疏水器、水表、伸缩器等组成安装）及附属构筑物所占长度；方形补偿器以其所占长度列入管道安装工程量；
　10. 压力试验按设计要求描述试验方法，如水压实验、气压试验、泄露性实验、闭水实验、通球实验、真空试验等；
　11. 吹、洗按设计要求描述吹扫、冲洗方法，如水冲洗、消毒冲洗、空气吹扫等。

给排水管道清单项目计价时均执行第十册《给排水、采暖、燃气工程》定额(以下简称第十册定额)相应定额子目,计价内容如下:

(1) 管道安装

执行第十册第一章管道安装相应定额子目,区分管道材质、室内外安装、管道连接形式及规格等不同,按设计图示管道中心线长度,不扣除阀门、管件、附件(包括器具组成)及井类所占长度,以"10 m"为计量单位。

定额中铜管、塑料管、复合管(除钢塑复合管外)按公称外径表示,其他管道均按公称直径表示。

① 管道工程量计算时注意事项:

a. 给水管道的分界点:

室内外给水管道:以建筑物外墙皮 1.5 m 为界,建筑物入口处设阀门者以阀门为界。

建筑内水泵房的给水管道:以泵房外墙皮为界。

室外给水与市政管道:与市政管道碰头点或以计量表、阀门(井)为界。

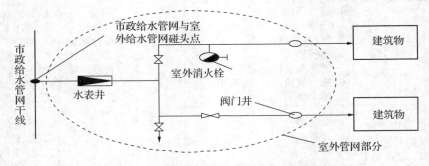

图 2.5 室内外给水管划分示意图

室内给水管道与卫生器具连接的分界线:给水管道工程量计算至卫生器具(含附件)前与管道系统连接的第一个连接件(角阀、三通、弯头、管箍等)止。

b. 排水管道的分界点:

室内与室外管道:以出户第一个排水检查井为界。

室外与市政管道:与市政排水管道碰头井为界。

室内排水管道与卫生器具连接的分界线:排水管道工程量自卫生器具出口处的地面或墙面的设计尺寸算起;与地漏连接的排水管道自地面设计尺寸算起,不扣除地漏所占长度。

另外,计算管道长度时,要注意管道的变径点(一般在三通处);一般按立管的编号顺序计算,不容易漏项;当施工图标注不全时,给水支管按 0.1 m 计算,排水支管按 0.4~0.5 m 计算。

② 管道安装定额应用时注意事项:

a. 室内直埋塑料管道是指敷设于室内地坪下或墙内的塑料给水管段。包括充压隐蔽、水压试验、水冲洗以及地面划线标示等工作内容。

b. 在洞库、暗室,在已封闭的管道间(井)、地沟、吊顶内安装的项目,人工、机械乘以系数1.20。

建筑物(或构筑物)中专为管线设置封闭的竖向通道,称"管道间"(或管道井)。在已封闭的管道间(井)、地沟、吊顶内施工,受到条件限制效率降低,管道、阀门、法兰、支吊架等安装工作,其人工、机械乘以系数 1.2。

c. 安装带保温层的管道时,可执行相应材质及连接形式的管道安装项目,其人工乘以系数 1.10;管道接头保温执行第十二册《刷油、防腐蚀、绝热工程》,其人工、机械乘以系数 2.0。

③ 管件安装

第十册定额管道安装项目中,均包括相应管件安装工作内容。各种管件数量系综合取定,执行定额时,成品管件数量可依据设计文件及施工方案或参照本册附录"管道管件数量取定表"计算,定额中其他消耗量均不做调整。

定额管件含量中不含与螺纹阀门配套的活接、对丝,其用量含在螺纹阀门安装项目中。

钢管焊接安装项目中均综合考虑了成品管件和现场煨制弯管、摔制大小头、挖眼三通。

④ 塑料卡固定

第十册定额管道安装项目中,除室内直埋塑料给水管项目中已包括管卡安装外,均不包括管道支架、管卡、托钩等制作安装以及管道穿墙、楼板套管制作安装、预留孔洞、堵洞、打洞、凿槽等工作内容,发生时,执行第十册定额第十一章相应项目。

⑤ 阻火圈安装

执行第十册定额第十一章中阻火圈相应定额子目,区分工作介质管道直径规格的不同,按设计要求数量以"个"为计量单位。

⑥ 压力试验、吹扫、冲洗

a. 管道安装定额中,包括水压试验及水冲洗内容;管道的消毒冲洗应按本册第十一章相应项目另行计算。

只有当遇到特殊情况,如停工时间较长后再进行安装,或有特殊要求需进行二次打压试验时,才执行第十册定额第十一章中管道水压试验相应定额子目。若因工程需要再次发生管道冲洗时,执行第十一章消毒冲洗定额子目,同时扣减定额中漂白粉消耗量,其他消耗量乘以系数 0.6。

管道的消毒冲洗,执行第十册第十一章管道的消毒冲洗相应定额子目,区分管道直径的不同,按设计图示管道长度以"100 m"为计量单位。实际工程中,一般是生活给水管道需消毒冲洗。

b. 排(雨)水管道包括灌水(闭水)及通球试验工作内容;排水管道不包括止水环、透气帽本体材料,发生时按实际数量另计材料费。

⑦ 警示带铺设

实际工程中警示带、示踪线、地面标志桩一般发生在燃气管道安装中,建筑给排水管道中一般无此施工要求,不计算该项目。若实际发生时,执行第十册定额第四章燃气管带相应定额子目。

2.2.2　管道支架及其他计量与计价项目

按照《通用安装工程工程量计算规范》(GB 50856—2013)附录 K、附录 M 管道支架及其他的工程量清单项目设置、项目特征描述内容、计量单位、工程量计算规则、工程内容详见表 2 - 2。

表 2-2 管道支架及其他

项目编码	项目名称	项目特征	计量单位	工程量计算规则	工程内容
031002001	管道支架	1. 材质 2. 管架形式	1. kg 2. 套	1. 以千克计量,按设计图示质量计算 2. 以套计量,按设计图示数量计算	1. 制作 2. 安装
031002003	套管	1. 名称、类型 2. 材质 3. 规格 4. 填料材质	个	按设计图示数量计算	1. 制作 2. 安装 3. 除锈、刷油
031201001	管道刷油	1. 除锈级别 2. 油漆品种 3. 涂刷遍数、漆膜厚度 4. 标志色方式、品种	1. m² 2. m	1. 以平方米计量,按设计图示表面积尺寸以面积计算 2. 以米计量,按设计图示尺寸以长度计算	1. 除锈 2. 调配、涂刷
031201003	金属结构刷油	1. 除锈级别 2. 油漆品种 3. 结构类型 4. 涂刷遍数、漆膜厚度	1. m² 2. kg	1. 以平方米计量,按设计图示表面积尺寸以面积计算 2. 以千克计量,按金属结构的理论质量计算	
031208002	管道绝热	1. 绝热材料品种 2. 绝热厚度 3. 管道外径 4. 软木品种			1. 安装 2. 软木制品安装
031208004	阀门绝热	1. 绝热材料 2. 绝热厚度 3. 阀门规格	m³	按图示表面积加绝热层厚度及调整系数计算	安装
031208005	法兰绝热	1. 绝热材料 2. 绝热厚度 3. 法兰规格			
030413002	凿(压)槽	1. 名称 2. 规格 3. 类型 4. 填充(恢复)方式 5. 混凝土标准	m	按设计图示尺寸以长度计算	1. 开槽 2. 恢复处理
030413003	打洞(孔)		个	按设计图示数量计算	1. 开孔、洞 2. 恢复处理
010101007	管沟土方	1. 土壤类别 2. 管外径 3. 挖沟深度 4. 回填要求	1. m 2. m³	1. 以米计量,按设计图示以管道中心线长度计算; 2. 以立方米计量,按设计图示管底垫层面积乘以挖土深度计算;无管底垫层按管外径的水平投影面积乘以挖土深度计算。不扣除各类井的长度,井的土方并入。	1. 排地表水 2. 土方开挖 3. 围护(挡土板)支撑 4. 运输 5. 回填

续表

项目编码	项目名称	项目特征	计量单位	工程量计算规则	工程内容

注:1. 单件支架质量 100 kg 以上的管道支吊架执行设备支吊架制作安装;
　　2. 成品支架安装执行相应管道支架或设备支架项目,不再计取制作费,支架本身价值含在综合单价中;
　　3. 套管制作安装,适用于穿基础、墙、楼板等部位的防水套管、填料套管、无填料套管及防火套管等,应分别列项;
　　4. 管道刷油以米计算,按图示中心线以延长米计算,不扣除附属构筑物、管件及阀门等所占长度。管道表面积:$S=\pi \times D \times L$,其中,π 为圆周率,D 为直径,L 为或管道延长米。管道表面积包括管件、阀门、法兰、人孔、管口凹凸部分;
　　5. 金属结构的类型有:一般钢结构、管廊钢结构、H 型钢钢结构等类型;一般钢结构(包括吊、支、托架、梯子、栏杆、平台)、管廊钢结构以 kg 为计量单位;大于 400 mm 的型钢和 H 型钢制结构以 m² 为计量单位;由钢管组成的金属结构刷油按管道刷油项目编码列项,由钢板组成的金属结构刷油按 H 型钢刷油项目编码列项;
　　6. 管道绝热工程量 $V=\pi \times (D+1.033\delta) \times 1.033\delta \times L$,其中,$\pi$ 为圆周率,D 为直径,1.033 为调整系数,δ 为绝热厚度,L 为设备筒体高或管道延长米。
　　管道防潮和保护层工程量 $S=\pi \times (D+2.1\delta+0.008\ 2) \times L$,其中,2.1 为调整系数,0.008 2 为捆扎线直径或钢带厚;
　　7. 阀门绝热工程量:$V=\pi \times (D+1.033\delta) \times 2.5D \times 1.033\delta \times 1.05 \times N$,其中,$N$ 为阀门个数;
　　阀门防潮和保护层工程量:$S=\pi \times (D+2.1\delta) \times 2.5D \times 1.05 \times N$,其中,$N$ 为阀门个数;
　　8. 法兰绝热工程量:$V=\pi \times (D+1.033\delta) \times 1.5D \times 1.033\delta \times 1.05 \times N$,其中,$N$ 为法兰个数;
　　法兰防潮和保护层工程量:$S=\pi \times (D+2.1\delta) \times 1.5D \times 1.05 \times N$,其中,$N$ 为法兰个数;
　　9. 给排水管道凿槽、打洞项目,按本规范附录 D 电气安装工程相关项目编码列项;
　　10. 管沟土方项目适用于管道(给排水、工业、电力、通信)、光(电)缆沟[包括:人(手)孔、接口坑]及连接井(检查井)等。

管道支架及其他清单项目计价内容如下:

(1)管道支架

执行第十册定额第十一章管道支架制作、安装相应定额子目,区分支架单件重量的不同,按设计要求以"100 kg"为计量单位;成品管卡区分工作介质管道直径的不同,按设计要求以"个"为计量单位。

管道支架工程量计算公式为:

管道支架工程量＝$\sum$某种结构形式单个支架的重量×支架的个数

支架个数的确定:支架个数＝某规格的管道长度÷该规格管道支架的间距。计算的得数有小数时向上取整。

单个支架的重量要区分管道的种类及安装部位。管道支架的间距均可参考设计要求或相应的规范要求(如表 2-3)。

表 2-3　钢管水平管道支架的间距

公称直径/mm	15	20	25	32	40	50	70	80	100	125	150
不保温管道/m	2.5	3.0	3.5	3.5	4.0	4.5	5.0	6.0	6.0	6.0	7.0
保温管道/m	1.5	2.0	2.5	2.5	3.0	3.5	3.5	5.0	5.0	5.0	6.0

(2)套管

执行第十册定额第十一章套管制作安装相应定额子目,区分套管的种类、材质、工作介质管道直径的不同,按设计要求以"个"为计量单位。

　　a. 第十册定额刚性防水套管和柔性防水套管安装项目中,包括了配合预留孔洞及浇筑混凝土工作内容。一般套管制作安装项目,均未包括预留孔洞工作,发生时按本章所列预留孔洞项目另行计算。

　　b. 套管制作安装项目已包含堵洞工作内容。第十册定额第十一章所列堵洞项目,适用于管道在穿墙、楼板不安装套管时的洞口封堵。

　　c. 套管内填料按油麻编制,如与设计不符时,可按工程要求调整换算填料。

　　d. 保温管道穿墙、板采用套管时,按保温层外径规格执行套管相应项目。

　　e. 管道保护管是指在管道系统中. 为避免外力(荷载)直接作用在介质管道外壁上,造成介质管道受损而影响正常使用,在介质管道外部设置的保护性管段。

　　(3) 管道刷油

　　① 管道除锈:执行第十二册定额第一章管道除锈相应定额子目,区分轻锈、中锈及除锈方式的不同,按管道的展开外表面积,以"10 m²"为计量单位。

　　② 管道刷油:执行第十二册定额第二章管道刷油相应定额子目,区分刷漆种类和遍数,按管道的展开外表面积计算,以"10 m²"为计量单位。

　　若设计中无明确要求刷漆种类和遍数时,一般明装钢管刷防锈底漆二遍,调和漆或银粉漆面漆二遍;埋地或暗装钢管刷沥青漆二遍。

　　a. 标志色环等零星刷油,执行第十二册定额相应项目,其人工乘以系数 2.0。

　　b. 第十二定额中刷油和防腐蚀工程按安装场地内涂刷油漆考虑,如安装前集中刷油,人工乘以系数 0.45(暖气片除外)。如安装前集中喷涂,执行刷油子目人工乘以系数 0.45,材料乘以系数 1.16,增加喷涂机械电动空气压缩机 3 m³/min(其台班消耗量同调整后的合计工日消耗量)。

　　(4) 金属结构刷油

　　管道、设备的支架刷油按"金属结构刷油"项目编码列项,计价内容有:

　　① 支架除锈:执行第十二册定额第一章钢结构除锈相应定额子目,区分轻锈、中锈及除锈方式的不同,按支架的重量以"kg"为计量单位。

　　② 支架刷油:执行第十二册定额第二章一般钢结构刷油相应定额子目,区分刷漆种类和遍数的不同,按支架的重量以"kg"为计量单位。

　　(5) 管道绝热

　　执行第十二册定额第四章管道绝热相应定额子目,区分不同的保温材料、管道管径及保温厚度的不同,按设计保温层的体积计算,以"m³"为计量单位。

　　a. 定额中管道绝热均按现场安装后绝热施工考虑,若先绝热后安装时,其人工乘以系数 0.9。

　　b. 管道绝热工程,除法兰、阀门单独套用定额外,其他管件均已考虑在内;设备绝热工程,除法兰、人孔单独套用定额外,其封头已考虑在内。

　　c. 根据绝热工程施工及验收技术规范,保温层厚度大于 100 mm,保冷层厚度大于 75 mm 时,若分为两层安装的,其工程量可按两层计算并分别套用定额子目;如厚 140 mm 的要两层,分别为 60 mm 和 80 mm,该两层分别计算工程量,套用定额时,按单层 60 mm 和 80 mm 分别套用定额子目。

　　(6) 阀门、法兰绝热

　　执行第十二册定额第四章阀门、法兰绝热相应定额子目,区分不同的保温材料、直径大小及保温厚度的不同,定额按设计要求数量以"10 个"为计量单位。

　　(7) 给排水管道凿槽

　　执行第十册定额第十一章其他项目中剔堵槽、沟相应定额子目,区分砖结构、混凝土结构及槽沟尺寸的不同,按照设计要求长度以"10 m"为计量单位。

（8）给排水管道打洞孔

执行第十册定额第十一章其他项目中打孔相应定额子目,区分机械钻孔、预留孔洞、堵洞、混凝土楼板、混凝土墙及孔直径的不同,按照设计要求数量以"10 个"为计量单位。

（9）管沟土方

给排水管道管沟土方按《房屋建筑与装饰工程量计算规范》(GB 50584—2013)中管沟土方清单项目编码列项,执行《江西省房屋建筑与装饰工程消耗量定额及统一基价表(2017 版)》(以下简称建筑定额)相应定额子目。

按设计图示管底垫层面积乘以挖土深度计算;无管底垫层按管外径的水平投影面积乘以挖土深度计算。不扣除各类井的长度,井的土方并入,以"10 m³"为计量单位。计价内容如下:

① 管道沟槽挖土方,沟槽断面如图 2.6 所示。
管沟挖土方工程量计算公式:

$$V = h(b + kh)L$$

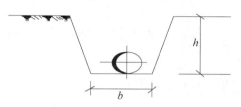

图 2.6　管道沟槽断面

式中:h 为管沟的深度,按设计的室外地面标高与沟槽底标高之差计算;b 为管沟底的宽度,包括工作面宽度;k 为放坡系数,根据土的性质确定;L 为管沟的长度,按管道的安装长度计算。

a. 管道施工的工作面宽度,按表 2-4 计算。

表 2-4　管道施工单面工作面宽度计算表

管道材质	管道基础外沿宽度(无基础时管道外径)(mm)			
	≤500	≤1 000	≤2 500	>2 500
混凝土管、水泥管	400	500	600	700
其他管道	300	400	500	600

b. 土方放坡的起点深度和放坡坡度,按施工组织设计计算;施工组织设计无规定时,按表 2-5 计算。

表 2-5　土方放坡起点深度和放坡坡度表

土壤类别	起点深度(>m)	放坡坡度			
		人工挖土	机械挖土		
			基坑内作业	基坑上作业	沟槽上作业
一二类土	1.20	1:0.50	1:0.33	1:0.75	1:0.50
三类土	1.50	1:0.33	1:0.25	1:0.67	1:0.33
四类土	2.00	1:0.25	1:0.10	1:0.33	1:0.25

c. 管道的沟槽长度,按设计规定计算;设计无规定时,以设计图示管道中心线长度(不扣除下口直径或边长≤1.5 m 的井池)计算。下口直径或边长>1.5 m 的井池的土石方,另按基坑的相应规定计算。

② 管沟土方回填

建筑定额中管道沟槽回填,按挖方体积减去管道基础和表 2-6 所示管道折合回填体积计算。

表 2-6　管道折合回填体积表（m³/m）

管　　道	公称直径（mm 以内）					
	500	600	800	1 000	1 200	1 500
混凝土管及钢筋混凝土管道	—	0.33	0.60	0.92	1.15	1.45
其他材质管道	—	0.22	0.46	0.74	—	—

即 DN500 以下管道土方夯填量不扣除管道体积,DN500 以上扣除管道所占体积。

2.2.3　管道附件计量与计价项目

按照《通用安装工程工程量计算规范》(GB 50856—2013)附录 K.3,管道附件的工程量清单项目设置、项目特征描述内容、计量单位、工程量计算规则、工程内容详见表 2-7。

表 2-7　管道附件（编码:031003）

项目编码	项目名称	项目特征	计量单位	工程量计算规则	工程内容
031003001	螺纹阀门	1. 类型 2. 材质 3. 规格、压力等级 4. 连接形式 5. 焊接方式	个	按设计图示数量计算	1. 安装 2. 电气接线 3. 调试
031003002	螺纹法兰阀门				
031003003	焊接法兰阀门				
031003004	带短管甲乙的阀门	1. 材质 2. 规格、压力等级 3. 连接形式 4. 接口方式及材质			
031003005	塑料阀门	1. 规格 2. 连接形式			1. 安装 2. 调试
031003006	减压器	1. 材质 2. 规格、压力等级 3. 连接形式 4. 附件配置	组		组装
031003007	疏水器				
031003008	除污器（过滤器）	1. 材质 2. 规格、压力等级 3. 连接形式			安装
031003009	补偿器	1. 类型 2. 材质 3. 规格、压力等级 4. 连接形式	个 （组）		

项目编码	项目名称	项目特征	计量单位	工程量计算规则	工程内容
031003010	软接头(软管)	1. 材质 2. 规格 3. 连接方式	个 (组)	按设计图示数量计算	安装
031003011	法兰	1. 材质 2. 规格、压力等级 3. 连接形式	副 (片)		安装
031003012	倒流防止器	1. 材质 2. 型号、规格 3. 连接形式	套		
031003013	水表	1. 安装部位(室内外) 2. 型号、规格 3. 连接形式 4. 附件配置	组 (个)		组装
031003014	热量表	1. 类型 2. 型号、规格 3. 连接形式	块		
031003015	塑料排水管消音器	1. 规格 2. 连接形式	个		安装
031003016	浮标液面计		组		
031003017	浮漂水位标尺	1. 用途 2. 规格	套		

注:1. 法兰阀门安装部位包括法兰连接,不得另计。阀门安装如仅为一侧法兰连接时,应在项目特征中描述;

2. 塑料阀门连接形式需注明热熔连接、黏接、热风焊接等方式;

3. 减压器规格按高压侧管道规格描述;

4. 减压器、疏水器、倒流防止器等项目包括组成与安装工作内容,项目特征应根据设计要求描述附件配置情况,或根据××图集或××施工图做法描述。

管道附件清单项目计价时均执行第十册第五章相应定额子目,计价内容如下:

(1)阀门

执行第十册定额第五章阀门安装相应定额子目,区分阀门种类、连接方式、公称直径等不同,按设计图示数量以"个"为计量单位。

(2)水表

① 普通水表、IC卡水表:执行第十册定额第五章普通水表、IC卡水表安装相应定额子目,区分公称直径的不同,按设计图示数量以"个"为计量单位。

定额中不包括水表前的阀门安装。水表安装定额是按与钢管连接编制的,若与塑料管连接时其人工乘以系数 0.6,材料、机械消耗量可按实调整。

施工图中若如图 2.7 所示,水表前的阀门需按相应阀门列项另计。

② 螺纹水表组成、法兰水表组成：执行第十册定额第五章螺纹水表组成、法兰水表组成相应定额子目，区分组成结构、连接方式、公称直径的不同，按设计图示数量以"组"为计量单位。

图 2.7　水表安装示意图

水表组成安装是依据《国家建筑标准设计图集》05S502 编制的，安装项目已包括标准设计图集中的旁通管安装，旁通连接管所占长度不再另计管道工程量；水表附件组成如实际与定额不同时，可按法兰、阀门等附件安装相应项目分别计算或调整。定额中水表组成附件见表 2-8。

表 2-8　水表组成附件

附件名称	螺纹水表组成	法兰水表组成(无旁通管)	法兰水表组成(带旁通管)
水表	1个	1个	2个
闸阀	2个	2个	4个
止回阀	1个	1个	2个
挠性接头	1个	1个	2个
法兰	—	2个	12个

（3）减压器、疏水器、除污器（过滤器）、倒流防止器

执行第十册定额第五章减压器、疏水器、除污器（过滤器）、倒流防止器安装相应定额子目，区分组成结构、连接方式、公称直径等不同，以"组"为计量单位。减压器安装按高压侧的直径计算。

a. 减压器、疏水器安装均按组成安装考虑，分别依据《国家建筑标准设计图集》01SS105 和 05R407 编制。疏水器组成安装未包括止回阀安装，若安装止回阀执行阀门安装相应项目。单独安装减压器、疏水器时执行阀门安装相应项目。

b. 除污器组成安装依据《国家建筑标准设计图集》03R402 编制，适用于立式、卧式和旋流式除污器组成安装。单个过滤器安装执行阀门安装相应项目人工乘以系数 1.2。

c. 倒流防止器组成安装是根据《国家建筑标准设计图集》12S108-1 编制的，按连接方式不同分为带水表与不带水表安装。

d. 减压器、疏水器、除污器、倒流防止器附件组成如实际与定额不同时，可按法兰、阀门等附件安装相应项目分别计算或调整。

（4）补偿器、软接头、水锤消除器、塑料排水管消声器

执行第十册定额第五章补偿器、软接头、水锤消除器、塑料排水管消声器安装相应定额子目，区分连接方式、公称直径等不同，以"个"为计量单位。

（5）浮标液位计、浮漂水位标尺

执行第十册定额第五章浮标液面计、浮漂水位标尺安装相应定额子目，区分不同的型号，以"组"为计量单位。

浮标液面计、水位标尺分别依据《采暖通风国家标准图集》N102-3 和《全国通用给排水标准图集》S318 编制的，如设计与标准图集不符时，主要材料可作调整，其他不变。

2.2.4　卫生器具计量与计价项目

按照《通用安装工程工程量计算规范》（GB 50856—2013）附录 K.4，卫生器具的工程量清单项目设置、项目特征描述内容、计量单位、工程量计算规则、工程内容详见表 2-9。

表 2-9　卫生器具(编码:031004)

项目编码	项目名称	项目特征	计量单位	工程量计算规则	工程内容
031004001	浴缸	1. 材质 2. 规格、类型 3. 组装形式 4. 附件名称、数量	组	按设计图示数量计算	1. 器具安装 2. 附件安装
031004002	净身盆				
031004003	洗脸盆				
031004004	洗涤盆				
031004005	化验盆				
031004006	大便器				
031004007	小便器				
031004008	其他成品卫生器具				
031004010	淋浴器	1. 材质 2. 规格、类型 3. 附件名称、数量	套		1. 器具安装 2. 附件安装
031004011	淋浴间				
031004012	桑拿浴房				
031004013	大、小便槽自动冲洗水箱	1. 材质、类型 2. 规格 3. 水箱配件 4. 支架形式及做法 5. 器具及支架除锈、刷油设计要求			1. 制作 2. 安装 3. 支架制作、安装 4. 除锈、刷油
031004014	给、排水附(配)件	1. 材质 2. 型号、规格 3. 安装方式	个(组)		安装
031004015	小便槽冲洗管	1. 材质 2. 规格	m	按设计图示长度计算	1. 制作 2. 安装
031004016	蒸汽—水加热器	1. 类型 2. 型号、规格 3. 安装方式	套	按设计图示数量计算	
031004017	冷热水混合器				
031004018	饮水器				
031004019	隔油器	1. 类型 2. 型号、规格 3. 安装部位			安装

注:1. 成品卫生器具项目中的附件安装,主要指给水附件包括水嘴、阀门、喷头等,排水配件包括存水弯、排水栓、下水口等以及配备的连接管;

2. 浴缸支座和浴缸周边的砌砖、瓷砖粘贴,应按现行国家标准《房屋建筑与装饰工程工程量计算规范》(GB 50854)相关项目编码列项;功能性浴缸不含电机接线和调试,应按本规范附录 D 电气设备安装工程相关项目编码列项;

3. 洗脸盆适用于洗脸盆、洗发盆、洗手盆安装;

4. 器具安装中若采用混凝土或砖基础,应采现行国家标准《房屋建筑与装饰工程工程量计算规范》(GB 50854)相关项目编码列项;

5. 给排水附(配)件是指独立安装的水嘴、地漏、地面扫除口等。

卫生器具清单项目计价时均执行第十册相应定额子目,计价内容如下:

(1)各种卫生器具工程量计算

第十册定额中各种卫生器具均按设计图示数量计算,以"10 组"或"10 套"为计量单位。小便槽冲洗管制作与安装按设计图示长度以"10 m"为计量单位,不扣除管件所占的长度。湿蒸房依据使用人数,以"座"为计量单位。

(2)卫生器具定额应用

a. 定额中各类卫生器具安装项目包括卫生器具本体、配套附件、成品支托架安装。各类卫生器具配套附件是指给水附件(水嘴、金属软管、阀门、冲洗管、喷头等)和排水附件(下水口、排水栓、存水弯、与地面或墙面排水口间的排水连接管等)。

b. 定额中各类卫生器具所用附件已列出消耗量,如随设备或器具配套供应时,其消耗量不得重复计算。各类卫生器具支托架如现场制作时,执行第十一章相应项目。

c. 与卫生器具配套的电气安装,应执行第四册《电气设备安装工程》相应项目。

d. 各类卫生器具的混凝土或砖基础、周边砌砖、瓷砖粘贴、蹲式大便器蹲台砌筑、台式洗脸盆的台面,浴厕配件安装,应执行《房屋建筑与装饰工程消耗量定额》相应项目。

e. 各类卫生器具安装不包括预留、堵孔洞,发生时执行第十一章相应项目。

(3)浴盆安装

浴盆安装的范围与管道系统分界点为:

① 给水的分界点为水平管与支管的交接处,水平管的安装高度按 750 mm 考虑。

若水平管的设计高度与其不符时,则需增加引下(上)管,该增加部分管的长度计入室内给水管道的安装中,以下类同。

② 排水的分界点为排水管道的存水弯处。具体安装范围如图 2.8 所示。

③ 浴盆本体、其配套的上下水材料、水嘴、喷头等为未计材料;浴盆冷热水带喷头若采用埋入式安装时,混合水管及管件消耗量应另行计算。按摩浴盆包括配套小型循环设备(过滤罐、水泵、按摩泵、气泵等)安装,其循环管路材料、配件等均按成套供货考虑。浴盆底部所需要填充的干砂材料消耗量另行计算。

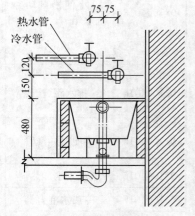

图 2.8 浴盆安装范围示意图

④ 浴盆支架及浴盆周边的砌砖、粘贴瓷板,应执行土建项目。

(4)洗脸(手)盆安装

洗脸(手)盆安装的范围与管道系统分界点为:给水的分界点为水平管与支管的交接处,水平管的安装高度按 530 mm 考虑。若水平管的设计高度与其不符时,则需增加引下(上)管,该增加部分管的长度计入室内给水管道的安装中。排水的分界点为存水弯与排水支管(或短管交接处)具体安装范围如图 2.9 所示。

(5)洗涤盆安装

分界点的划分同浴盆,洗涤盆定额中水平管的安装高

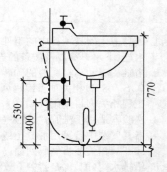

图 2.9 洗脸(手)盆安装范围示意图

度按 900 mm 考虑。安装工作包括上下水管的连接,试水、安装洗涤盆、盆托架。不包括地漏的安装。具体安装范围如图 2.10 所示。

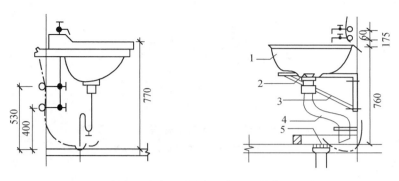

图 2.10　冷热洗涤盆、单冷洗涤盆安装范围示意图

(6) 大便器安装

定额中大便器安装按其形式(蹲式、坐式)、冲洗方式(瓷高水箱、瓷低水箱、手动开关、脚踏开关、感应开关、分体水箱、连体水箱、自闭冲洗阀等)不同,以"10 套"为单位计算。

① 蹲式大便器:给水的分界点为水平管与支管交接处,水平管的安装高度为:高位水箱2 200 mm,普通阀门冲洗交叉点标高为 1 500 mm,其余为 1 000 mm。

"排水"计算到存水弯与排水支管交接处。蹲式大便器安装包括了固定大便器的垫砖,但不含蹲式大便器的砌筑。冲洗管式和高位水箱式安装如图 2.11 和图 2.12 所示。

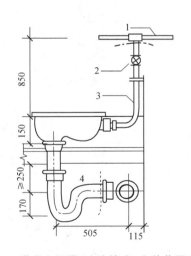

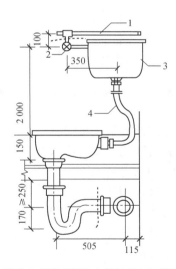

图 2.11　蹲式大便器(冲洗管式)安装范围示意图
1. 水平支管;2. 冲洗阀;3. 冲洗管;4. 存水弯

图 2.12　蹲式大便器(高位水箱冲洗)安装范围示意图
1. 水平支管;2. 进水阀;3. 高位水箱;4. 冲洗管

② 坐式大便器:给水分界点为水平管与连接水箱支管交接处,定额中水平管安装高度按250 mm 考虑。排水计算到坐式大便存水弯与排水支管交接处,如图 2.13 所示。

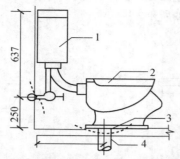

图 2.13　坐大便器(低水箱冲洗)安装范围示意图

1. 低水箱;2. 坐便器;3. 排水管

(7) 小便器安装

小便器安装范围分界点为水平管与支管交接处,其水平管高度 1 200 mm,自动冲洗水箱的水平管为 2 000 mm,如图 2.14 和图 2.15 所示。

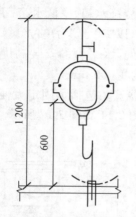

图 2.14　挂式小便器安装范围示意图

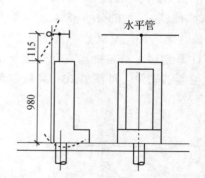

图 2.15　立式小便器安装范围示意图

(8) 淋浴器的组成与安装

淋浴器的组成与安装给水的分界点为水平管与支管的交接处,水平管的安装高度按 1 000 mm 考虑,如水平管的设计高度与其不符时,则需增加引上管,该引上管的长度计入室内给水管道的安装工程量中,如图 2.16 所示。未计价材料为莲蓬喷头、截止阀、成品淋浴器。

(9) 大便槽、小便槽自动冲洗水箱安装

区分容积按设计图示数量,以"10 套"为计量单位。大、小便槽自动冲洗水箱制作不分规格,以"100 kg"为计量单位。定额中已包括水箱和冲洗管的成品支托架、管卡安装,水箱支托架及管卡的制作及刷漆,应按相应定额项目另行计算。

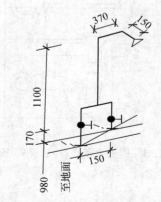

图 2.16　淋浴器安装范围示意图

(10) 小便槽冲洗管制作、安装

定额以"10 m"为计量单位。定额中不包括阀门安装,其工程量按相应定额另行计算。

（11）给、排水附（配）件安装

是指独立安装的水龙头、地漏、地面扫除口、普通雨水斗、虹吸式雨水斗等的安装,定额中均按公称直径的不同,以"10 个"为单位计算。

排水栓分带存水弯和不带存水弯两项,按规格(直径)划分定额子目,以"10 组"为计量单位,排水拴带链堵为未计价材料。

注:第十册定额中洗脸盆、洗手盆、洗涤盆、化验盆等成套卫生器具的安装均包括排水栓安装,不再单独计算排水栓子目。只有不成套的卫生设备(如盥洗池、盥洗槽等)是砼构件,但需安装排水栓时,才用此子目。盥洗池、盥洗槽执行土建预算定额。

（12）蒸气—水加热器、冷热水混合器、饮水器安装

定额中均按类型的不同,以"10 套"为计量单位。

2.2.5　给排水设备计量与计价项目

按照《通用安装工程工程量计算规范》(GB 50856—2013)附录 K.4、D.9、M.2,给排水设备安装、刷油、绝热的工程量清单项目设置、项目特征描述内容、计量单位、工程量计算规则、工程内容详见表 2 - 10。

表 2 - 10　给排水设备安装、刷油、绝热

项目编码	项目名称	项目特征	计量单位	工程量计算规则	工程内容
031006001	变频给水设备	1. 设备名称 2. 型号、规格 3. 水泵主要技术参数 4. 附件名称、规格、数量 5. 减震装置形式	套台	按设计图示数量计算	1. 设备安装 2. 附件安装 3. 调试 4. 减震装置制作、安装
031006002	稳压给水设备				
031006003	无负压给水设备				
031006015	水箱	1. 材质、类型 2. 型号、规格	台		1. 制作 2. 安装
030109001	离心式泵	1. 名称 2. 型号 3. 规格 4. 质量 5. 材质 6. 减震装置形式,数量 7. 灌浆配合比 8. 单机试运转要求	台		1. 本体安装 2. 泵拆装检查 3. 减振台座制作、安装 4. 二次灌浆 5. 单机试运转 6. 补刷(喷)油漆
030109011	潜水泵				
030109012	其他泵				
031201001	设备刷油	1. 除锈级别 2. 油漆品种 3. 涂刷遍数、漆膜厚度 4. 标志色方式、品种	m²	按设计图示表面尺寸以面积计算	1. 除锈 2. 调配、涂刷
031208001	设备绝热	1. 绝热材料品种 2. 绝热厚度 3. 设备形式 4. 软木品种	m³	按图示表面积加绝热层厚度及调整系数计算	1. 安装 2. 软木制品安装

续表

项目编码	项目名称	项目特征	计量单位	工程量计算规则	工程内容
031208007	防潮层、保护层	1. 材料 2. 厚度 3. 层数 4. 对象 5. 结构形式	m²	按图示表面积加绝热层厚度及调整系数计算	安装

注:1. 变频给水设备、稳压给水设备、无负压给水设备安装,说明:
    1) 压力容器包括气压罐、稳压罐、无负压罐;
    2) 水泵包括主泵及备用泵,应注明数量;
    3) 附件包括给水装置中配备的阀门、仪表、软接头,应注明数量,含设备、附件之间管路连接;
    4) 泵组底座安装,不包括基础砌(浇)筑,应按现行国家标准《房屋建筑与装饰工程计量规范》(GB 5084)相关项目编码列项;
  2. 给排水工程中单独安装的水泵按清单规范附录 A.9"泵安装"相应清单编码列项;
  3. 设备筒体表面积:$S=\pi \times D \times L$,其中:π 为圆周率,D 为直径,L 为设备筒体高或管道延长米;
  4. 设备筒体绝热工程量 $V=\pi \times (D+1.033\delta) \times 1.033\delta \times L$,其中:$\pi$ 为圆周率,D 为直径,1.033 为调整系数,δ 为绝热厚度,L 为设备筒体高或管道延长米;
  5. 设备筒体防潮和保护层工程量 $S=\pi \times (D+2.1\delta+0.008\,2) \times L$,其中:2.1 为调整系数,0.008 2 为捆扎线直径或钢带厚。

给排水设备安装、刷油、绝热的工程量清单项目计价内容如下:

(1) 变频给水设备、稳压给水设备、无负压给水设备

执行第十册定额第九章变频、稳压、无负压给水设备相应定额子目,区分设备名称、规格、型号的不同,按同一底座设备重量列项,以"套"为计量单位。定额包括设备基础定位、开箱检查、基础铲麻面、泵体及其配套的部件、附件安装、单机试运转。

(2) 水箱

执行第十册定额第九章水箱安装相应定额子目,区分整体、组装水箱的总容量的不同,按设计图示数量以"台"为计量单位。

a. 水箱安装按成品水箱编制。如现场制作、安装水箱,则按水箱重量执行水箱制作定额子目,按水箱容积执行安装定额子目,水箱主材不得重复计算。

b. 水箱安装适用于玻璃钢、不锈钢、钢板等各种材质,不分圆形、方形,均按箱体容积执行相应项目。

c. 水箱消毒冲洗及注水试验用水按设计图示容积或施工方案计入。

d. 组装水箱的连接材料是随水箱配套供应考虑的。

(3) 水泵

单独安装的水泵按"附录 A.9 泵安装"中相应清单编码列项,执行第一册《机械设备安装工程》定额第八章泵安装相应定额子目,区分泵名称、规格、型号的不同,按同一底座泵本体、电动机等的总重量列项,以"台"为计量单位。

水泵安装定额包括:设备开箱检验、基础处理、垫铁设置、泵设备本体及附件(底座、电动机、联轴器、皮带等)吊装就位、找平找正、垫铁点焊、单机试车、配合检查验收。

给排水设备安装定额应用时注意:

a. 设备安装定额中均包括设备本体以及与其配套的管道、附件、部件的安装和单机试运转或水压试验、通水调试等内容,均不包括与设备外接的第一片法兰或第一个连接口以外的安

装工程量,发生时应另行计算。

b. 设备安装项目中包括与本体配套的压力表、温度计等附件的安装,如实际未随设备供应附件时,其材料另行计算。

c. 设备安装定额中均未包括减震装置、机械设备的拆装检查、基础灌浆、地脚螺栓的埋设,若发生时执行第一册《机械设备安装工程》相应项目。

d. 设备安装定额中均未包括设备支架或底座制作安装,如采用型钢支架执行第十一章设备支架相应子目,混凝土及砖底座执行《房屋建筑与装饰工程消耗量定额》相应项目。

（4）设备刷油

① 设备除锈:执行第十二册定额第一章设备除锈相应定额子目,区分轻锈、中锈及除锈方式的不同,按设备的外表面积,以“10 m²”为计量单位。

② 设备刷油:执行第十二册定额第二章设备刷油相应定额子目,区分刷漆种类和遍数的不同,按设备的外表面积计算,以“10 m²”为计量单位。

（5）设备绝热

执行第十二册定额第四章设备绝热相应定额子目,区分不同的保温材料及保温厚度的不同,按设备设计保温层的体积计算,以“m³”为计量单位。

根据绝热工程施工及验收技术规范,保温层厚度大于 100 mm,保冷层厚度大于 75 mm时,若分为两层安装的,其工程量可按两层计算并分别套用定额子目;如厚 140 mm 的要两层,分别为 60 mm 和 80 mm,该两层分别计算工程量,套用定额时,按单层 60 mm 和 80 mm 分别套用定额子目。

（6）设备防潮层、保护层

执行第十二册定额第四章防潮层、保护层相应定额子目,区分设备的防潮保护材料不同,按设计防潮保护层表面积计算,以“ m²”为计量单位。

2.3　建筑给排水工程计量与计价实例

2.3.1　某专家楼给排水工程施工图及工程量计算

1. 图纸目录

表 2－11　图纸目录

序号	图纸名称	图号	规格	备注
1	设计说明			
2	主要设备及材料表			
3	一层平面图	—	—	
4	二层平面图	—	—	
5	卫生间详图			
6	给水系统图			
7	排水系统图			

2. 建筑给排水设计说明（简要）

（1）总说明

本工程为某专家楼工程，三层楼，建筑面积为 1 428.8 m²。设计有室内生活给水系统、生活污水排水、空调冷凝水排水、雨水排水系统。

（2）给水部分

市政给水管压力为 0.3 MPa，给水方式为市政管网直接供给，生活用水量为 15 m³/d。

给水管材：室内给水采用 PPR 给水管，热熔连接；室外给水管采用 PE 给水管，热熔连接；管道承压均不小于 1.0 MPa。

给水管道埋深若图中没注明时，可按下述原则施工：在水表井、阀门井处为地面以下 1 000 mm；室外管道为地面以下 1 000 mm；室内给水管管顶覆土不小于 300 mm。室外地坪标高为—0.45 m。

阀门选用：除已注明外，其余 $DN \leqslant 50$ mm 采用截止阀，$DN > 50$ mm 采用闸阀。

卫生设备按赣99S304 图集标准安装，型号规格详图示；卫生洁具及配件为优质产品，颜色与建筑物相协调，卫生间采用不锈钢地漏。

（3）排水部分

生活污水经化粪池处理达标后排入市政排水道网。

排水管材：室内生活排水管、雨水管、冷凝水管均采用 UPVC 排水管，承插粘结连接。室外排水管采用双壁波纹管，胶圈接口。

排水管道水平横管用吊架固定，吊架参照国标 03S402 图集施工；立管固定支架间距 $\leqslant$ 3 m；在层高 $\leqslant$ 4 m 时每层立管可安装一个支架。

排水立管上的检查口高度距楼地面为 1 m。

排水横支管与立管连接采用 45°斜三通连接；排水立管与水平排出管连接采用 2 个 45°斜三通弯头连接，立管末端弯头处应做 C15 素砼管道支墩。

屋顶通气管除已注明外，其伸出屋面高度按 0.8 m 考虑。

检查井按国标 02S515/19 施工，井盖采用铸铁井盖；化粪池按标准图集赣 98S401/40（Ⅳ）施工。

（4）其他说明

本工程在每单元平台位置放置两具型号为磷酸铵盐的干粉灭火器（MF/ABC2）。

管道在穿墙、楼板时均需设置比管道管径大 2 号的钢套管，施工时应配合土建预留好孔洞或预埋管道。

其他未说明的均按现行规范执行。

3. 主要设备及材料表

表 2－12　主要设备及材料表

编号	图例	名称	型号及规格	单位	数量	备注
1		坐式大便器	3#	套	12	
2		台式洗脸盆	台式 3#	套	12	
3		洗涤池		套	12	
4		洗衣机		套	12	
5		阀门井	De40	套	4	详 05S502/16
6		阀门井	De50	套	1	详 05S502/16
7		地漏	De50	只	12	网框型
8		排水检查井	$\phi700$	座	6	详 02S515/19
9		砖砌化粪池	4#	座	1	详赣 98S401/40(π)

4. 给排水平面图及系统图

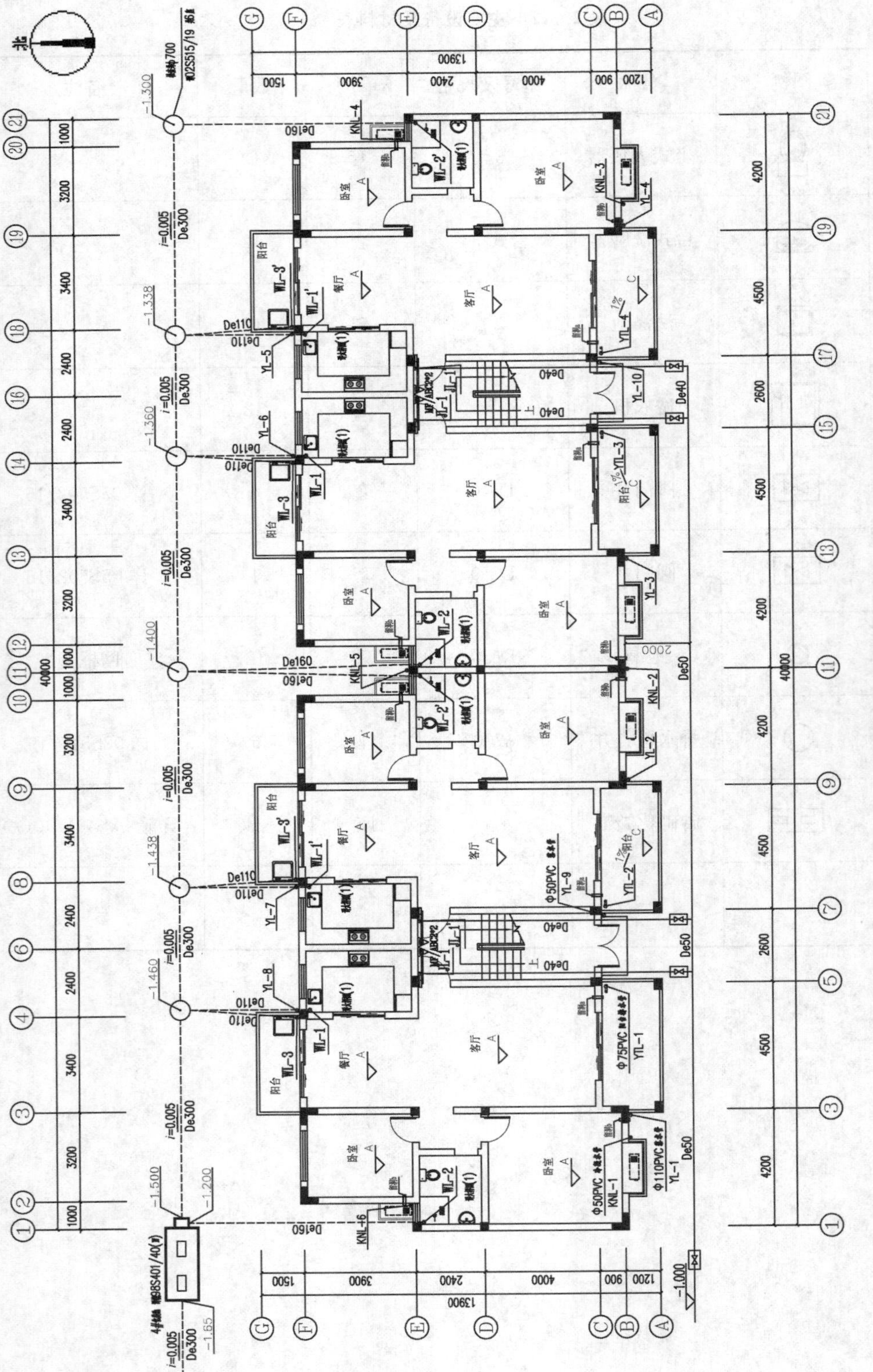

一层给排水平面图

图2.17 一层给排水平面图

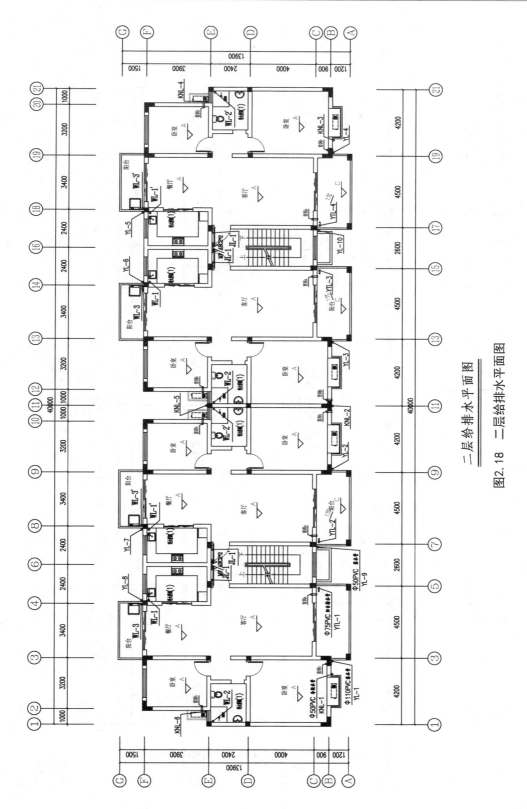

二层给排水平面图

图 2.18　二层给排水平面图

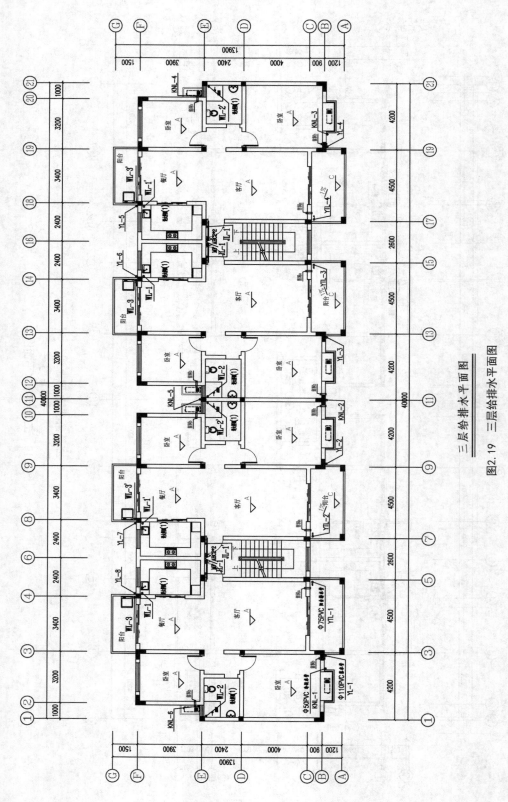

三层给排水平面图

图2.19 三层给排水平面图

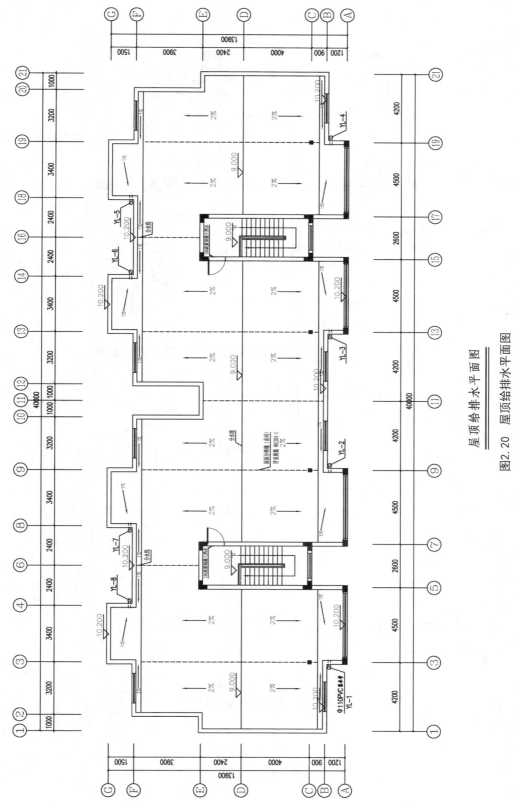

屋顶给排水平面图

图2.20　屋顶给排水平面图

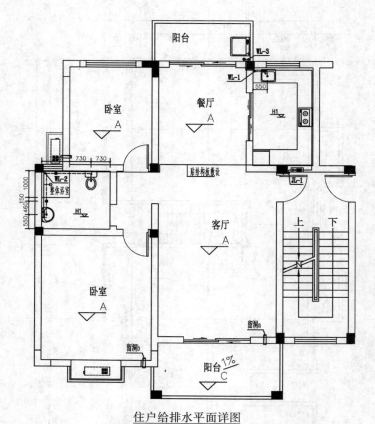

住户给排水平面详图

图 2.21 住户给排水平面详图

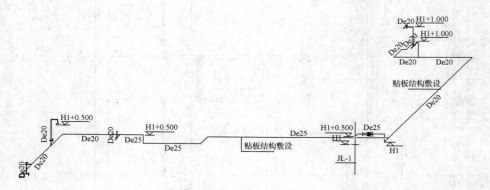

住户给水系统详图

图 2.22 住户给水系统详图

住户排水系统详图

图 2.23　住户排水系统详图

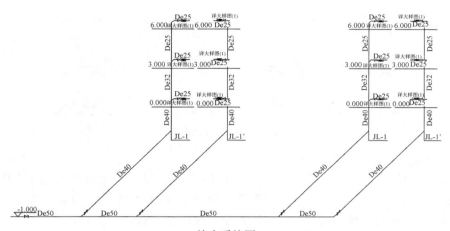

给水系统图

图 2.24　给水系统图

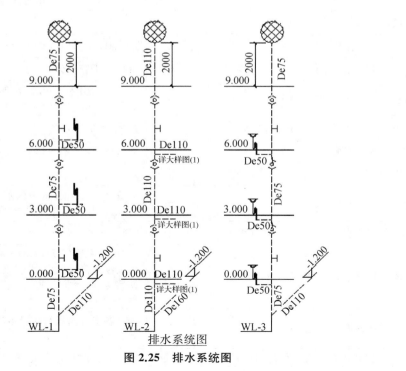

排水系统图

图 2.25　排水系统图

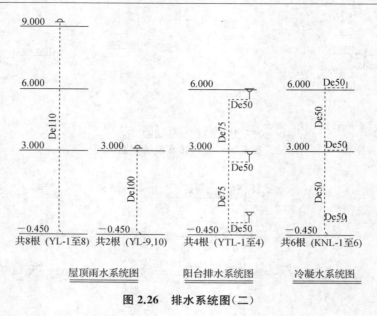

共8根（YL-1至8）　　共2根（YL-9,10）　　共4根（YTL-1至4）　　共6根（KNL-1至6）

屋顶雨水系统图　　　　阳台排水系统图　　　　冷凝水系统图

图 2.26　排水系统图（二）

（5）某专家楼给排水工程量计算

依据某专家楼给排水工程设计施工图、《通用安装工程工程量计算规范》（GB 50856—2013）、《江西省通用安装工程消耗量定额及统一基价表（2017）》中的工程量计算规则、工作内容及定额解释等，该专家楼给排水工程的工程量计算式详见表 2-13。

表 2-13　某专家楼给排水工程量计算式

序号	项目名称	单位	工程量计算式
一	**给水管道**		
1	室外 PE 给水管 De50	m	从总阀门处算起，室外总干管部分：30.6 m
2	室外 PE 给水管 De40	m	室外总干管部分：1.9 m
3	室内 PP-R 给水管 De40	m	从总干管引入各单元算起：[水平管 9.5 m+立管(1+0.5) m]×4 根=44 m
	PP-R 给水管 De40 穿基础墙钢套管	个	1 个×4 根=4 个
4	PP-R 给水管 De32	m	立管 3 m×4 根=12 m
	PP-R 给水管 De32 穿楼板钢套管	个	1 个×4 根=4 个
5	PP-R 给水管 De25	m	立管 3 m×4 根+(户内水平管 9.3 m+垂直管 0.5 m×2 处)×4 户×3 层=135.6 m
	PP-R 给水管 De25 穿楼板钢套管	个	1 个×4 根=4 个
6	PP-R 给水管 De20	m	[户内水平管(6.7+3.5)+接淋浴器支管(1.1-0.5)+接洗脸盆/坐便器支管 0.1 m×2+接厨房/阳台龙头垂直支管 1 m×2]×12 户=156 m
	PP-R 嵌铜件 De20	个	连接各卫生洁具给水设备的内螺纹管件：5 个×12 户=60 个
注：管道消毒冲洗工程量同相应管径的工程量；PP-R 给水管无刷油、绝热保温措施，故不计。			

续表

序号	项目名称	单位	工程量计算式
二	**给水附件及卫生器具**		
1	PE 截止阀 De50	个	总管处:1 个
2	PP－R 截止阀 De40	个	1 个×4 单元＝4 个
3	PP－R 截止阀 De25	个	1 个×12 户＝12 个
4	普通螺纹水表 DN20	个	1 个×12 户＝12 个
5	台式洗脸盆	套	1 套×12 户＝12 套
6	整体浴室	套	1 套×12 户＝12 套
7	坐式大便器	套	1 套×12 户＝12 套
8	洗涤盆(厨房)	套	1 套×12 户＝12 套
9	洗衣机水龙头 DN15	个	1 个×12 户＝12 个
10	不锈钢地漏 DN50	个	(卫生间 2 个＋阳台 1 个×2)×12 户＝48 个
三	**室内排水管道**		
W－1、1'(厨房排水)			
	UPVC 排水管 DN50	m	支管:0.6 m×12 户＝7.2 m
	UPVC 排水管 DN75	m	立管:(1.2＋9＋2)m×4 根＝48.8 m
	UPVC 排水管 DN75 穿楼板钢套管	个	3 个×4 根＝12 个
	UPVC 排水管 DN110	m	排出管 4.16 m×4 根＝16.64 m
	UPVC 排水管 DN110 穿基础钢套管	个	1 个×4 根＝4 个
W－2、2'(卫生间排水)			
	UPVC 排水管 DN50	m	[支管:0.3 m×3 个＋横管(0.46＋0.15＋0.8)]×12 户＝27.72 m
	UPVC 排水管 DN110	m	[支管:0.3 m×1 个＋横管(0.73＋0.8)]×12 户＝21.96 m 立管:(1.2＋9＋2)m×4 根＝48.8 m
	UPVC 排水管 DN110 穿楼板钢套管	个	3 个×4 根＝12 个
	UPVC 排水管 DN160	m	排出管 8.1 m×4 根＝32.4 m
	UPVC 排水管 DN160 穿基础钢套管	个	1 个×4 根＝4 个
W－3、3'			
	UPVC 排水管 DN50	m	(支管:0.3 m＋横管 0.2)×12 户＝6 m
	UPVC 排水管 DN75	m	立管:(1.2＋9＋2)m×4 根＝48.8 m
	UPVC 排水管 DN75 穿楼板钢套管	个	3 个×4 根＝12 个
	UPVC 排水管 DN110	m	排出管 3.72 m×4 根＝14.88 m

续表

序号	项目名称	单位	工程量计算式
YTL-1~4(前面阳台排水)			
	UPVC 排水管 DN50	m	(支管:0.3 m+横管 0.2)×12 户=6 m
	UPVC 排水管 DN75	m	立管:(6+0.45)m×4 根=25.8 m
	UPVC 排水管 DN75 穿楼板钢套管	个	3 个×4 根=12 个
KNL-1~6	UPVC 排水管 DN50	m	(支管:0.3 m+横管 0.2) m×3 层×6 根+立管(6+0.45)m×6 根=47.7 m
UPVC 排水管长度小计:			
1	UPVC 排水管 DN50	m	7.2+27.72+6+6+47.7=94.62 m
2	UPVC 排水管 DN75	m	48.8+48.8+25.8=123.4 m
	UPVC 排水管 DN75 穿楼板钢套管	个	12+12+12=36 个
3	UPVC 排水管 DN110	m	16.64+48.8+21.96+14.88=102.28 m
	UPVC 排水管 DN110 穿楼板钢套管	个	4+12=16 个
4	UPVC 排水管 DN160	m	32.4 m
	UPVC 排水管 DN160 穿基础钢套管	个	4 个
四	**雨水管道**		
YL-1~8	UPVC 雨水管 DN110	m	立管(9+0.45)×8 根=75.6 m
YL-9~10	UPVC 雨水管 DN110	m	立管(3+0.45)×2 根=6.9m
	雨水斗 DN100	个	8+2=10 个
五	**其他项目**		
1	磷酸铵盐干粉灭火器 MF/ABC2	具	2 具×6 个=12 具
2	室外排水双壁波纹管 DN300	m	不扣除检查井所占的长度,在 CAD 图中直接量取 39
3	管沟土方挖填	M3	给水管长(30.6+1.9+4.4×4)×宽0.65×深(1-0.45)+排水管长(3.9×4+7.5×3)×宽 0.9×深(1.2-0.45)+室外排水管长 39×宽 0.9×深(1.4-0.45)=76.96 m³
六	**计入土建预算项目**		
1	Φ700 检查井详 02S515/19	座	6
2	4#化粪池 98S401/40(Ⅳ)	座	1
3	方形阀门井	座	1+4=5 座
注:计入土建预算的项目仅在此列出,未计入本书的建筑给排水预算中。			

注:建筑给排水工程各个清单项目的计量单位及计算规则,与相应定额子目的计量单位及计算规则相同。

2.3.2　某专家楼给排水工程定额计价实例

根据《江西省通用安装工程消耗量定额及统一基价表(2017)》及其配套的费用定额,及 2.3.1 节计算的某专家楼给排水工程工程量,编制该专家楼给排水工程定额计价文件如下:

1. 封面

表 2 - 14　封面

工程预算书

工程名称:某专家楼给排水工程预算(定额计价)

预算造价(大写):壹拾贰万零捌佰零肆元肆角叁分

(小写):120804.43 元

法定代表人或其授权人:略

(签字或盖章)

编制人:略

(造价人员签字盖专用章)

编制时间:×年×月×日

2. 编制说明

表 2 - 15　编制说明

某专家楼给排水工程预算

编制说明

　一、工程概况:该项目为江西省某市区的一栋三层专家楼的生活给排水工程,建筑面积为 1 428.8 m²。本预算范围为设计施工图中的生活给排水、雨水系统。

　二、预算编制依据:

　1. 建设单位提供的该工程设计施工图纸及相关通知;

　2.《江西省通用安装工程消耗量定额及统一基价表(2017)》及其配套的费用定额;

　3. 主要材料价格:按照江西省造价管理站发布的安装工程信息价,信息价中没列出的主材单价按市场中档材料价格计取;

　4. 按现行政策性文件,安装人工费按 100 元/工日调差;一般计税法计算税金。

　三、预算书说明:

　1. 给水管道从总阀门井处算起,排水管道算到接入化粪池止。室外阀门井、检查井、化粪池计入土建预算中,本给排水预算书中未计。

　2. 考虑到施工中可能发生的设计变更或签证,按业主要求,本给排水预算预留金为 10 000 元。

　3. 其他未尽事宜详见该工程设计施工图及附后的工程预算书。

3. 安装工程预算表

工程名称：某专家楼给排水工程预算（定额计价）

表2-16 安装工程预算表

序号	编码	名称	单位	数量	单价(元) 基价	单价(元) 工资	合价(元) 合价	合价(元) 工资	主材设备 名称	主材设备 单位	主材设备 数量	主材设备 单价	主材设备费
1	10-1-259	室外PE塑料给水管（热熔连接）公称外径(mm以内)50	10 m	3.06	57.85	56.02	177.02	171.42	PE塑料给水管|De50	m	31.212	13.21	412.31
									室外PE塑料给水管热熔管件|De50	个	8.752	2.77	24.24
2	10-1-258	室外PE塑料给水管（热熔连接）公称外径(mm以内)40	10 m	0.19	52.99	51.43	10.07	9.77	PE塑料给水管|De40	m	1.938	8.79	17.04
									室外PE塑料给水管热熔管件|De40	个	0.562	2.51	1.41
3	10-1-326	室内PPR塑料给水管（热熔连接）公称外径(mm以内)40	10 m	4.4	118.88	116.28	523.07	511.63	PPR塑料给水管|De40	m	44.704	10.51	469.84
									室内PPR塑料给水管热熔管件|De40	个	39.028	2.68	104.6
4	10-1-325	室内PPR塑料给水管（热熔连接）公称外径(mm以内)32	10 m	1.2	105.63	103.45	126.76	124.14	PPR塑料给水管|De32	m	12.192	6.06	73.88
									室内PPR塑料给水管热熔管件|De32	个	12.972	1.75	22.7
5	10-1-324	室内PPR塑料给水管（热熔连接）公称外径(mm以内)25	10 m	13.56	97.66	95.8	1 324.27	1 299.05	室内PPR塑料给水管|De25	m	137.77	3.8	523.52
									室内PPR塑料给水管热熔管件|De25	个	166.11	1.04	172.75
6	10-1-323	室内PPR塑料给水管（热熔连接）公称外径(mm以内)20	10 m	15.6	87.95	86.28	1 372.02	1 345.97	室内PPR塑料给水管|De20	m	158.496	2.6	412.09
									室内PPR塑料给水管热熔管件|De20	个	237.12	0.61	144.64
7	10-11-140	管道消毒、冲洗 公称直径(mm以内)40	100 m	0.306	44.25	41.74	13.54	12.77					
8	10-11-139	管道消毒、冲洗 公称直径(mm以内)32	100 m	0.459	41	39.1	18.82	17.95					

续表

序号	编码	名称	单位	数量	单价(元) 基价	单价(元) 工资	合价(元) 合价	合价(元) 工资	主材设备 名称	主材设备 单位	主材设备 数量	主材设备 单价	主材设备费
9	10-11-138	管道消毒、冲洗 公称直径(mm以内)25	100 m	0.12	37.47	36.38	4.5	4.37					
10	10-11-137	管道消毒、冲洗 公称直径(mm以内)20	100 m	1.356	34.43	33.75	46.69	45.77					
11	10-11-136	管道消毒、冲洗 公称直径(mm以内)15	100 m	1.56	31.66	31.28	49.39	48.8					
12	10-1-365	室内塑料排水管(黏接) 公称外径(mm以内)50	10 m	9.462	110	106.51	1 040.82	1 007.8	UPVC 塑料排水管|De50	m	95.755	5.24	501.76
									室内 UPVC 塑料排水管黏接管件|De50	个	65.288	2.16	141.02
13	10-1-366	室内塑料排水管(黏接) 公称外径(mm以内)75	10 m	12.34	149.06	142.63	1 839.4	1 760.05	UPVC 塑料排水管|De75	m	120.932	8.75	1 058.16
									室内 UPVC 塑料排水管黏接管件|De75	个	109.209	5.27	575.53
14	10-1-367	室内塑料排水管(黏接) 公称外径(mm以内)110	10 m	10.228	168.96	158.95	1 728.12	1 625.74	UPVC 塑料排水管|De110	m	97.166	16.3	1 583.81
									室内 UPVC 塑料排水管黏接管件|De110	个	118.236	8.73	1 032.2
15	10-1-368	室内塑料排水管(黏接) 公称外径(mm以内)160	10 m	3.24	244.42	224.15	791.92	726.25	UPVC 塑料排水管|De160	m	30.78	33.58	1 033.59
									室内 UPVC 塑料排水管黏接管件|De160	个	19.278	24.72	476.55
16	10-1-378	室内塑料雨水管(黏接) 公称外径(mm以内)110	10 m	8.25	155.47	147.56	1 282.63	1 217.37	UPVC 塑料雨水管|De110	m	82.005	13.38	1 097.23
									室内 UPVC 塑料雨水管黏接管件|De110	个	34.32	4.32	148.26

续表

序号	编码	名称	单位	数量	单价(元) 基价	单价(元) 工资	合价(元) 合价	合价(元) 工资	主材设备 名称	单位	数量	单价	主材设备费
17	10-1-320	室外双壁波纹塑料排水管(胶圈接口)公称外径(mm以内)315	10 m	3.9	193.87	114.92	756.09	448.19	橡胶密封圈(排水)De315	个	6.552	17.88	117.15
									双壁波纹塑料排水管 S| De315	m	38.727	43.74	1 693.92
18	10-11-12	成品管卡安装 公称直径(mm以内)32	个	12	1.38	1.02	16.56	12.24	成品管卡|DN32	套	12.6	0.86	10.84
19	10-11-16	成品管卡安装 公称直径(mm以内)100	个	36	2.4	1.62	86.4	58.32	成品管卡| DN100	套	37.8	1.73	65.39
20	10-11-26	一般钢套管制作安装 介质管道公称直径(mm以内)32	个	4	15.82	8.25	63.28	33	焊接钢管 DN50	m	1.272	21.06	26.79
21	10-11-26	一般钢套管制作安装 介质管道公称直径(mm以内)25	个	4	15.82	8.25	63.28	33	焊接钢管 DN40	m	1.272	16.57	21.08
22	10-11-25	一般钢套管制作安装 介质管道公称直径(mm以内)20	个	4	12.71	7.23	50.84	28.92	焊接钢管 DN32	m	1.272	13.68	17.4
23	10-11-28	一般钢套管制作安装 介质管道公称直径(mm以内)65	个	36	31.52	15.81	1 134.72	569.16	焊接钢管 DN100	m	11.448	45.82	524.55
24	10-11-30	一般钢套管制作安装 介质管道公称直径(mm以内)100	个	16	56.38	28.48	902.08	455.68	焊接钢管 DN150	m	5.088	76.86	391.06
25	10-11-32	一般钢套管制作安装 介质管道公称直径(mm以内)150	个	4	93.91	48.37	375.64	193.48	无缝钢管 D219×6	m	1.272	147.81	188.01

续表

序号	编码	名称	单位	数量	单价(元) 基价	单价(元) 工资	合价(元) 合价	合价(元) 工资	主材设备 名称	主材设备 单位	主材设备 数量	主材设备 单价	主材设备费
26	10-5-96	塑料 PE 截止阀安装(熔接)公称直径(mm以内)40	个	1	9.62	9.35	9.62	9.35	PE 截止阀|(熔接)De50	个	1.01	122.54	123.77
27	10-5-95	塑料 PPR 截止阀安装(熔接)公称直径(mm以内)32	个	4	7.02	6.8	28.08	27.2	PPR 截止阀|(熔接)De40	个	4.04	72.19	291.65
28	10-5-93	塑料 PPR 截止阀安装(熔接)公称直径(mm以内)20	个	12	4.39	4.25	52.68	51	PPR 截止阀|(熔接)De25	个	12.12	27.58	334.27
29	10-5-288	普通水表安装(螺纹连接)公称直径(mm以内)20 水表与塑料管连接时人工*0.6	个	12	11.08	9.18	132.96	110.16	螺纹水表|DN20	个	12	56.19	674.28
30	10-6-21	洗脸盆 台下式 冷热水	10组	1.2	603.58	521.05	724.3	625.26	混合冷热水龙头|冷热水	套	12.12	138.31	1 676.32
									角型阀(带铜活)DN15	个	24.24	22.04	534.25
									螺纹管件 DN15	个	24.24	1.2	29.09
									洗脸盆 台下式 冷热水	套	12.12	190.18	2 304.98
31	10-6-61	整体淋浴室安装 冷热水	10套	1.2	1 836.46	1 334.5	2 203.75	1 601.4	角型阀(带铜活)DN15	套	24.24	22.04	534.25
									金属软管 D15	根	24.24	12.53	303.73
									螺纹管件 DN15	个	24.24	1.2	29.09
									整体淋浴室	套	12	2 723.03	32 676.36
32	10-6-40	坐式大便器安装 连体水箱	10套	1.2	601	499.8	721.2	599.76	角型阀(带铜活)DN15	个	12.12	22.04	267.12
									金属软管 D15	根	12.12	12.53	151.86
									螺纹管件 DN15	个	12.12	1.2	14.54
									连体坐便器	个	12.12	365.66	4 431.8

续表

序号	编码	名称	单位	数量	单价(元) 基价	单价(元) 工资	合价(元) 合价	合价(元) 工资	主材设备 名称	单位	数量	单价	主材设备费
33	10-6-23	洗涤盆 单嘴	10组	1.2	324.34	272	389.21	326.4	长颈水嘴 DN15	个	12.12	38.9	471.47
									螺纹管件 DN15	个	12.12	1.2	14.54
									洗涤盆	单嘴	个	12.12	58.78	712.41
34	10-6-81	水龙头安装 公称直径(mm)15	10个	1.2	22.97	22.1	27.56	26.52	洗衣机水龙头 公称直径(mm)15	个	12.12	17.29	209.55
35	10-6-90	地漏安装 公称直径(mm以内)50	10个	4.8	130.84	128.35	628.03	616.08	不锈钢地漏 DN50	个	48.48	14.7	712.66
36	10-6-99	普通雨水斗安装 公称直径(mm以内)100	10个	1	247.45	244.8	247.45	244.8	铸铁雨水斗 公称直径(mm以内)100	套	10	24.2	242
37	9-1-99	灭火器安装 手提式	具	12	1.05	1.02	12.6	12.24	磷酸铵盐干粉灭火器 MF/ABC2 手提式	个	12	34.58	414.96
38	1-11	人工挖沟槽土方(槽深)三类土≤2m	10 m³	7.396	427.72	427.72	3 163.42	3 163.42					
39	1-141	夯填土 人工槽坑	10 m³	7.396	145.44	144.93	1 075.67	1 071.9					
40	BM65	脚手架搭拆费(第十册)给排水、采暖、燃气工程	元	1	797.92	279.27	797.92	279.27					
41	BM53	脚手架搭拆费(第九册)消防工程	元	1	0.61	0.21	0.61	0.21					
		合计					23 944.75	20 485.36					60 238.41

（4）人工费调差表

表 2-17 人工费调差表

工程名称:某专家楼给排水工程预算(定额计价)

序号	定额编号	名称	单位	数量	定额价	市场价	价格差	合价
一	人工							3 603.09
1	00010104	综合工日	工日	240.206	85	100	15	3 603.09
三	机械							31.79
2	RG	人工	工日	2.119	85	100	15	31.79
		合 计						3 603.09

（5）单位工程取费表

表 2-18 单位工程取费表

工程名称:某专家楼给排水工程预算(定额计价)

序号	费用名称	计算式	费率(%)	金额
	建筑工程			
一	分部分项工程费	Σ(工程量×消耗量定额基价)		4 411.04
1	其中:定额人工费	Σ(工日消耗量×定额人工单价)		4 407.11
2	其中:定额机械费	Σ(机械消耗量×定额机械台班单价)		
二	单价措施费	Σ(工程量×消耗量定额基价)		
3	其中:定额人工费	Σ(工日消耗量×定额人工单价)		
4	其中:定额机械费	Σ(机械消耗量×定额机械台班单价)		
三	未计价材料			
四	其他项目费	Σ其他项目费		
五	总价措施费	(5)+(8)+(8a)		776.98
5	安全文明施工措施费	(6)+(7)		593.64
6	安全文明环保费	[(1)+(3)]×费率	9.43	415.59
7	临时设施费	[(1)+(3)]×费率	4.04	178.05
8	其他总价措施费	[(1)+(3)]×费率	4.16	183.34
8a	扬尘治理措施费	[(1)+(3)]×费率	0	
六	估价	[按规定计取]		
七	管理费	(9)+(10)		1 107.51
9	企业管理费	[(1)+(3)]×费率	23.29	1 026.42

续表

序号	费用名称	计算式	费率（%）	金额
10	附加税	[(1)＋(3)]×费率	1.84	81.09
八	利润	[(1)＋(3)]×费率	15.99	704.7
九	人材机价差	∑（数量×价差）		777.72
十	规费	(11)＋(12)＋(13)		731.58
11	社会保险费	[(1)＋(2)＋(3)＋(4)]×费率	13.11	577.77
12	住房公积金	[(1)＋(2)＋(3)＋(4)]×费率	3.32	146.32
13	工程排污费	[(1)＋(2)＋(3)＋(4)]×费率	0.17	7.49
十一	税金	[(一)＋(二)＋(三)＋(四)＋(五)＋(六)＋(七)＋(八)＋(九)＋(十)]×费率	9	765.86
十二	工程总造价	(一)＋(二)＋(三)＋(四)＋(五)＋(六)＋(七)＋(八)＋(九)＋(十)＋(十一)		9 275.39
	安装工程			
一	分部分项工程费	∑（工程量×消耗量定额基价）		18 975.37
1	其中:定额人工费	∑（工日消耗量×定额人工单价）		16 011.01
2	其中:定额机械费	∑（机械消耗量×定额机械台班单价）		771.24
二	单价措施费	∑（工程量×消耗量定额基价）		800.55
3	其中:定额人工费	∑（工日消耗量×定额人工单价）		280.19
4	其中:定额机械费	∑（机械消耗量×定额机械台班单价）		
三	未计价材料			60 238.41
四	其他项目费	∑其他项目费		10 000
五	总价措施费	(5)＋(8)		2 497.44
5	安全文明施工措施费	(6)＋(7)		2 005.45
6	安全文明环保费	[(1)＋(3)]×费率	8.62	1 404.3
7	临时设施费	[(1)＋(3)]×费率	3.69	601.15
8	其他总价措施费	[(1)＋(3)]×费率	3.02	491.99
六	估价	[按规定计取]		
七	管理费	(9)＋(10)		2 438.8
9	企业管理费	[(1)＋(3)]×费率	13.12	2 137.41

续表

序号	费用名称	计算式	费率(%)	金额
10	附加税	[(1)+(3)]×费率	1.85	301.39
八	利润	[(1)+(3)]×费率	11.13	1 813.21
九	人材机价差	Σ(数量×价差)		2 857.16
十	规费	(11)+(12)+(13)		2 699.28
11	社会保险费	[(1)+(2)+(3)+(4)]×费率	12.5	2 132.81
12	住房公积金	[(1)+(2)+(3)+(4)]×费率	3.16	539.17
13	工程排污费	[(1)+(2)+(3)+(4)]×费率	0.16	27.3
十一	税金	[(一)+(二)+(三)+(四)+(五)+(六)+(七)+(八)+(九)+(十)]×费率	9	9 208.82
十二	工程总造价	(一)+(二)+(三)+(四)+(五)+(六)+(七)+(八)+(九)+(十)+(十一)		111 529.04
	工程总造价	壹拾贰万零捌佰零肆元肆角叁分		120 804.43

2.3.3 某专家楼给排水工程量清单实例

根据《建设工程工程量清单计价规范》(GB 50500—2013)规定,及 2.3.1 节计算的某专家楼给排水工程量,编制该专家楼给排水工程量清单文件如下:

1. 封面

表 2-19 封面

某专家楼给排水工程
工程量清单

招标人:略工程造价咨询人:略
(单位盖章)(单位资质专用章)

法定代表人法定代表人
或其授权人:略或其授权人:略
(签字或盖章)(签字或盖章)

编制人:略复核人:略
(造价人员签字盖专用章)(造价工程师签字盖专用章)

编制时间:×年×月×日复核时间:×年×月×日

2. 总说明

表 2－20　总说明

某专家楼给排水工程量清单
编制说明

一、工程概况:该项目为江西省某市区的一栋三层专家楼的生活给排水工程,建筑面积为 1 428.8 m²。本工程量清单计算范围为设计施工图中的生活给排水、雨水系统。

二、工程量清单编制依据:

1. 建设单位提供的该工程设计施工图纸及相关通知;

2.《建设工程工程量清单计价规范》(GB 50500—2013)及相关政策性文件。

三、工程量清单说明:

1. 给水管道从总阀门井处算起,排水管道算到接入化粪池止。室外阀门井、检查井、化粪池计入土建预算中,本给排水工程量清单中未计。

2. 考虑到施工中可能发生的设计变更或签证,按业主要求,本给排水清单暂列金额为 10 000 元。

3. 其他未尽事宜详见该工程设计施工图及附后的工程量清单文件。

3. 分部分项工程和单价措施项目清单计价表

表 2－21　分部分项工程和单价措施项目清单与计价表

工程名称:某专家楼给排水工程(清单)

序号	项目编码	项目名称	项目特征描述	计量单位	工程量	金额(元)			
						综合单价	合价	其中	
								暂估价	
		给排水工程							
1	031001006001	塑料管	1. 安装部位:室外 2. 介质:给水 3. 材质、规格:PE 给水管 De50 4. 连接形式:热熔 5. 管道消毒、冲洗	m	30.6				
2	031001006002	塑料管	1. 安装部位:室外 2. 介质:给水 3. 材质、规格:PE 给水管 De40 4. 连接形式:热熔 5. 管道消毒、冲洗	m	1.9				
3	031001006003	塑料管	1. 安装部位:室内 2. 介质:给水 3. 材质、规格:PPR 给水管 De40 4. 连接形式:热熔 5. 管道消毒、冲洗	m	44				

续表

序号	项目编码	项目名称	项目特征描述	计量单位	工程量	金额(元)		
						综合单价	合价	其中
								暂估价
4	031001006004	塑料管	1. 安装部位:室内 2. 介质:给水 3. 材质、规格:PPR 给水管 De32 4. 连接形式:热熔 5. 管道消毒、冲洗	m	12			
5	031001006005	塑料管	1. 安装部位:室内 2. 介质:给水 3. 材质、规格:PPR 给水管 De25 4. 连接形式:热熔 5. 管道消毒、冲洗	m	135.6			
6	031001006006	塑料管	1. 安装部位:室内 2. 介质:给水 3. 材质、规格:PPR 给水管 De20 4. 连接形式:热熔 5. 管道消毒、冲洗	m	156			
7	031001006007	塑料管	1. 安装部位:室内 2. 介质:排水 3. 材质、规格:UPVC 排水管 De50 4. 连接形式:黏接	m	94.62			
8	031001006008	塑料管	1. 安装部位:室内 2. 介质:排水 3. 材质、规格:UPVC 排水管 De75 4. 连接形式:黏接	m	123.4			
9	031001006009	塑料管	1. 安装部位:室内 2. 介质:排水 3. 材质、规格:UPVC 排水管 De110 4. 连接形式:黏接	m	102.28			
10	031001006010	塑料管	1. 安装部位:室内 2. 介质:排水 3. 材质、规格:UPVC 排水管 De160 4. 连接形式:黏接	m	32.4			
11	031001006011	塑料管	1. 安装部位:室内 2. 介质:雨水 3. 材质、规格:UPVC 雨水管 De110 4. 连接形式:黏接	m	82.5			

续表

序号	项目编码	项目名称	项目特征描述	计量单位	工程量	金额(元)		
						综合单价	合价	其中 暂估价
12	031001006012	塑料管	1. 安装部位：室外 2. 介质：排水 3. 材质、规格：双壁波纹排水管 De315 4. 连接形式：黏接	m	39			
13	031002001001	管道支架	成品管卡 DN32 以内	套	12			
14	031002001002	管道支架	成品管卡 DN100	套	36			
15	031002003001	套管	一般钢套管，介质管道 De40	个	4			
16	031002003002	套管	一般钢套管，介质管道 De32	个	4			
17	031002003003	套管	一般钢套管，介质管道 De25	个	4			
18	031002003004	套管	一般钢套管，介质管道 De75	个	36			
19	031002003005	套管	一般钢套管，介质管道 De110	个	16			
20	031002003006	套管	一般钢套管，介质管道 De160	个	4			
21	031003005001	塑料阀门	PE 截止阀 De50	个	1			
22	031003005002	塑料阀门	PPR 截止阀 De40	个	4			
23	031003005003	塑料阀门	PPR 截止阀 De25	个	12			
24	031003013001	水表	普通螺纹水表 DN20	个	12			
25	031004003001	洗脸盆	台下式，冷热水	组	12			
26	031004011001	淋浴间	整体淋浴室，冷热水	套	12			
27	031004006001	大便器	坐式大便器，连体水箱	组	12			
28	031004004001	洗涤盆	厨房用，单嘴	组	12			
29	031004014001	给、排水附(配)件	洗衣机水龙头，DN15	个	12			
30	031004014002	给、排水附(配)件	不锈钢地漏，DN50	个	48			
31	031004014003	给、排水附(配)件	普通雨水斗，DN100	个	10			

续表

序号	项目编码	项目名称	项目特征描述	计量单位	工程量	金额（元）			
						综合单价	合价	其中	
								暂估价	
32	030901013001	灭火器	磷酸铵盐干粉灭火器 MF/ABC2	套	12				
33	010101007001	管沟土方		m³	76.96				
		技术措施项目							
34	031301017001	脚手架搭拆		项	1				

4. 总价措施项目清单计价表

表 2－22　总价措施项目清单与计价表

工程名称：某专家楼给排水工程(清单)

序号	项目编码	项目名称	计算基础	费率（%）	金额（元）	调整费率（%）	调整后金额（元）	备注
1	1	总价措施项目						
2	1.1	安全文明施工措施费						
3	1.1.1	安全文明环保费（环境保护、文明施工、安全施工费）						
4	1.1.1.1	安全文明环保费（环境保护、文明施工、安全施工费）[安装]	定额人工费＋技术措施项目定额人工费－估价项目定额人工费	8.62				
5	1.1.1.2	安全文明环保费（环境保护、文明施工、安全施工费）[建筑]	定额人工费＋技术措施项目定额人工费－估价项目定额人工费	9.43				
6	1.1.2	临时设施费						
7	1.1.2.1	临时设施费[安装]	定额人工费＋技术措施项目定额人工费－估价项目定额人工费	3.69				
8	1.1.2.2	临时设施费[建筑]	定额人工费＋技术措施项目定额人工费－估价项目定额人工费	4.04				
9	1.2	其他总价措施费						
10	1.2.1	其他总价措施费[安装]	定额人工费＋技术措施项目定额人工费－估价项目定额人工费	3.02				

序号	项目编码	项目名称	计算基础	费率(%)	金额(元)	调整费率(%)	调整后金额(元)	备注
11	1.2.2	其他总价措施费[建筑]	定额人工费＋技术措施项目定额人工费－估价项目定额人工费	4.16				
合　计								

5. 其他项目清单与计价汇总表

表 2-23　其他项目清单与计价汇总表

工程名称:某专家楼给排水工程(清单)

序号	项目名称	金额(元)	结算金额(元)	备注
1	暂列金额	10 000		明细详见表 12-1
2	暂估价			
2.1	材料(工程设备)暂估价	—		明细详见表 12-2
2.2	专业工程暂估价			明细详见表 12-3
3	计日工			明细详见表 12-4
4	总承包服务费			明细详见表 12-5
5	索赔与现场签证	—		明细详见表 12-6
6	其他			
合　计		10 000		—

6. 暂列金额明细表

表 2-24　暂列金额明细表

工程名称:某专家楼给排水工程(清单)

序号	项目名称	计量单位	合价	备注
1	用于设计变更或签证费用	元	10 000	
暂列金额合计			10 000	

(7) 规费、税金项目计价表

表 2-25　规费、税金项目计价表

工程名称:某专家楼给排水工程(清单)

序号	项目名称	计算基础	计算基数	计算费率(%)	金额(元)
1	规费				
1.1	社会保险费				

续表

序号	项目名称	计算基础	计算基数	计算费率(%)	金额(元)
1.1.1	社会保险费[建筑工程]	定额人工费＋定额机械费		13.11	
1.1.2	社会保险费[安装工程]	定额人工费＋定额机械费		12.5	
1.2	住房公积金				
1.2.1	住房公积金[建筑工程]	定额人工费＋定额机械费		3.32	
1.2.2	住房公积金[安装工程]	定额人工费＋定额机械费		3.16	
1.3	工程排污费				
1.3.1	工程排污费[建筑工程]	定额人工费＋定额机械费		0.17	
1.3.2	工程排污费[安装工程]	定额人工费＋定额机械费		0.16	
2	税金	分部分项＋措施项目＋其他项目＋规费		9	

2.3.4　某专家楼给排水工程招标控制价实例

根据《建设工程工程量清单计价规范》(GB 50500—2013)规定及 2.3.3 节计算的某专家楼给排水工程量清单,编制该专家楼给排水工程量清单招标控制价文件如下:

1. 封面

表 2 - 26　封面

某专家楼给排水工程
招标控制价

招标控制价(小写):120804.95 元
(大写):壹拾贰万零捌佰零肆元玖角伍分

招标人:略　　工程造价咨询人:略
(单位盖章)(单位资质专用章)

法定代表人　　法定代表人
或其授权人:略或其授权人:略
　　　　　(签字或盖章)(签字或盖章)

编制人:略　　复核人:略
　　(造价人员签字盖专用章)(造价工程师签字盖专用章)

编制时间:×年×月×日　　复核时间:×年×月×日

2. 总说明

表 2 – 27　总说明

某专家楼给排水工程招标控制价
编制说明

一、工程概况：该项目为江西省某市区的一栋三层专家楼的生活给排水工程，建筑面积为 1 428.8 m²。本招标控制价计算范围为设计施工图中的生活给排水、雨水系统。

二、招标控制价编制依据：

1. 建设单位提供的该工程设计施工图纸及相关通知；

2.《建设工程工程量清单计价规范》（GB 50500—2013）；

3.《江西省通用安装工程消耗量定额及统一基价表（2017）》及其配套的费用定额；

4. 主要材料价格：按照江西省造价管理站发布的安装工程信息价，信息价中没列出的主材单价按市场中档材料价格计取；

5. 按现行政策性文件，安装人工费按 100 元/工日调差；一般计税法计算税金。

三、招标控制价说明：

1. 给水管道从总阀门井处算起，排水管道算到接入化粪池止。室外阀门井、检查井、化粪池计入土建预算中，本给排水工程量清单中未计。

2. 考虑到施工中可能发生的设计变更或签证，按业主要求，本给排水清单暂列金额为 10 000 元。

3. 其他未尽事宜详见该工程设计施工图及附后的招标控制价文件。

3. 单位工程招标控制价汇总表

表 2 – 28　单位工程招标控制价汇总表

工程名称：某专家楼给排水工程（招标控制价）

序号	汇总内容	金额：（元）	其中：暂估价（元）
一	分部分项工程量清单计价合计	93 251.3	
1	其中：定额人工费	20 418.11	
2	其中：定额机械费	771.24	
1.1	给排水工程	93 251.3	
	措施项目合计	4 148.08	
二	单价措施项目清单计价合计	873.67	
3	其中：定额人工费	280.19	
4	其中：定额机械费		
三	总价措施项目清单计价合计	3 274.41	
5	安全文明施工措施费	2 599.08	
5.1	安全文明环保费	1 819.89	
5.2	临时设施费	779.19	
6	其他总价措施费	675.33	

序号	汇总内容	金额:(元)	其中:暂估价(元)
6a	扬尘治理措施费		
四	其他项目清单计价合计	10 000	——
五	规费	3 430.85	——
7	社会保险费	2 710.57	——
8	住房公积金	685.49	——
9	工程排污费	34.79	——
六	税金	9 974.72	——
招标控制价合计		120 804.95	

4. 分部分项工程及单价措施项目清单与计价表

表 2‒29　分部分项工程及单价措施项目清单与计价表

工程名称:某专家楼给排水工程(招标控制价)

序号	编码	名称	项目特征描述	计量单位	工程量	金额(元)		其中
						综合单价	合价	暂估价
		给排水工程					93 251.3	
1	031001006001	塑料管	1. 安装部位:室外 2. 介质:给水 3. 材质、规格:PE 给水管 De50 4. 连接形式:热熔 5. 管道消毒、冲洗	m	30.6	23.12	707.47	
2	031001006002	塑料管	1. 安装部位:室外 2. 介质:给水 3. 材质、规格:PE 给水管 De40 4. 连接形式:热熔 5. 管道消毒、冲洗	m	1.9	17.85	33.92	
3	031001006003	塑料管	1. 安装部位:室内 2. 介质:给水 3. 材质、规格:PPR 给水管 De40 4. 管道消毒、冲洗	m	44	30.62	1 347.28	
4	031001006004	塑料管	1. 安装部位:室内 2. 介质:给水 3. 材质、规格:PPR 给水管 De32 4. 连接形式:热熔 5. 管道消毒、冲洗	m	12	23.67	284.04	

序号	编码	名称	项目特征描述	计量单位	工程量	金额(元)		其中
						综合单价	合价	暂估价
5	031001006005	塑料管	1. 安装部位:室内 2. 介质:给水 3. 材质、规格:PPR 给水管 De25 4. 连接形式:热熔 5. 管道消毒、冲洗	m	135.6	19.57	2 653.69	
6	031001006006	塑料管	1. 安装部位:室内 2. 介质:给水 3. 材质、规格:PPR 给水管 De20 4. 连接形式:热熔 5. 管道消毒、冲洗	m	156	16.6	2 589.6	
7	031001006007	塑料管	1. 安装部位:室内 2. 介质:排水 3. 材质、规格:UPVC 排水管 De50 4. 连接形式:粘接	m	94.62	22.45	2 124.22	
8	031001006008	塑料管	1. 安装部位:室内 2. 介质:排水 3. 材质、规格:UPVC 排水管 De75 4. 连接形式:粘接	m	123.4	34.39	4 243.73	
9	031001006009	塑料管	1. 安装部位:室内 2. 介质:排水 3. 材质、规格:UPVC 排水管 De110 4. 连接形式:粘接	m	102.28	49.43	5 055.7	
10	031001006010	塑料管	1. 安装部位:室内 2. 介质:排水 3. 材质、规格:UPVC 排水管 De160 4. 连接形式:粘接	m	32.4	80.87	2 620.19	
11	031001006011	塑料管	1. 安装部位:室内 2. 介质:雨水 3. 材质、规格:UPVC 雨水管 De110 4. 连接形式:粘接	m	82.5	37.1	3 060.75	

序号	编码	名称	项目特征描述	计量单位	工程量	金额(元)		其中
						综合单价	合价	暂估价
12	031001006012	塑料管	1. 安装部位:室外 2. 介质:排水 3. 材质、规格:双壁波纹排水管 De315 4. 连接形式:粘接	m	39	71.28	2 779.92	
13	031002001001	管道支架	成品管卡 DN32 以内	套	12	2.72	32.64	
14	031002001002	管道支架	成品管卡 DN100	套	36	4.92	177.12	
15	031002003001	套管	一般钢套管,介质管道 De40	个	4	26.13	104.52	
16	031002003002	套管	一般钢套管,介质管道 De32	个	4	24.7	98.8	
17	031002003003	套管	一般钢套管,介质管道 De25	个	4	20.22	80.88	
18	031002003004	套管	一般钢套管,介质管道 De75	个	36	53.01	1 908.36	
19	031002003005	套管	一般钢套管,介质管道 De110	个	16	93.27	1 492.32	
20	031002003006	套管	一般钢套管,介质管道 De160	个	4	162.06	648.24	
21	031003005001	塑料阀门	PE 截止阀 De50	个	1	137.48	137.48	
22	031003005002	塑料阀门	PPR 截止阀 De40	个	4	82.91	331.64	
23	031003005003	塑料阀门	PPR 截止阀 De25	个	12	34.11	409.32	
24	031003013001	水表	普通螺纹水表 DN20	个	12	71.28	855.36	
25	031004003001	洗脸盆	台下式,冷热水	组	12	461.87	5 542.44	
26	031004011001	淋浴间	整体淋浴室,冷热水	套	12	3 038.56	36 462.72	
27	031004006001	大便器	坐式大便器,连体水箱	组	12	487.4	5 848.8	
28	031004004001	洗涤盆	厨房用,单嘴	组	12	144.2	1 730.4	
29	031004014001	给、排水附(配)件	洗衣机水龙头,DN15	个	12	20.73	248.76	
30	031004014002	给、排水附(配)件	不锈钢地漏,DN50	个	48	33.55	1 610.4	
31	031004014003	给、排水附(配)件	普通雨水斗,DN100	个	10	59.67	596.7	

序号	编码	名称	项目特征描述	计量单位	工程量	金额(元)		其中
						综合单价	合价	暂估价
32	030901013001	灭火器	磷酸铵盐干粉灭火器 MF/ABC2	套	12	36.07	432.84	
33	010101007001	管沟土方		m³	76.96	90.97	7 001.05	
		技术措施项目				873.67		
34	031301017001	脚手架搭拆		项	1	873.67	873.67	
		合　计					94 124.97	

5. 总价措施项目清单与计价表

表 2–30　总价措施项目清单与计价表

工程名称:某专家楼给排水工程(招标控制价)

序号	项目编码	项目名称	计算基础	费率(%)	金额(元)	调整费率(%)	调整后金额(元)	备注
1	1	总价措施项目			3 274.41			
2	1.1	安全文明施工措施费			2 599.08			
3	1.1.1	安全文明环保费(环境保护、文明施工、安全施工费)			1 819.89			
4	1.1.1.1	安全文明环保费(环境保护、文明施工、安全施工费)[安装]	定额人工费＋技术措施项目定额人工费－估价项目定额人工费	8.62	1 404.3			
5	1.1.1.2	安全文明环保费(环境保护、文明施工、安全施工费)[建筑]	定额人工费＋技术措施项目定额人工费－估价项目定额人工费	9.43	415.59			
6	1.1.2	临时设施费			779.19			
7	1.1.2.1	临时设施费[安装]	定额人工费＋技术措施项目定额人工费－估价项目定额人工费	3.69	601.14			
8	1.1.2.2	临时设施费[建筑]	定额人工费＋技术措施项目定额人工费－估价项目定额人工费	4.04	178.05			
9	1.2	其他总价措施费			675.33			

续表

序号	项目编码	项目名称	计算基础	费率(%)	金额(元)	调整费率(%)	调整后金额(元)	备注
10	1.2.1	其他总价措施费[安装]	定额人工费＋技术措施项目定额人工费－估价项目定额人工费	3.02	491.99			
11	1.2.2	其他总价措施费[建筑]	定额人工费＋技术措施项目定额人工费－估价项目定额人工费	4.16	183.34			
12	1.3	扬尘治理措施费						
13	1.3.1	扬尘治理措施费[建筑]	定额人工费＋技术措施项目定额人工费－估价项目定额人工费	0	0			
合　　　计					3 274.41			

6. 其他项目清单与计价汇总表

表 2 - 31　其他项目清单与计价汇总表

工程名称:某专家楼给排水工程(招标控制价)

序号	项目名称	金额(元)	结算金额(元)	备注
1	暂列金额	10 000		明细详见表 12 - 1
2	暂估价			
2.1	材料(工程设备)暂估价	—		明细详见表 12 - 2
2.2	专业工程暂估价			明细详见表 12 - 3
3	计日工			明细详见表 12 - 4
4	总承包服务费			明细详见表 12 - 5
5	索赔与现场签证	—		明细详见表 12 - 6
6	其他			
合　　　计		10 000		—

7. 暂列金额明细表

表 2 - 32　暂列金额明细表

工程名称:某专家楼给排水工程(招标控制价)

序号	项目名称	计量单位	合价	备注
1	用于设计变更或签证费用	元	10 000	
2				
暂列金额合计			10 000	

8. 规费、税金项目清单与计价表

表 2-33　规费、税金项目清单与计价表

工程名称：某专家楼给排水工程(招标控制价)

序号	项目名称	计算基础	计算基数	计算费率(%)	金额(元)
1	规费				3 430.85
1.1	社会保险费				2 710.57
1.1.1	社会保险费[建筑工程]	定额人工费＋定额机械费	4 407.11	13.11	577.77
1.1.2	社会保险费[安装工程]	定额人工费＋定额机械费	17 062.43	12.5	2 132.8
1.2	住房公积金				685.49
1.2.1	住房公积金[建筑工程]	定额人工费＋定额机械费	4 407.11	3.32	146.32
1.2.2	住房公积金[安装工程]	定额人工费＋定额机械费	17 062.43	3.16	539.17
1.3	工程排污费				34.79
1.3.1	工程排污费[建筑工程]	定额人工费＋定额机械费	4 407.11	0.17	7.49
1.3.2	工程排污费[安装工程]	定额人工费＋定额机械费	17 062.43	0.16	27.3
2	税金	分部分项＋措施项目＋其他项目＋规费	110 830.23	9	9 974.72

9. 人工、主要材料设备价格表(仅供参考)

表 2-34　人工、主要材料设备价格表

工程名称：某专家楼给排水工程(招标控制价)

序号	编码	名称及规格	单位	单价	数量	合价
一		人工				
1	00010104	综合工日	工日	100	237.71	23 771
二		主要材料设备				
1	02050576Z@1	橡胶密封圈(排水)|De315	个	17.88	5.961	106.58
2	03070123Z@1	混合冷热水龙头|冷热水	套	138.31	12.12	1 676.32
3	03070151Z@1	洗衣机水龙头|公称直径(mm)15	个	17.29	12.12	209.55
4	03070163Z@1	长颈水嘴 DN15	个	38.9	12.12	471.47
5	03070301Z@1	不锈钢地漏|DN50	个	14.7	48.48	712.66
6	03071903Z	角型阀(带铜活) DN15	个	22.04	60.6	1 335.62
7	17010206Z	焊接钢管 DN32	m	13.68	1.272	17.4
8	17010221Z	焊接钢管 DN50	m	21.06	1.272	26.79
9	17010221Z@1	焊接钢管 DN40	m	16.57	1.272	21.08
10	17010251Z	焊接钢管 DN100	m	45.82	11.448	524.55

序号	编码	名称及规格	单位	单价	数量	合价
11	17010271Z	焊接钢管 DN150	m	76.86	5.088	391.06
12	17070323Z	无缝钢管 D219×6	m	147.81	1.272	188.01
13	17190113Z	金属软管 D15	根	12.53	36.36	455.59
14	17250257Z@1	PE 塑料给水管|De50	m	13.21	31.212	412.31
15	17250257Z@2	PE 塑料给水管|De40	m	8.79	1.938	17.04
16	17250257Z@3	PPR 塑料给水管|De40	m	10.51	44.704	469.84
17	17250257Z@4	PPR 塑料给水管|De32	m	6.06	12.192	73.88
18	17250257Z@5	PPR 塑料给水管|De25	m	3.8	137.77	523.52
19	17250257Z@6	PPR 塑料给水管|De20	m	2.6	158.496	412.09
20	17250299Z@1	UPVC 塑料排水管|De50	m	5.24	95.755	501.76
21	17250299Z@2	UPVC 塑料排水管|De75	m	8.75	120.932	1 058.16
22	17250299Z@3	UPVC 塑料排水管|De110	m	16.3	97.166	1 583.81
23	17250299Z@4	UPVC 塑料排水管|De160	m	33.58	30.78	1 033.59
24	17250299Z@5	UPVC 塑料雨水管|De110	m	13.38	82.005	1 097.23
25	17250299Z@6	双壁波纹塑料排水管 S1|De315	m	43.74	35.232	1 541.03
26	18011206Z@1	铸铁雨水斗|公称直径(mm 以内)100	套	24.2	10	242
27	18030105Z	螺纹管件 DN15	个	1.2	72.72	87.26
28	18090106Z@1	室外 PE 塑料给水管热熔管件|De50	个	2.77	8.752	24.24
29	18090106Z@2	室外 PE 塑料给水管热熔管件|De40	个	2.51	0.562	1.41
30	18090162Z@1	室内 PPR 塑料给水管热熔管件|De40	个	2.68	39.028	104.6
31	18090162Z@2	室内 PPR 塑料给水管热熔管件|De32	个	1.75	12.972	22.7
32	18090162Z@3	室内 PPR 塑料给水管热熔管件|De25	个	1.04	166.11	172.75
33	18090162Z@4	室内 PPR 塑料给水管热熔管件|De20	个	0.61	237.12	144.64
34	18090216Z@1	室内 UPVC 塑料雨水管黏接管件|De110	个	4.32	34.32	148.26
35	18090232Z@1	室内 UPVC 塑料排水管黏接管件|De50	个	2.16	65.288	141.02
36	18090232Z@2	室内 UPVC 塑料排水管黏接管件|De75	个	5.27	109.209	575.53
37	18090232Z@3	室内 UPVC 塑料排水管黏接管件|De110	个	8.73	118.236	1 032.2
38	18090232Z@4	室内 UPVC 塑料排水管黏接管件|De160	个	24.72	19.278	476.55
39	18250127Z@1	成品管卡|DN32	套	0.86	12.6	10.84
40	18250127Z@2	成品管卡|DN100	套	1.73	37.8	65.39
41	19380101Z@1	PE 截止阀|(熔接)De50	个	122.54	1.01	123.77
42	19380101Z@2	PPR 截止阀|(熔接) De40	个	72.19	4.04	291.65

序号	编码	名称及规格	单位	单价	数量	合价
43	19380101Z@3	PPR 截止阀｜(熔接)De25	个	27.58	12.12	334.27
44	21070101Z	整体淋浴室	套	2 723.03	12	32 676.36
45	21090101Z@1	洗脸盆｜台下式 冷热水	套	190.18	12.12	2 304.98
46	21130206Z@1	洗涤盆｜单嘴	个	58.78	12.12	712.41
47	21150116Z@1	连体坐便器	个	365.66	12.12	4 431.8
48	23010101Z@1	磷酸铵盐干粉灭火器 MF/ABC2	个	34.58	12	414.96
49	24010206Z@1	螺纹水表｜DN20	个	56.19	12	674.28
主要材料设备合计						60 074.81

注:上表中主要材料设备单价是不含税市场价,即材料单价中不包含增值税可抵扣进项税额的价格。

10. 综合单价分析表

综合单价分析表集中反映了构成每一个清单项目综合单价的各个价格要素的价格及主要的"工、料、机"消耗量。工程量清单计价时,需要对每一个清单项目进行组价,为了使组价工作具有可追溯性(回复评标质疑时尤其需要),需要表明每一个数据的来源。该分析表是判别综合单价组成以及其价格完整性、合理性的主要基础,对因工程变更、工程量偏差等原因调整综合单价也是必不可少的基础价格数据来源。

该分析表在计价软件中编制完成工程量清单及其计价内容后,可以由计价软件自动生成,并不需要编制人另行编辑。同时由于《建设工程工程量清单规范》(GB 50500—2013)中的表-09 综合单价分析表的篇幅过大,本章省略。提供下面的"清单、定额计价分析表"在清单计价时执行定额子目参考用。

11. 参考用的分部分项工程量清单计价表(含定额子目)

表 2-35　分部分项工程量清单计价表(含定额子目)

工程名称:某专家楼给排水工程(招标控制价)

序号	项目编码	项目名称	项目特征	计量单位	工程量
		给排水工程			
1	031001006001	塑料管	1. 安装部位:室外 2. 介质:给水 3. 材质、规格:PE 给水 De50 4. 连接形式:热熔 5. 管道消毒、冲洗	m	30.6
	10-1-259	室外塑料给水管(热熔连接) 公称外径(mm 以内)50		10 m	3.06
	10-11-140	管道消毒、冲洗 公称直径(mm 以内)40		100 m	0.306

续表

序号	项目编码	项目名称	项目特征	计量单位	工程量
2	031001006002	塑料管	1. 安装部位:室外 2. 介质:给水 3. 材质、规格:PE 给水 De40 4. 连接形式:热熔 5. 管道消毒、冲洗	m	1.9
	10-1-258	室外塑料给水管(热熔连接) 公称外径(mm 以内)40		10 m	0.19
	10-11-139	管道消毒、冲洗 公称直径(mm 以内)32		100 m	0.019
3	031001006003	塑料管	1. 安装部位:室内 2. 介质:给水 3. 材质、规格:PPR 给水 De40 4. 管道消毒、冲洗	m	44
	10-1-326	室内塑料给水管(热熔连接) 公称外径(mm 以内)40		10 m	4.4
	10-11-139	管道消毒、冲洗 公称直径(mm 以内)32		100 m	0.44
4	031001006004	塑料管	1. 安装部位:室内 2. 介质:给水 3. 材质、规格:PPR 给水 De32 4. 连接形式:热熔 5. 管道消毒、冲洗	m	12
	10-1-325	室内塑料给水管(热熔连接) 公称外径(mm 以内)32		10 m	1.2
	10-11-138	管道消毒、冲洗 公称直径(mm 以内)25		100 m	0.12
5	031001006005	塑料管	1. 安装部位:室内 2. 介质:给水 3. 材质、规格:PPR 给水 De25 4. 连接形式:热熔 5. 管道消毒、冲洗	m	135.6
	10-1-324	室内塑料给水管(热熔连接) 公称外径(mm 以内)25		10 m	13.56
	10-11-137	管道消毒、冲洗 公称直径(mm 以内)20		100 m	1.356
6	031001006006	塑料管	1. 安装部位:室内 2. 介质:给水 3. 材质、规格:PPR 给水 De20 4. 连接形式:热熔 5. 管道消毒、冲洗	m	156
	10-1-323	室内塑料给水管(热熔连接) 公称外径(mm 以内)20		10 m	15.6
	10-11-136	管道消毒、冲洗 公称直径(mm 以内)15		100 m	1.56

序号	项目编码	项目名称	项目特征	计量单位	工程量
7	031001006007	塑料管	1. 安装部位:室内 2. 介质:排水 3. 材质、规格:UPVC 排水 De50 4. 连接形式:黏接	m	94.62
	10-1-365	室内塑料排水管(黏接) 公称外径(mm 以内)50		10 m	9.462
8	031001006008	塑料管	1. 安装部位:室内 2. 介质:排水 3. 材质、规格:UPVC 排水 De75 4. 连接形式:黏接	m	123.4
	10-1-366	室内塑料排水管(黏接) 公称外径(mm 以内)75		10 m	12.34
9	031001006009	塑料管	1. 安装部位:室内 2. 介质:排水 3. 材质、规格:UPVC 排水 De110 4. 连接形式:黏接	m	102.28
	10-1-367	室内塑料排水管(黏接) 公称外径(mm 以内)110		10 m	10.228
10	031001006010	塑料管	1. 安装部位:室内 2. 介质:排水 3. 材质、规格:UPVC 排水 De160 4. 连接形式:黏接	m	32.4
	10-1-368	室内塑料排水管(黏接) 公称外径(mm 以内)160		10 m	3.24
11	031001006011	塑料管	1. 安装部位:室内 2. 介质:雨水 3. 材质、规格:UPVC 雨水 De110 4. 连接形式:黏接	m	82.5
	10-1-378	室内塑料雨水管(黏接) 公称外径(mm 以内)110		10 m	8.25
12	031001006012	塑料管	1. 安装部位:室外 2. 介质:排水 3. 材质、规格:双壁波纹排水管 De315 4. 连接形式:黏接	m	39
	10-1-320	室外塑料排水管(胶圈接口) 公称外径(mm 以内)315		10 m	3.9
13	031002001001	管道支架	成品管卡 DN32 以内	套	12
	10-11-12	成品管卡安装 公称直径(mm 以内)32		个	12

续表

序号	项目编码	项目名称	项目特征	计量单位	工程量
14	031002001002	管道支架	成品管卡 DN100	套	36
	10-11-16	成品管卡安装 公称直径(mm 以内)100		个	36
15	031002003001	套管	一般钢套管,介质管道 De40	个	4
	10-11-26	一般钢套管制作安装 介质管道公称直径(mm 以内)32		个	4
16	031002003002	套管	一般钢套管,介质管道 De32	个	4
	10-11-26	一般钢套管制作安装 介质管道公称直径(mm 以内)32		个	4
17	031002003003	套管	一般钢套管,介质管道 De25	个	4
	10-11-25	一般钢套管制作安装 介质管道公称直径(mm 以内)20		个	4
18	031002003004	套管	一般钢套管,介质管道 De75	个	36
	10-11-28	一般钢套管制作安装 介质管道公称直径(mm 以内)65		个	36
19	031002003005	套管	一般钢套管,介质管道 De110	个	16
	10-11-30	一般钢套管制作安装 介质管道公称直径(mm 以内)100		个	16
20	031002003006	套管	一般钢套管,介质管道 De160	个	4
	10-11-32	一般钢套管制作安装 介质管道公称直径(mm 以内)150		个	4
21	031003005001	塑料阀门	PE 截止阀 De50	个	1
	10-5-96	塑料阀门安装(熔接) 公称直径(mm 以内)40		个	1
22	031003005002	塑料阀门	PPR 截止阀 De40	个	4
	10-5-95	塑料阀门安装(熔接) 公称直径(mm 以内)32		个	4
23	031003005003	塑料阀门	PPR 截止阀 De25	个	12
	10-5-93	塑料阀门安装(熔接) 公称直径(mm 以内)20		个	12
24	031003013001	水表	普通螺纹水表 DN20	个	12
	10-5-288	普通水表安装(螺纹连接) 公称直径(mm 以内)20 水表与塑料管连接时 人工×0.6		个	12
25	031004003001	洗脸盆	台下式,冷热水	组	12
	10-6-21	洗脸盆 台下式 冷热水		10 组	1.2
26	031004011001	淋浴间	整体淋浴室,冷热水	套	12
	10-6-61	整体淋浴室安装 冷热水		10 套	1.2
27	031004006001	大便器	坐式大便器,连体水箱	组	12
	10-6-40	坐式大便器安装 连体水箱		10 套	1.2
28	031004004001	洗涤盆	厨房用,单嘴	组	12
	10-6-23	洗涤盆 单嘴		10 组	1.2

续表

序号	项目编码	项目名称	项目特征	计量单位	工程量
29	031004014001	给、排水附(配)件	洗衣机水龙头,DN15	个	12
	10-6-81	水龙头安装 公称直径(mm)15		10个	1.2
30	031004014002	给、排水附(配)件	不锈钢地漏,DN50	个	48
	10-6-90	地漏安装 公称直径(mm以内)50		10个	4.8
31	031004014003	给、排水附(配)件	普通雨水斗,DN100	个	10
	10-6-99	普通雨水斗安装 公称直径(mm以内)100		10个	1
32	030901013001	灭火器	磷酸铵盐干粉灭火器 MF/ABC2	套	12
	9-1-99	灭火器安装 手提式		具	12
33	010101007001	管沟土方		m³	76.96
	借1-11	人工挖沟槽土方(槽深) 三类土 ≤2 m		10 m³	7.696
	借1-141	夯填土 人工 槽坑		10 m³	7.696

思政案例

大国工匠艾爱国,中国焊接专家。

2021年6月29日,艾爱国同志被授予"七一勋章",2021年11月,被授予第八届全国道德模范(全国敬业奉献模范)称号,是第一位从湘钢走出来的焊接大师。

从世界最长跨海大桥——港珠澳大桥,到亚洲最大深水油气平台——南海荔湾综合处理平台,这些国际国内超级工程中,都活跃着他的身影;从助力中国船舶制造业提升国际竞争力,比肩世界一流水平,到突破国外企业"卡脖子"技术,填补国内技术空白,都离不开他的焊接绝活;凭借一身绝技、执着追求,他2021年被中共中央授予"七一勋章"。

他在上世纪80年代采用交流氩弧焊双人双面同步焊技术,解决当时世界最大的3万立方米制氧机深冷无泄露的"硬骨头"问题;上世纪末带领团队10年攻坚,打破国外技术垄断,填补国内空白,实现大线能量焊接用钢国产化;花甲之年带领团队解决工程机械吊臂用钢面临的"卡脖子"技术,大幅度降低中国工程机械生产成本;主持的氩弧焊接法焊接高炉贯流式风口项目获得国家科技进步二等奖,申报专利6项,获发明专利1项。

他用50多年的时间,实现了自己最初写下的"攀登技术高峰"的目标,将自己活成了一座高峰。他是工匠精神的杰出代表,荣获"七一勋章"等多项国家级荣誉。50余年坚守焊工岗位,为冶金、矿山、机械、电力等国家重点行业攻克400多项焊接技术难题,改进焊接工艺100多项,年过七旬仍奋斗在科研生产第一线,是当之无愧的焊接行业"领军人";更是我们学习的楷模,用专业技术为国分忧的精神激励着我们勇敢地前行。

复习思考题

1. 室内外给排水管道的分界线如何划分？
2. 简述管道安装工程量的计算方法。
3. 如何计算管道支架工程量？
4. 穿楼板及墙体的管道套管如何计算工程量及执行定额？
5. 管道除锈、刷油如何计算工程量？
6. 给排水工程按规定系数计取的超高增加费，高层建筑增加费如何计算？
7. 第十册管道间、管廊内安装的项目因增加工作难度，定额人工消耗量乘以系数是多少？
8. 上机操作题：应用计价软件编制本章专家楼给排水工程招标控制价，并导出相应表格。

第3章 建筑电气工程计量与计价

【教学目的】

掌握建筑电气照明系统、防雷接地系统、弱电系统工程量清单编制及招标控制价编制。

【教学重点】

建筑电气工程工程量清单计算规则和计价方法。

【思政元素】

习近平总书记指出，"要爱国，忠于祖国，忠于人民。爱国，是人世间最深层、最持久的情感，是一个人立德之源、立功之本"。孙中山先生说，做人最大的事情，"就是要知道怎么样爱国"。我们常讲，做人要有气节、要有人格。气节也好，人格也好，爱国是第一位的。我们是中华儿女，要了解中华民族历史，秉承中华文化基因，有民族自豪感和文化自信心。要时时想到国家，处处想到人民，做到"利于国者爱之，害于国者恶之"。爱国，不能停留在口号上，而是要把自己的理想同祖国的前途、把自己的人生同民族的命运紧密联系在一起，扎根人民，奉献国家"。

3.1 建筑电气工程概述

1. 变配电工程概述

变配电工程是变电、配电工程的总称，变电是采用变压器将 10 kV 电压降为 0.4 kV；配电是采用开关、保护电器和线路，安全可靠地把电能源进行分配。

本章所称的变配电工程主要指变配电所工程。变配电所工程一般包括高压配电室、变压器室、低压配电室等。高压配电室的作用是接受电能；变压器室的作用是把高压电转换成低压电；低压配电室的作用是分配电能。

变配电工程的主要内容有：变压器、各种高压电器和低压电器。

① 高压电器包括高压开关柜、高压断路器、高压隔离开关、高压负荷开关、高压熔断器、高压避雷器等；

② 低压电器包括低压配电屏、继电器屏、直流屏、控制屏、硅整流柜等，此外还包括电缆、接地母线、盘上高低压母线等。图 3.1 为变配电装置示意图。

另外，为了保证供配电系统一次设备安全可靠地运行，需要有许多辅助电气设备对其工作状态进行监视、测量、控制和保护，如测量仪表、控制电器、编号器具、继电保护装置、自动装置等。这些辅助电气设备习惯称为二次设备，用来表示二次设备的连点及其作用原理的简图，称为二次回路电路图。

（1）变压器

变压器是一种静止设备。它的作用是在交流输配电系统中作为分配电能、变换电压之用。变压器安装工程内容，包括器身检查、干燥、本体及附件安装、注油、整体密封检查，以及投入试运行等。

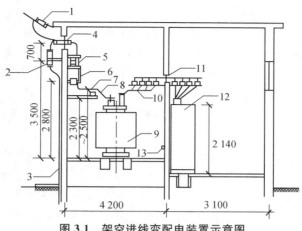

图 3.1　架空进线变配电装置示意图

1. 高压架空引入线拉紧装置；2. 避雷器；3. 避雷器接地引下线套；4. 高压穿通板及穿墙套管；5. 负荷开关或断路器或隔离开关；6. 高压熔断器；7. 高压支柱绝缘子及钢支架；8. 高压母线；9. 电力变压器；10. 低压母线及电车绝缘子和钢支架；11. 低压穿通板；12. 低压配电柜（屏）；13. 室内接地母线

变压器要进行器身检查，器身检查一般是 4 000 kV · A 以下用吊芯方法，4 000 kV · A 以上用吊钟罩方法。对于容量在 1 000 kV · A 以下的变压器，在运输过程中无异常情况，可不进行器身检查。

本体及附件安装包括变压器本体及油箱、气体继电器、切换装置以及散热器等附件的安装。

（2）配电装置

配电装置指包括断路器、隔离开关、负荷开关、互感器、熔断器、避雷器、电力电容器、并联补偿电容器组架、高低压成套配电柜和组合式成套箱式变电站等单个的高低压电器元件和成套设备。

（3）母线、绝缘子

母线、绝缘子是变配电设备之间连接线和支持母线的绝缘瓷器。

① 母线有硬母线和软母线两类。软母线用于高于 35 kV 的高压侧，10 kV 变配电站内一般均用硬母线。硬母线的材质分为铜、铝两种，按形状来分有带形、槽形及管形等，但常用的是带形母线，即矩形母线。

母线以刚度分为硬母线（汇流排）和软母线；

以材质分为铜母线（TMY）、铝母线（LMY）和钢母线（Ao）；

按断面形式分为带形、槽形、管形和组合形；

以安装方式分为带形母线（有 1，2，3，4 片四种）和组合母线（有 2，3，10，14，18，26 根六种）。

在母线安装时，为防止热胀冷缩的应力，需加装伸缩接头，伸缩接头的制作分为铜和铝两种。

② 绝缘子是作为绝缘和固定母线、滑触线和导线之用。支柱绝缘子按电压等级划分为高压、低压；按结构形式分为户外、户内两种；按固定方式有一孔、两孔和四孔等。绝缘子一般安装在高、低压开关柜上、母线桥上、支架上或墙上。

2. 建筑电气工程概述

电气照明工程,一般是指由电源的进户装置到各照明用电器具及中间环节的配电装置、配电线路和开关控制设备的全部电气安装工程。由进户装置、照明配电装置、室内配管配线、照明器具及其控制开关的安装,以及插座、风扇、电铃等小型电器的安装组成。

(1) 进户装置

电源从室外低压配电线路接线入户的设施称为进户装置,电源进户方式有两种:低压架空进线和电缆埋地进线。

① 低压架空线进户装置,通常根据电气施工图的划分,进户线横担以前部分列入外网安装工程,而进户线横担则属于室内照明工程。架空线进户装置由进户线横担、绝缘子、引下线、进户线和进户管组成。进户线横担的安装方式有一端埋设和两端埋设两种。

② 电缆埋地进线,在照明工程中只考虑低压电缆终端头的制作与安装,其引接电线的安装计入外网工程。

a. 户外电缆敷设有三种基本方式:直接埋地敷设;在埋地保护管内敷设;在电缆沟或电缆隧道内敷设。

当电缆平行敷设根数很多,可将它们敷设在电缆沟或隧道中。一般当电缆超过 30 根时,修建电缆隧道是经济的。

b. 室内电缆敷设:室内电气设备安装用的电缆一般敷设于隧道、沟道、夹层、竖井中,一般在敷设中使用大量的电缆桥架。零星沿墙或土建结构敷设的电缆可用卡子固定或穿钢管保护管。

③ 电缆的分类

a. 常用电力电缆按绝缘介质分:聚氯乙烯绝缘电力电缆(如 VV,VLV 等)和交联聚乙烯绝缘电力电缆(如 YJV,YJLV 等)、低烟无卤阻燃电力电缆(WDZ－YJV)、矿物绝缘电力电缆等。

b. 电力电缆按作用分:普通电力电缆(如 YJV、VV 等)、铠装电力电缆(如 YJV_{22}、VV_{22} 等);阻燃电力电缆(如 ZR－YJV 等)和耐火电力电缆(如 NH－YJV 等)及低烟无卤阻燃防辐照电缆[如 WDZN－YJ(F)E 型等]。

控制电缆有 KVV、KVV_{22}、ZR－KVV、NH－KVV 等分类。

c. 按线芯数分:电力电缆常用的线芯有三芯、四芯、五芯等;控制电缆常用的线芯有四芯、六芯、十四芯等。

d. 电缆单芯截面积等级有:1,1.5,2.5,4,6,10,16,25,35,50,70,95,120,180,240,300 mm² 等。

另外还有预分支电缆形式如图 3.2 所示。

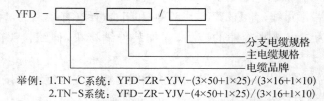

举例:1.TN-C系统:YFD-ZR-YJV-(3×50+1×25)/(3×16+1×10)
　　　2.TN-S系统:YFD-ZR-YJV-(4×50+1×25)/(3×16+1×10)

图 3.2　预分支电缆的表达形式

（2）照明控制设备

建筑照明电气工程中的控制设备有配电柜、配电箱、配电盘、配电板等,其中最常用的是配电箱。

配电箱是用户用电设备的供电和配电点,是控制室内电源的设施。配电箱一般为工厂定型生产的标准配电箱,适用于工业及民用建筑,但是根据照明的不同要求也可以做成非标准的。

定型照明配电箱均用铁制,而非标准照明配电箱可为铁制或木制。二者均制成悬挂明装、嵌入暗装或半嵌入式。配电箱内设有保护、控制、计量配电装置。

（3）室内配管配线

敷设在建筑物内的配线,统称室内配线。根据房屋建筑结构及要求的不同,室内配线可分明敷和暗敷两种方式。其中暗管配线因其美观、安全而最为常用。

根据线路用途和供电安全要求,配线可分为管内穿线、夹板配线、绝缘子配线、槽板配线、线槽配线、塑料钢钉线卡配线等形式。

① 配管:配管的方式有明配和暗配两种方式。

常用管材有钢管（即水煤气管）、防爆钢管、薄壁钢管、可挠金属管、金属软管、塑料管等。其中塑料管又包括硬质聚氯乙烯管、刚性阻燃管、半硬质阻燃管等。钢管具有较好的防潮、防火、防爆性能,硬塑料管具有较好的防潮和抗酸性能。

另外,在配管工程中,还应注意管子弯曲的规定:为了便于施工穿线,线管应尽量沿最短线路敷设,并减少弯曲。当线管敷设长度超过有关规定时,应在线路中间装设分线盒或接线盒。其相关规定在接线盒的工程量计算中详细讲述。

② 管内穿线:配管工程完成后,进行线管内穿绝缘导线,线管内穿导线总截面积不能大于线管截面面积的 40%。

常用绝缘导线按其绝缘材料分为橡皮绝缘和聚氯乙烯绝缘。按线芯材料有铜线和铝线之分,按线芯性能有硬线和软线之分。导线的这些特点都是通过其型号表示的。表 3-1 给出了常用绝缘导线的型号、名称和用途。

表 3-1　常用绝缘导线的型号、名称和用途

型号	名称	用途
BX（BLX） BXF（BLXF） BXR	铜（铝）芯橡皮绝缘线 铜（铝）芯氯丁橡皮绝缘线 铜芯橡皮绝缘软线	适用交流 500 V 及以下,或直流 1 000 V 及以下的电气设备及照明装置之用
BV（BLV） BVV（BLVV） BVVB（BLVVB） BVR BV-105	铜（铝）芯聚氯乙烯绝缘线 铜（铝）芯聚氯乙烯绝缘聚氯乙烯护套圆形电线 铜（铝）芯聚氯乙烯绝缘聚氯乙烯护套平形电线 铜芯聚氯乙烯绝缘软电线 铜芯耐热 105℃聚氯乙烯绝缘电线	适用于各种交流、直流电器装置,电工仪表、仪器,电信设备,动力及照明线路固定敷设之用
RV RVB RVS RV-105 RXS RX	铜芯聚氯乙烯绝缘软线 铜芯聚氯乙烯绝缘平行软线 铜芯聚氯乙烯绝缘绞型软线 铜芯耐热 105℃聚氯乙烯绝缘连接软电线 铜芯橡皮绝缘电棉纱编织绞型软电线 铜芯橡皮绝缘电棉纱编织圆形软电线	适用于各种交、直流电器、电工仪器、家用电器、小型电动工具、动力及照明装置的连接

室内导线常用类型：铜芯塑料绝缘导线（BV、ZRBV、NHBV、WDZBV 等）和塑料护套线（BVV 等）。

管内穿线常用的配管有阻燃塑料管（PC）、钢管（SC）、薄壁钢管（扣压式 KBG、紧定式 JDG）。

配管配线在施工图系统图中的标注形式为：$a(b×c)-d-ef$，其中：a 为配线的类型；b 为导线的根数；c 为导线的截面积；d 为配管的类型及规格；e 为敷设部位（常用的有沿地面 F、沿墙面 W 或沿天棚吊顶 C）；f 为敷设方法（常用的有暗装 C、明装 E）。

例如：$BV-3×4-PC20-FC$ 表示三根截面积为 4 mm² 的铜芯塑料导线，穿放在一根直径为 20 mm 的阻燃塑料管内，沿地面暗装。

③ 塑料护套线敷设：塑料护套线敷设是指用铝卡片或塑料钢钉电线卡将导线直接敷设在楼板、墙壁等建筑物表面或钢索上的一种配线方式，所采用的塑料护套线分二芯线与三芯线。

④ 线槽配线：线槽配线是将导线或母线附设在线槽内，线槽再固定在墙、柱的钢支架上或将线槽固定在钢吊架上的一种配线方式。在低压配电系统中，线槽已广泛应用于工业、高层建筑等配电干线中，其具有结构紧凑、占据空间小、能承受较大电流的特点。

（4）照明器具

照明器具包括各种灯具、控制开关及小型电器，如风扇、电铃等。照明器具种类繁多，一般功率为 15～2 000 W，电压为 220 V 和 36 V。

① 灯具：民用建筑中常用灯具有荧光灯（分单管、双管、三管；吸顶式、吊链式、吊管式）、格栅荧光灯、半圆球吸顶灯、普通白炽灯（如节能座灯头等）、壁灯、筒灯、防水防尘灯、花灯（如各类型的装饰灯具）、安全出口灯、疏散指示灯、应急灯等。

② 开关：有拉线开关、扳把开关、板式开关（普遍采用）。

常用的板式开关有明装和暗装，形式有单联单控开关、双联单控开关、三联单控开关、单联双控开关、双联双控开关等。

③ 插座：按规格分单相、三相；15 A 内、30 A 以内；二孔、三孔、四孔、五孔等；按作用分普通插座、空调插座、安全型插座、防溅型插座、带开关插座等。

④ 其他用电器具：如电风扇、楼顶扇、排气扇、电铃、钥匙取电器、请勿打扰灯等。

（5）电气调整

变配电系统的设备在安装前，应按规定进行单项设备的试验，不合格者不准安装。电气调试工作内容有安装前电气元件的检查、试验及调整，安装后电气回路或系统的检查、试验、调整，以及熟悉资料、核对设备、填写实验记录和整理、编写调试报告等辅助工作。

电气调整包括的主要费用有电气调整所需消耗的电力消耗、实验用的消耗材料及仪表使用费等。调试工作内容和所需费用，根据项目划分的性质及大小的不同，所包括的内容也不尽相同，应用时需要认真分析理解调整定额项目，根据工程的具体实际合理计量。

电气系统调试所需电力消耗已包括在定额内，不另计算。但 10 kW 以上电机及发电机的启动调试用蒸汽、电力和其他动力能源消耗及变压器的空载试运转的电力消耗，均应另行计算。

3. 防雷及接地装置概述

防雷及接地装置工程可分为建筑物（构筑物）的防雷接地、变配电系统接地、车间系统接地、设备接地等。

建筑物的防雷等级根据建筑物的重要性、使用性质、发生雷电事故的可能性及其产生的后果,把建筑物的防雷分为三级。建筑物的防雷措施应视其防雷等级而定。

建筑物的防雷措施有直击雷措施、防雷电感应措施、防雷电波侵入措施、防雷电反击措施等。建筑物防直击雷的主要措施有:

① 装设独立避雷针,通过引下线接地;

② 装设避雷网、避雷带,通过引下线接地;

③ 利用建筑物的金属结构组成避雷网及引下线等。利用电缆进线可以防雷电波的侵入。

构筑物的防雷接地需进行防雷保护的构筑物主要有油、气罐,水塔,烟囱等。

无论任何级别的防雷接地装置,一般都由接闪器、引下线和接地体三大部分构成。如图3.3所示。

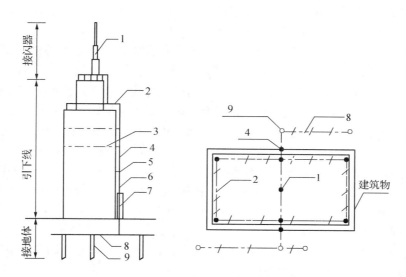

图 3.3　建筑物防雷接地装置组成示意图
1. 避雷针;2. 避雷网;3. 避雷带;4. 引下线;5. 引下线卡子;
6. 断接卡子;7. 引下线保护管;8. 接地母线;9. 接地极

(1) 接闪器

接闪器是指直接接受雷击的金属构件。根据被保护物体形状的不同,接闪器的形状不同,可分为避雷针、避雷带、避雷网。

(2) 引下线

引下线是指连接接闪器与接地装置的金属导体。可以用圆钢或扁钢作单独的引下线,也可以利用建筑物柱筋或其他钢筋作引下线。

用圆钢或扁钢作引下线时,一般由引下线、引下线支持卡子、断接卡子、引下线保护管等组成。引下线在 2 根及以上时,需在距地面 0.3~1.8 m 作断接卡子,供测量接地电阻使用,断接卡子以下的引下线需用套管进行保护。

(3) 均压环

均压环是高层建筑物利用梁中的水平钢筋与引下线可靠连接(绑扎或焊接),用作降低接触电压,自动切断接地故障电路防电击方法的一项装置。

一般情况下,当建筑物高度超过 30 m 时,在建筑物的侧面,从 30 m 起每隔不大于 6 m 沿建筑物四周成环状敷设水平避雷带并与引下线相连,以防止侧向雷击。

30 m 及以上外墙上的栏杆、门窗等较大的金属物应与防雷装置连接;30 m 以下部位每三层利用结构圈梁中的水平钢筋与引下线焊接成均压环。所有引下线、建筑物中的金属结构和金属物体等与均压环连接,形成等电位。

（4）接地体

接地体是指埋入土壤或混凝土基础中作散流用的金属导体。无论建筑物防雷接地还是设备系统接地,接地体是非常关键的一部分。接地体可以分为自然接地体和人工接地体。

① 自然接地体:是兼作接地用的直接与大地接触的各种金属构件、金属井管、钢筋混凝土建筑物的基础、金属管道和设备等。凡能利用建筑物内金属导体作防雷接地的应优先利用,以节约投资,常见的是利用基础里的钢筋做接地体。

② 人工接地体:分为人工接地极和接地母线。

人工接地极可采用水平敷设和垂直敷设,一般宜优先采用水平敷设方式。水平敷设可采用圆钢、扁钢;垂直敷设可采用圆钢、钢管、角钢;也可采用金属接地板。

接地母线是为保证接地线有一定的机械强度,接地母线一般采用－40×4 镀锌扁钢或 Φ8 镀锌圆钢制成。接地线的截面应满足热稳定的要求,由设计确定。

一般情况下尽量以自然接地体为主,人工接地体作为补充,外形尽可能采用闭合环形。

（5）接地跨接线

接地线遇有障碍需跨越时,相连的接头线称为跨接线。接地跨接一般出现在建筑物伸缩缝处、沉降缝处,吊车钢轨作为接地线时钢轨与钢轨的连接处,为防静电管道法兰盘连接处,通风管道法兰盘连接处等。

（6）接地调试

根据设计要求,防雷及接地装置中的接地体必须有足够小的接地电阻,这些要求一般在设计时,根据土质等情况计算及布置接地极。

施工完毕后,为了保证接地电阻达到设计要求,要对已施工完毕的接地体进行接地电阻测试。测试接地电阻一般是从引下线的断接卡子处将原引下线断开,用接地电阻测量仪进行测量,如达不到相应的设计要求,要进行处理。

4. 建筑电气工程量计算要点

一般建筑电气施工图只有平面图,没有立面图,为了准确计算电气工程量,不仅要熟悉电气工程的施工图,还应熟悉或查阅建筑施工图上的主要尺寸。故需要根据建筑物层高、电气系统图、电气设备管线的安装高度和电气的平面图配合计算。为了准确计算建筑电气工程量,要注意以下计算要点:

（1）按规定的工程量计算规则计算

根据电气工程平面图、照明系统图、设备材料表和相应的工程量计算规则分别计算:

① 照明线路的工程量按施工图上标明的敷设方式和导线的型号、规格,根据轴线尺寸结合比例尺量取的数据进行计算;一般先算干线,后算支线,按不同的敷设方式、不同型号和规格的导线分别进行计算。

② 照明设备、用电器具的安装工程量,应根据施工图上标明的图例、文字符号分别进行统计。

（2）按配电回路分别计算

根据电气平面图和系统图，按进户线、总配电箱、总配电箱至分配电箱的配线、分配电箱、分配电箱至各灯具、用电器具的配线、灯具用电器具的顺序，每个回路逐项进行计算。这样的计算程序思路清晰，有条理性，既可以加快看图、计量的速度，又可避免漏算和重复计算。

（3）采用列表方式进行计算

照明工程量的计算，一般宜按一定顺序自电源侧逐一向用电侧进行，要求列出简明的计算式，可以防止漏项、重复和潦草，也便于复核。

3.2　建筑电气工程计量与计价项目

3.2.1　配电装置计量与计价项目

按照《通用安装工程工程量计算规范》（GB 50856—2013）附录 D.2，配电装置工程量清单项目设置、项目特征描述内容、计量单位、工程量计算规则、工程内容详见表 3-2。

表 3-2　配电装置安装（编码：030402）

项目编码	项目名称	项目特征	计量单位	工程量计算规则	工作内容
030402017	高压成套配电柜	1. 名称 2. 型号 3. 规格 4. 母线配置方式 5. 种类 6. 基础型钢形式、规格	台	按设计图示数量计算	1. 本体安装 2. 基础型钢制作、安装 3. 补刷（喷）油漆 4. 接地
030402018	组合型成套箱式变电站	1. 名称 2. 型号 3. 容量(kV·A) 4. 电压(kV) 5. 组合形式 6. 基础规格、浇筑材质			1. 本体安装 2. 基础浇筑 3. 进箱母线安装 4. 补刷（喷）油漆 5. 接地

注：设备安装未包括地脚螺栓、浇注（二次灌浆、抹面），如需安装应按现行国家标准《房屋建筑与装饰工程工程量计算规范》GB 50854 相关项目编码列项。

配电装置清单项目计价时执行《江西省通用安装工程消耗量定额及统一基价表》第四册《电气设备安装工程》（以下简称第四册定额）第二章相应定额子目，计价内容如下：

1. 高压成套配电柜

（1）本体安装：执行第四册定额第二章高压成套配电柜安装相应定额子目，区分名称、型号、规格、母线设置方式等不同，按设计图所示数量，以"台"为计量单位。

成套高压配电柜安装定额分为单母线柜和双母线柜安装，又分别按柜中主要元件分为断路器柜、互感器柜或电容器柜其他柜等项目。定额的工作内容包括:开箱清点检查、就位、找正、固定、柜间连接、连锁装置检查、断路器调整、其他设备检查、导体接触面检查、二次元件拆装、接地、单体调试。

高压成套配电柜安装定额综合考虑了不同容量,执行定额时不做调整。定额中不包括基础槽(角)钢的制作安装、母线配制及设备干燥。

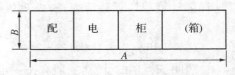

图 3.4 基础槽钢安装示意图

(2) 基础槽(角)钢的制作安装

执行第四册定额第七章基础槽钢、角钢制作与安装相应定额子目,根据设备布置,按照设计图示安装长度,以"m"为计量单位。如图 3.4 基础槽钢安装示意图所示,其长度 $L = 2A + 2B$。

需做支架安装于墙、柱子上时,应计算支架的制作安装,以"100 kg"计量,套用第四册定额第七章相应铁构件制作安装定额子目。

2. 组合式成套箱式变电站

(1) 本体安装:执行第四册定额第二章箱式变电站安装相应定额子目,区分引进技术特征及设备容量的不同,按照设计安装数量以"座"为计量单位。

定额按欧式、美式箱式变电站及变压器容量划分子目。定额的工作内容包括开箱清点检查、就位、找正、固定、连锁装置检查、导体接触面检查、接地。箱式变电站安装不包括基础槽(角)钢安装。

组合式成套箱式变电站主要是指电压等级小于或等于 10 kV 箱式变电站。定额是按照通用布置方式编制的,即:变压器布置在箱中间,箱一端布置高压开关,箱一端布置低压开关,内装 6~24 台低压配电箱(屏)。执行定额时,不因布置形式而调整。在结构上采用高压开关柜、低压开关柜、变压器组成方式的箱式变压器称为欧式变压器;在结构上将负荷开关、环网开关、熔断器等结构简化放入变压器油箱中且变压器取消油枕方式的箱式变压器称为美式变压器。

(2) 基础槽(角)钢的制作安装:执行第四册定额第七章基础槽钢、角钢制作与安装相应定额子目,按照设计图示安装长度,以"m"为计量单位。

(3) 进箱母线安装:执行第四册定额第三章母线相应定额子目。

3.2.2 母线计量与计价项目

母线安装按母线种类划分软母线、组合软母线、带形母线、槽形母线、共箱母线、低压封闭式插接母线槽、重型母线以及各种母线的引下线、跳线与设备连接线、母线伸缩接头(补偿器)等项目。一般 10 kV 电压等级变配电工程中通常采用带形硬母线、低压封闭式插接母线槽。

按照《通用安装工程工程量计算规范》(GB 50856—2013)附录 D.3,母线工程量清单项目设置、项目特征描述内容、计量单位、工程量计算规则、工程内容详见表 3-3。

表 3－3 母线安装(编码:030403)

项目编码	项目名称	项目特征	计量单位	工程量计算规则	工程内容
030403003	带形母线	1. 名称 2. 型号 3. 规格 4. 材质 5. 绝缘子类型、规格 6. 穿墙套管材质、规格 7. 穿通板材质、规格 8. 母线桥材质、规格 9. 引下线材质、规格 10. 伸缩节、过渡板材质、规格 11. 分相漆品种	m	按设计图示尺寸以单相长度计算(含预留长度)	1. 母线安装 2. 穿墙板制作、安装 3. 支持绝缘子、穿墙套管的耐压试验、安装 4. 引下线安装 5. 伸缩节安装 6. 过渡板安装 7. 刷分相漆
030403006	低压封闭式插接母线槽	1. 名称 2. 型号 3. 规格 4. 容量(A) 5. 线制 6. 安装部位	m	按设计图示尺寸以中心线长度计算	1. 母线安装 2. 补刷(喷)油漆
030403007	始端箱、分线箱	1. 名称 2. 型号 3. 规格 4. 容量(A)	台	按设计图示数量计算	1. 本体安装 2. 补刷(喷)油漆

注:1. 硬母线配置安装预留长度见表 3－4

表 3－4 硬母线配置安装预留长度(单位:m/根)

序号	项目	预留长度	说明
1	带型、槽型母线终端	0.3	从最后一个支持点算起
2	带型、槽型母线与分支线连接	0.5	分支线预留
3	带型母线与设备连接	0.5	从设备端子接口算起
4	多片重型母线与设备连接	1.0	从设备端子接口算起
5	槽型母线与设备连接	0.5	从设备端子接口算起

母线清单项目计价时执行第四册第三章相应定额子目,计价内容如下:

1. 带形母线

(1) 母线安装:执行第四册定额第三章矩形母线安装相应定额子目,区分母线材质及每相片数、截面面积或直径,按照设计图示安装数量以"m/单相"为计量单位。定额工作内容包括平直、下料、煨弯(机)、母线安装、接头、刷分相漆。

计算长度时,应考虑母线挠度和连接需要增加的工程量,不计算安装损耗量。母线和固定母线金具应按照安装数量加损耗量另行计算主材费。

带形母线安装预留长度按照设计规定计算,设计无规定时按照表 3－4 所示;硬母线配置安装预留长度规定计算。

（2）穿墙板制作安装：执行第四册第三章穿墙板安装相应定额子目，区分穿墙板材质的不同，按照设计图示数量以"块"为计量单位。

（3）支持绝缘子安装：执行第四册第三章支持绝缘子安装相应定额子目，区分工艺布置和安装固定孔数的不同，按照设计图示安装数量以"个"为计量单位。

（4）穿墙套管安装：执行第四册第三章穿墙套管安装相应定额子目，不分水平、垂直安装，按照设计图示数量以"个"为计量单位。

（5）引下线安装：执行第四册第三章带形母线引下线安装相应定额子目，区分母线材质及每相片数、截面面积或直径不同，按照设计图示安装数量，以"m/单相"为计量单位。

计算长度时，应考虑母线挠度和连接需要增加的工程量，不计算安装损耗量。母线和固定母线金具应按照安装数量加损耗量另行计算主材费。

（6）伸缩接安装：执行第四册定额第三章矩形母线伸缩节安装相应定额子目，区分母线材质和伸缩节安装片数不同，按照设计图示安装数量，以"个"为计量单位。

矩形母线过渡板安装，按照设计图示安装数量以"块"为计量单位。

矩形母线伸缩节头和铜过渡板安装定额是按照成品安装编制，定额不包括加工配制及主材费。

2. 低压封闭式插接母线槽

执行第四册定额第三章低压（电压等级小于或等于 380 V）封闭式插接母线槽安装相应定额子目，区分每相电流容量不同，按照设计图示安装轴线长度以"m"为计量单位。计算长度时，不计算安装损耗量。母线槽及母线槽专用配件按照安装数量计算主材费。

低压封闭式插接母线槽安装定额是按照成品安装编制，定额不包括加工配制及主材费；包括接地安装及材料费。

3. 始端箱、分线箱

执行第四册定额第三章封闭母线槽线箱安装相应定额子目，按分线箱、始端箱安装区分电流容量不同，按照设计图示安装数量以"台"为计量单位。

3.2.3 控制设备及低压电器计量与计价项目

按照《通用安装工程工程量计算规范》（GB 50856—2013）附录 D.4，常用控制设备及低压电器工程量清单项目设置、项目特征描述内容、计量单位、工程量计算规则、工程内容详见表 3-5。

表 3-5 控制设备及低压电器安装（编码：030404）

项目编码	项目名称	项目特征	计量单位	工程量计算规则	工程内容
030404004	低压开关柜（屏）	1. 名称 2. 型号 3. 规格 4. 种类 5. 基础型钢形式、规格 6. 接线端子材质、规格 7. 端子板外部接线材质、规格 8. 小母线材质、规格 9. 屏边规格	台	按设计图示数量计算	1. 本体安装 2. 基础型钢制作、安装 3. 端子板安装 4. 焊、压接线端子 5. 盘柜配线、端子接线 6. 屏边安装 7. 补刷（喷）油漆 8. 接地

续表

项目编码	项目名称	项目特征	计量单位	工程量计算规则	工程内容
030404017	配电箱	1. 名称 2. 型号 3. 规格 4. 基础形式、材质、规格 5. 接线端子材质、规格 6. 端子板外部接线材质、规格 7. 安装方式	台	按设计图示数量计算	1. 本体安装 2. 基础型钢制作、安装 3. 焊、压接线端子 4. 补刷(喷)油漆 5. 接地
030404018	插座箱	1. 名称 2. 型号 3. 规格 4. 安装方式			1. 本体安装 2. 接地
030404019	控制开关	1. 名称 2. 型号 3. 规格 4. 接线端子材质、规格 5. 额定电流(A)	个		1. 本体安装 2. 焊、压接线端子 3. 接线
030404031	小电器	1. 名称 2. 型号 3. 规格 4. 接线端子材质、规格	个 (套、台)		
030404032	端子箱	1. 名称 2. 型号 3. 规格 4. 安装部位	台		1. 本体安装 2. 接线
030404033	风扇	1. 名称 2. 型号 3. 规格 4. 安装方式			1. 本体安装 2. 调速开关安装
030404034	照明开关	1. 名称 2. 型号 3. 规格 4. 安装方式	个		1. 本体安装 2. 接线
030404035	插座				
030404036	其他电器	1. 名称 2. 规格 3. 安装方式	个 (套、台)		1. 安装 2. 接线

注:1. 小电器包括:按钮、电笛、电铃、水位电气信号装置、测量表计、继电器、电磁锁、屏上辅助设备、辅助电压互感器、小型安全变压器等;
　　2. 其他电器是指:本节未列的电器项目。

常用控制设备清单项目计价时执行第四册第四章和第十四章相应定额子目,计价内容如下:

1. 低压开关柜(屏)

(1) 本体安装:执行第四册定额第四章中配电屏定额子目,按照设计图示数量,以"台"为计量单位。

定额工作内容包括开箱、检查、安装、电器、表计及继电器等附件的拆装、送交试验、盘内整理及一次校线、接线、补漆。不包括支架制作与安装、二次喷漆及喷字、设备干燥、焊(压)接线端子、端子板外部(二次)接线、基础槽(角)钢制作与安装、设备上开孔。

(2) 基础型钢的制作安装:执行第四册定额第七章中基础型钢制作与安装相应定额子目,区分基础槽钢、角钢制作与安装,根据设备布置,按照设计图示安装长度,以"m"为计量单位。

(3) 端子板安装:执行第四册定额第四章中端子板定额子目,按照设计图示安装数量,以"块"为计量单位。

(4) 焊、压接线端子:执行第四册定额第四章中焊、压接线端子相应定额子目,区分焊铜、压铜、压铝接线端子以及导线截面不同,按照设计图示安装数量,以"10 个"为计量单位。

接线端子定额只适用于导线,电力电缆终端头制作安装定额中包括压接线端子,控制电缆终端头制作安装定额中包括终端头制作及接线至端子板,不得重复计算。

(5) 端子接线:执行第四册定额第四章端子板外部接线相应定额子目,区分有无端子及导线截面积不同,根据设备外部接线图,按照设计图示界限数量以"个"为计量单位。

2. 配电箱

(1) 本体安装:执行第四册定额第二章"成套配电箱安装"相应定额子目,区分落地式和悬挂嵌入式两种,其中悬挂嵌入式配电箱以半周长分档列项,按照设计安装数量,以"台"为计量单位。

成套配电箱为未计价材料,成套配电箱的箱体、内部电气元件及箱内配线不另计安装费,成套配电箱单价由订制出厂价确定,或按下面公式估算:

成套配电箱单价=(箱体单价+∑电气元件数量×相应单价)×系数(1.1~1.3)

(其中:系数 1.1~1.3 是经验值,视作为箱体内电气元件及其线路的组装费用)。

成品配套空箱体安装执行相应的"成套配电箱"安装定额乘以系数 0.5。

(2) 基础槽钢制作、安装:执行第四册定额第七章中基础槽钢制作与安装相应定额子目,区分基础槽钢、角钢制作与安装,根据设备布置,按照设计图示安装长度,以"m"为计量单位。

(3) 焊、压接线端子:执行第四册定额第四章中焊、压接线端子相应定额子目,区分焊铜、压铜、压铝接线端子以及导线截面不同,按照设计图示安装数量,以"10 个"为计量单位。

3. 插座箱

插座箱安装执行第四册定额第二章成套配电箱相应定额子目。

4. 控制开关

控制开关是指单独安装的自动空气开关、刀型开关、组合控制开关、漏电保护开关、集中空调开关、请勿打扰装置、风扇调速开关等,执行第四册定额第十五章低压电器设备中控制开关相应定额子目,均按设计图示数量,以"个(套)"计算。

接入单独安装控制开关的绝缘导线需焊、压接线端子时,其焊、压接线端子执行相应定额子目另行计价。

5. 小电器

小电器包括:按钮、电笛、电铃、水位电气信号装置、测量表计、继电器、电磁锁、屏上辅助设备、辅助电压互感器、小型安全变压器等。这些小电器执行第四册定额第十五章低压电器设备相应定额子目,均按设计图示数量,以"个(套)"计算。

6. 端子箱

执行第四册定额第四章中端子箱相应定额子目,区分户内、户外端子箱,按照设计图示安装数量,以"台"为计量单位。

7. 风扇

执行第四册定额第十五章低压电器设备中风扇相应定额子目,区分吊风房、壁扇、排气扇,按照设计图示安装数量,以"台"为计量单位。

8. 照明开关

执行第四册定额第十四章照明器具中开关相应定额子目,区分开关安装形式与种类、开关极数及单控与双控不同,按照设计图示安装数量,以"套"为计量单位。

应注意本处所列"开关安装"是指第四册第十四章"照明器具"用的开关,而不是指第四册第十五章"低压电器设备"所列的电源用的控制开关,故不能混用。

计算开关安装同时应计算明装开关盒或暗装开关盒安装,按配管配线中"接线盒"另列清单项目,执行第十三章开关盒相应定额子目。

9. 插座

执行第四册定额第十四章照明器具中插座相应定额子目,区分电源数、定额电流、插座安装形式,按照设计图示安装数量以"套"为计量单位。

计算插座安装同时应计算明装或暗装插座盒安装,按配管配线中"接线盒"另列清单项目,执行第十三章相应开关(插座)盒定额子目。

3.2.4　电缆计量与计价项目

按照《通用安装工程工程量计算规范》(GB 50856—2013)附录 D.8,电缆工程量清单项目设置、项目特征描述内容、计量单位、工程量计算规则、工程内容详见表 3-6。

表 3-6　电缆安装(编码:030408)

项目编码	项目名称	项目特征	计量单位	工程量计算规则	工程内容
030408001	电力电缆	1. 名称 2. 型号 3. 规格 4. 材质 5. 敷设方式、部位 6. 电压等级(kV) 7. 地形	m	按设计图示尺寸以长度计算(含预留长度及附加长度)	1. 电缆敷设 2. 揭(盖)盖板
030408002	控制电缆				
030408003	电缆保护管	1. 名称 2. 材质 3. 规格 4. 敷设方式		按设计图示尺寸以长度计算	保护管敷设

续表

项目编码	项目名称	项目特征	计量单位	工程量计算规则	工程内容
030408004	电缆槽盒	1. 名称 2. 材质 3. 规格 4. 型号	m	按设计图示尺寸以长度计算	槽盒安装
030408005	铺砂、盖保护板(砖)	1. 种类 2. 规格			1. 铺砂 2. 盖板(砖)
030408006	电力电缆头	1. 名称 2. 型号 3. 规格 3. 材质、类型 4. 安装部位 5. 电压等级(kV)	个	按设计图示数量计算	1. 电力电缆头制作 2. 电力电缆头安装 3. 接地
030408007	控制电缆头	1. 名称 2. 型号 3. 规格 4. 材质、类型 5. 安装方式	个	按设计图示数量计算	

注:1. 电缆穿刺线夹按电缆中间头编码列项;
  2. 电缆井、电缆排管、顶管,应按现场国家标准《市政工程工程量计算规范》GB 50857 相关项目编码列项;
  3. 电缆敷设预留长度及附加长度见表 3-7。

表 3-7 电缆敷设预留(附加)长度

序号	项目	预留长度(附加)	说明
1	电缆敷设弛度、波形弯度、交叉	2.5%	按电缆全长计算
2	电缆进入建筑物	2.0 m	规范规定最小值
3	电缆进入沟内或吊架时引上(下)预留	1.5 m	规范规定最小值
4	变电所进线、出线	1.5 m	规范规定最小值
5	电力电缆终端头	1.5 m	检修余量最小值
6	电缆中间接头盒	两端各留 2.0 m	检修余量最小值
7	电缆进控制、保护屏及模拟盘等	高+宽	按盘面尺寸
8	高压开头柜及低压配电盘、箱	2.0 m	盘下进出线
9	电缆至电动机	0.5 m	从电机接线盒起算
10	厂用变压器	3.0 m	从地坪起算
11	电缆绕过梁柱等增加长度	按实计算	按被绕物的断面情况计算增加长度
12	电梯电缆与电缆架固定点	每处 0.5 m	规范最小值

  电缆附加及预留的长度是电缆敷设长度的组成部分,应计入电缆长度工程量之内。即:单根电缆长度=[水平长度+垂直长度+预留(附加)长度]×(1+2.5%)。

电缆清单项目计价时执行第四册定额第九章电缆相应定额子目,计价内容如下:

1. 电力电缆

(1)电力电缆敷设:执行第四册定额第九章电力电缆敷设相应定额子目,区分电缆敷设环境与规格,按照设计图示单根敷设数量以"10 m"为计量单位。不计算电缆敷设损耗量。

计算电缆敷设长度时,应考虑因波形敷设、弛度、电缆绕梁(柱)所增加的长度以及电缆与设备连接、电缆接头等必要的预留长度。预留长度按照设计规定计算,设计无规定时按照上述表 3-7 规定计算。

电力电缆敷设定额应用时注意以下几点:

① 电力电缆敷设定额包括输电电缆敷设与配电电缆敷设项目,根据敷设环境执行相应定额。定额综合了裸包电缆、铠装电缆、屏蔽电缆等电缆类型,凡是电压等级小于或等于 10 kV 电力电缆和控制电缆敷设不分结构形式和型号,一律按照相应的电缆截面和芯数执行定额。

其中输电电力电缆敷设环境:分为直埋式、电缆沟(隧)道内、排管内等。输电电力电缆起点为电源点或变(配)电站,终点为用户端配电站。

配电电力电缆敷设环境:分为室内、竖井通道内。配电电力电缆起点为用户端配电站,终点为用电设备。室内敷设电力电缆定额综合考虑了不同环境敷设,执行定额时不做调整。

电缆截面:系指电缆最大单芯的截面积,而非一根电缆所包含电缆芯数的全部截面积之和。

电缆芯数:电力电缆敷设定额是按照三芯(包括三芯连地)编制的,电缆每增加一芯相应定额增加 15%。单芯电力电缆敷设按照同截面电缆敷设定额乘以系数 0.7,两芯电缆按照三芯电缆定额执行。截面 400 mm² 以上至 800 mm² 的单芯电力电缆敷设,按照 400 mm² 电力电缆敷设定额乘以系数 1.35。截面 800 mm² 以上至 1 600 mm² 的单芯电力电缆敷设,按照 400 mm² 电力电缆敷设定额乘以系数 1.85。

② 室外电力电缆敷设:定额是按照平原地区施工条件编制的,未考虑在积水区、水底、深井下等特殊条件下的电缆敷设。电缆在一般山地、丘陵地区敷设时,其定额人工乘以系数 1.30。该地段施工所需的额外材料(如:固定桩、夹具等)应根据施工组织设计另行计算。

室外 10 mm² 以下的电力电缆敷设按照 50 mm² 电力电缆敷设定额,其中人工、机械乘以系数 0.45;16 mm² 以下的电力电缆敷设按照 50 mm² 电力电缆敷设定额,其中人工、机械乘以系数 0.6;35 mm² 以下的电力电缆敷设按照 50 mm² 电力电缆敷设定额,其中人工、机械乘以系数 0.8。

③ 竖井通道内敷设电缆:长度按照电缆敷设在竖井通道垂直高度以延长米计算工程量。竖井通道内敷设电缆定额适用于单段高度大于 3.6 m 的竖井,在单段高度小于或等于 3.6 m 的竖井内敷设电缆时,应执行"室内敷设电力电缆"相关定额。

电缆敷设定额中综合考虑了电缆布放费用,当电缆布放穿过高度大于 20 m 的竖井时,需要计算电缆布放增加费。电缆布放增加费按照竖井电缆长度计算工程量,执行竖井通道内敷设电缆相关定额乘以系数 0.3。

④ 预制分支电缆敷设:长度按照敷设主电缆长度计算工程量。预制分支电缆定额综合考虑了不同的敷设环境,执行定额时不做调整。

预制分支电缆敷设定额中,包括电缆吊具、每个长度小于或等于 10 m 分支电缆安装;不包括分支电缆头的制作安装,应根据设计图示数量与规格执行相应的电缆接头定额;每个长度大于 10 m 分支电缆,应根据超出的数量与规格及敷设的环境执行相应的电缆敷设定额。

⑤ 矿物绝缘电力电缆敷设:根据电缆敷设环境与电缆截面执行相应的电力电缆敷设定额与接头定额。

⑥ 铝合金电缆敷设根据规格执行相应的铝芯电缆敷设定额。

⑦ 电缆敷设需要钢索及拉紧装置安装时,钢索及拉紧装置按"附录 D.11 配管配线"清单项目列项,计价执行第四册定额第十三章"配线工程"中配线钢索及拉紧装置定额子目。

⑧ 电缆敷设定额中不包括支架的制作与安装,工程应用时,其支架按"附录 D.13 附属工程中的铁构件"清单项目列项,计价时执行第四册定额第七章"金属构件工程"中铁构件相应定额子目。

(2)揭(盖)盖板:执行第四册定额第九章揭(盖)移动盖板定额子目,根据施工组织设计,以揭一次与盖一次或者移出一次与移回一次为计算基础,工程量按照实际揭与盖或移出与移回的次数乘以其长度计算,以"10 m"为计量单位。

另外,电缆沟盖板采用金属盖板时,根据设计图纸分工执行相应的定额。属于电气安装专业设计范围的电缆沟金属盖板制作与安装,清单项目按"附录 D.13 附属工程中的铁构件"列项,计价时执行第四册定额第七章金属构件相应定额子目,并按相应定额乘以系数 0.6。

2. 控制电缆

① 控制电缆敷设:执行第四册定额第九章控制电缆敷设相应定额子目,区分室内敷设、竖井通道内敷设及控制电缆芯数的不同,按照设计图示单根敷设长度,以"m"为计量单位。其预留长度按照设计规定计算,设计无规定时按照上述表 3-7 规定计算。

控制电缆敷设定额应用时注意以下几点:

a. 控制电缆敷设定额综合考虑了不同的敷设环境,执行定额时不做调整。

b. 矿物绝缘控制电缆敷设根据电缆敷设环境与电缆芯数执行相应的控制电缆敷设定额与接头定额。

② 揭(盖)盖板:同电力电缆揭(盖)盖板计算方法。

3. 电缆保护管

执行第四册定额第九章电缆保护管铺设相应定额子目,根据电缆敷设路径,应区别不同敷设方式、敷设位置、管材材质、规格,按照设计图示敷设数量,以"10 m"为计量单位。计算电缆保护管长度时,设计无规定者按照以下规定增加保护管长度:

① 横穿马路时,按照路基宽度两端各增加 2 m。

② 保护管需要出地面时,弯头管口距地面增加 2 m。

③ 穿过建(构)筑物外墙时,从基础外缘起增加 1 m。

④ 穿过沟(隧)道时,从沟(隧)道壁外缘起增加 1 m。

电缆保护管铺设定额分为地下铺设、地上铺设两个部分。入室后需要敷设电缆保护管时,执行第四册定额第十二章"配管工程"相关定额。

电缆保护管地下敷设,其土石方量施工有设计图纸的,按照设计图纸计算;无设计图纸的,沟深按照 0.9 m 计算,沟宽按照保护管边缘每边各增加 0.3 m 工作面计算。

电缆保护管土石方按《房屋建筑与装饰工程量计算规范》(GB 50584—2013)中管沟土方清单项目编码列项,执行第四册定额第九章"直埋电缆辅助设施 沟槽挖填"定额子目,该定额子目包括土石方开挖、回填、余土外运等。

4. 电缆槽盒

电缆槽盒安装根据材质与规格,执行第四册定额第九章槽式桥架安装相应定额子目,其中:人工、机械乘以系数 1.08;工程量按照设计图示安装长度,以"10 m"为计量单位。

5. 铺砂、盖保护板(砖)

执行第四册定额第九章直埋电缆铺砂盖板(砖)定额子目,区分铺砂盖板、铺砂盖砖及电缆根数,按照设计图示长度,以"10 m"为计量单位。

6. 电力电缆头

执行第四册定额第九章电力电缆头制作与安装相应定额子目,区分电压等级、电缆头形式、电缆材质及截面,按照设计图示单根电缆接头数量,以"个"为计量单位。

a. 电力电缆均按照一根电缆有两个终端头计算。

b. 电力电缆中间头按照设计规定计算;设计没有规定的以单根长度 400 m 为标准,每增加 400 m 计算一个中间头,增加长度小于 400 m 时计算一个中间头。

c. 电力电缆头定额均按三芯(包括三芯接地)考虑的,电缆每增加一芯相应定额增加 15% 考虑。电缆头制作安装定额中包括镀锡裸铜线、扎索管、接线端子、压接管、螺栓等消耗性材料。

7. 控制电缆头

执行第四册定额第九章控制电缆终头端头制作与安装相应定额子目,区分控制电缆芯数,按照设计图示单根电缆接头数量,以"个"为计量单位。控制电缆均按照一根电缆有两个终端头计算。

例 1　建筑内某低压配电柜与配电箱之间的水平距离为 20 m,配电线采用五芯电力电缆 YJV－1KV－3×25＋2×16,在已安装盖板的电缆沟内敷设,电缆沟的深度为 1 m、宽度为 0.8 m、长度为 20 m;盖板长度为 500 mm;配电柜为落地式,配电箱为悬挂嵌入式,箱底边距地面为 1.5 m。试编制相应的工程量清单。

解　(1) 电力电缆敷设工程量:(20[柜与箱的水平距离]＋1[柜底至沟底]＋1[沟底至地面]＋1.5[地面至箱底]＋10[预留长度])×(1＋2.5%[附加长度])＝34.34 m;

表 3－8　该电缆预留长度计算表

名称	计算式	单位	数量(m)
电缆终端头 2 个	1.5×2	m	3
电缆进入配电柜	2	m	2
电缆进出沟内	1.5×2	m	3
电缆进入配电箱	2	m	2
合计		m	10

(2) 电缆沟揭(盖)盖板工程量:20[沟长]×2[次]＝40 m;

(3) 干包式电缆终端制作安装:2 个。

表 3 - 9　分部分项工程量清单与计价表

序号	项目编码	项目名称	项目特征	计量单位	工程数量
1	030408001001	电力电缆	1. 电力电缆 YJV - 1KV - 3×25＋2×16 室内敷设 2. 电缆沟揭(盖)盖板	m	34.34
2	030408006001	电力电缆头	1. 1 kV 以下室内干包式铜芯电力电缆终端头制作与安装 2. 电缆截面(mm²)≤35	个	2

　　例 2　在上一例题中,如果人工单价为 85 元/工日;铜芯电力电缆 YJV - 1KV - 3×25＋2×16 不含税市场价为 73.16 元/m,施工损耗为 1%;企业管理费按人工费的 13.12% 计取,附加税按人工费 1.85% 计,利润按人工费的 11.13% 计取,风险为 0%,试计算上例题中电力电缆清单项目的综合单价。

　　解:查第四册室内敷设铜芯电力电缆敷设电缆截面(mm²)≤35 定额子目,人工费为 35.96 元/10 m,材料费为 17.09 元/10 m,机械费为 7.36 元/10 m;依据定额解释五芯电缆敷设按相应定额增加 15%。

　　查第四册电缆沟揭(盖)盖板,盖板长度(mm)≤500 定额子目,人工费为 84.92 元/10 m,材料费和机械费为 0 元/10 m。

　　(1) 电力电缆 YJV - 1KV - 3×25＋2×16 室内敷设费用:

　　① 人工费:35.96÷10×1.15×34.34＝142.01 元;

　　② 材料费:17.09÷10×1.15×34.34＋[主材]34.34×1.01×73.16＝2604.93 元;

　　③ 机械费:7.36÷10×1.15×34.34＝29.07 元;

　　④ 企业管理费＋附加税:142.01×(13.12%＋1.85%)＝21.26 元;

　　⑤ 利润:142.01×11.13%＝15.81 元;

　　小计:142.01＋2604.93＋29.07＋21.26＋15.81＝2813.08 元。

　　(2) 电缆沟揭(盖)盖板费用:

　　① 人工费:84.92÷10×40＝339.68 元;

　　② 材料费:0 元;

　　③ 机械费:0 元;

　　④ 企业管理费＋附加税:339.68×(13.12%＋1.85%)＝50.88 元;

　　⑤ 利润:339.68×11.13%＝37.81 元;

　　小计:339.68＋0＋0＋50.88＋37.81＝428.40 元。

　　该电力电缆清单项目的综合单价:(2 813.08＋428.40)÷34.34＝94.39 元/m。

3.2.5　防雷及接地装置计量与计价项目

　　按照《通用安装工程工程量计算规范》(GB 50856—2013)附录 D.9,防雷及接地装置工程量清单项目设置、项目特征描述内容、计量单位、工程量计算规则、工程内容详见表 3 - 10。

表 3-10　防雷及接地装置安装(编码:030409)

项目编码	项目名称	项目特征	计量单位	工程量计算规则	工程内容
030409001	接地极	1. 名称 2. 材质 3. 规格 4. 土质 5. 基础接地形式	根(块)	按设计图示数量计算	1. 接地极(板、桩)制作、安装 2. 基础接地网安装 3. 补刷(喷)油漆
030409002	接地母线	1. 名称 2. 材质 3. 规格 4. 安装部位 5. 安装形式	m		1. 接地母线制作、安装 2. 补刷(喷)油漆
030409003	避雷引下线	1. 名称 2. 材质 3. 规格 4. 安装部位 5. 安装形式 6. 断接卡子、箱材质、规格		按设计图示尺寸长度计算(含附加长度)	1. 避雷引下线制作、安装 2. 断接卡子、箱制作、安装 4. 利用主钢筋焊接 5. 补刷(喷)油漆
030409004	均压环	1. 名称 2. 材质 3. 规格 4. 安装形式	m		1. 均压环敷设 2. 钢铝窗接地 3. 柱主筋与圈梁焊接 4. 利用圈梁钢筋焊接 5. 补刷(喷)油漆
030409005	避雷网	1. 名称 2. 材质 3. 规格 4. 安装形式 5. 混凝土块标号			1. 避雷网制作、安装 2. 跨接 3. 混凝土块制作 4. 补刷(喷)油漆
030409006	避雷针	1. 名称 2. 材质 3. 规格 4. 安装形式、高度	根	按设计图示数量计算	1. 避雷针制作、安装 2. 跨接 3. 补刷(喷)油漆
030209008	等电位端子箱、测试板	1. 名称 2. 材质 3. 规格	台(块)		本体安装

注:1. 利用桩基础作接地极,应描述桩台下桩的根数,每桩台下需焊接柱筋根数,其工程量按柱引下线计算;利用基础钢筋作为接地极按均压环项目编码列项;
　　2. 利用柱筋作引下线的,需描述柱筋焊接根数;
　　3. 利用圈梁筋做均压环的,需描述圈梁筋焊接根数;
　　4. 使用电缆、电线作接地线,应按本附录 D.8、D.12 相关项目编码列项;
　　5. 接地母线、引下线、避雷网附加长度见表 3-11。

表 3-11 接地母线、引下线、避雷网附加长度(单位:m)

项目	附加长度	说明
接地母线、引下线、避雷网附加长度	3.9%	按接地母线、引下线、避雷网全长计算

防雷及接地装置清单项目计价时执行第四册定额第十章防雷及接地相应定额子目,计价内容如下:

1. 接地极

执行第四册定额第十章接地极相应定额子目,区分不同材料(分为钢管、角钢、圆钢接地极和铜、钢接地极板),以及施工地质条件(分普通土、坚土),按照设计图示安装数量,以"根"为计量单位。

2. 接地母线

执行第四册定额第十章接地母线相应定额子目,区分户内、户外接地母线,按照设计图示安装长度,以"m"为计量单位。计算长度时,按照设计图示水平和垂直长度,加上 3.9% 的附加长度(包括转弯、上下波动、避绕障碍物、搭接头等长度)。

① 户外接地母线敷设定额是按照室外整平标高和一般土质综合编制的,包括地沟挖填土和夯实,执行定额时不再计算土方工程量。户外接地沟挖深为 0.75 m,每米沟长土方量为 0.34 m³。如设计要求埋设深度与定额不同时,应按照实际土方量调整。如遇有石方、矿渣、积水、障碍物等情况时应另行计算。

② 户内采用单独扁钢或圆钢敷设作为接地线时,可执行"户内接地母线敷设"相关定额子目。

③ 利用基础梁内两根主筋焊接连通作为接地线时,按"均压环"清单项目编码列项,执行"均压环敷设"定额。

3. 避雷引下线

(1) 避雷引下线敷设:执行第四册定额第十章避雷引下线相应定额子目,区分引下线采取的方式,按照设计图示敷设长度,以"m"为计量单位。

① 避雷引下线利用金属构件引下、或利用建筑结构钢筋引下时,其工程量按施工图图示引下长度计算,执行相应定额子目时无未计价材料。

其工程量计算公式为:引下线长度(m)=图示水平长度+垂直长度。

定额中利用建筑结构钢筋作为接地引下线,安装定额是按照每根柱子内焊接两根主筋编制的,当焊接主筋超过两根时,可按照比例调整定额安装费。

② 避雷引下线沿建筑物、构筑物引下,是指设专门的钢材作为引下线,其工程量按施工图图示引下长度,另加 3.9% 的附加长度计算,执行相应定额子目时专用引下线材料是未计价材料。

其工程量计算公式为:引下线长度(m)=(图示水平长度+垂直长度)×(1+3.9%)。

③ 利用铜绞线作为接地引下线时,其配管、配线穿铜绞线执行配管、配线同规格相关定额子目。

(2) 断接卡子制作、安装:执行第四册定额第十章断接卡子制作与安装定额子目,按照设计规定装设的断接卡子数量以"套"为计量单位。

(3) 利用主钢筋焊接:执行第四册定额第十章柱主筋与圈梁钢筋焊接定额子目,按照设计图示数量以"处"为计量单位。

4. 均压环

① 均压环敷设:执行第四册定额第十章均压环利用圈梁钢筋焊接定额子目,均压环敷设

长度按照设计需要作为均压接地梁的中心线长度计算,以"m"为计量单位。

防雷均压环定额是按利用建筑物梁内主筋作为防雷接地连接线考虑的,每一梁内按焊接两根主筋编制,当焊接主筋数超过两根时,可按比例调整定额安装费。

② 钢铝窗接地:执行第四册定额第十章钢铝窗接地定额子目,钢窗、铝合金窗按照设计要求需要接地时,每一樘金属窗计算一处。

5. 避雷网

(1) 避雷网敷设:执行第四册定额第十章避雷网相应定额子目,区分沿折板支架敷设、沿混凝土土块敷设,按照设计图示敷设长度,以"m"为计量单位。

避雷网长度应按施工图设计水平和垂直规定长度,另加 3.9% 的附加长度计算,即工程量计算公式为:避雷网敷设长度(m)=施工图设计水平、垂直长度(m)×(1+3.9%)。

① 避雷网安装沿折板支架敷设定额包括了支架制作与安装,不得另行计算。

② 电缆支架的接地线安装执行"户内接地母线敷设"定额。

(2) 跨接:执行第四册定额第十章接地跨接线定额子目,按照设计图示跨接数量以"处"为计量单位。

(3) 混凝土块制作:如果避雷网沿混凝土块敷设,则应另按施工图图示数量计算混凝土块个数,执行《房屋建筑与装饰工程消耗量定额》相应项目。如果施工图没有明确混凝土块个数或间距时,可按避雷网中间直线段支撑间距为 1~1.5 m,终端及转弯段支撑间距为 0.5~1 m 进行计算。

若避雷网仅在屋面混凝土层或找平层中敷设,则不计算混凝土块个数。

6. 避雷针

(1) 避雷针制作、安装:执行第四册定额第十章避雷针制作、安装相应定额子目,避雷针制作根据材质及针长,按照设计图示安装成品数量以"根"为计量单位;避雷针、避雷小短针安装根据安装地点及针长,按照设计图示安装成品数量以"根"为计量单位,独立避雷针安装根据安装高度,按照设计图示安装成品数量以"基"为计量单位。

① 避雷针安装定额综合考虑了高空作业因素,执行定额时不做调整。避雷针安装在木杆和水泥杆上时,包括了其避雷引下线安装。

② 避雷针制作、安装定额不包括避雷针底座及埋件的制作与安装。工程实际发生时,应根据设计划分,分别执行相应定额。

③ 独立避雷针安装包括避雷针塔架、避雷引下线安装,不包括基础浇筑。塔架制作执行第四册定额第七章"金属构件工程"制作定额。

(2) 跨接:执行第四册定额第十章接地跨接线定额子目,按照设计图示跨接数量以"处"为计量单位。

7. 等电位端子箱、测试板

执行第四册定额第十章等电位端子盒定额子目,根据接地系统布置,按照安装数量以"套"为计量单位。

3.2.6　配管、配线计量与计价项目

按照《通用安装工程工程量计算规范》(GB 50856—2013)附录 D.11,配管、配线工程量清单项目设置、项目特征描述内容、计量单位、工程量计算规则、工程内容详见表 3-12。

表 3-12 配管、配线(编码:030411)

项目编码	项目名称	项目特征	计量单位	工程量计算规则	工程内容
030411001	配管	1. 名称 2. 材质 3. 规格 4. 配置形式 5. 接地要求 6. 钢索材质、规格	m	按设计图示尺寸以长度计算。	1. 电线管路敷设 2. 钢索架设(拉紧装置安装) 3. 预留沟槽 4. 接地
030411002	线槽	1. 名称 2. 材质 2. 规格			1. 本体安装 2. 补刷(喷)油漆
030411003	桥架	1. 名称 2. 型号 3. 规格 4. 材质 5. 类型 6. 接地方式			1. 本体安装 2. 接地
030411004	配线	1. 名称 2. 配线形式 3. 型号 4. 规格 5. 材质 6. 配线部位 7. 配线线制 8. 钢索材质、规格		按设计图示尺寸以单线长度计算(含预留长度)	1. 配线 2. 钢索架设(拉紧装置安装) 3. 支持体(夹板、绝缘子、槽板等)安装
030411005	接线箱	1. 名称 2. 材质 3. 规格 4. 安装形式	个	按设计图示数量计算	本体安装
030411006	接线盒				

注:1. 配管、线槽安装不扣除管路中间的接线箱(盒)、灯头盒、开关盒所占长度;
2. 配管名称指:电线管、钢管、防爆管、塑料管、软管、波纹管等;
3. 配管配置形式指:明、暗配、吊顶内、钢结构支架、钢索配管、埋地敷设、水下敷设、砌筑沟内敷设等;
4. 配线名称指:管内穿线、瓷夹板配线、塑料夹板配线、绝缘子配线、槽板配线、塑料护套配线、线槽配线、车间带形母线等;
5. 配线形式指:照明线路、动力线路、木结构、顶棚内、砖、混凝土结构、沿支架、钢索、屋架、梁、柱、墙、跨屋架、梁、柱;
6. 配线保护管遇到下列情况之一时,应增设管路接线盒和拉线盒:(1) 管长度每超过 30 m,无弯曲;(2) 管长度每超过 20 m,有 1 个弯曲;(3) 管长度每超过 15 m,有 2 个弯曲;(4) 管长度每超过 8 m,有 3 个弯曲。
垂直敷设的电线保护管遇到下列情况之一时,应增设固定导线用的拉线盒:(1) 管内导线截面为 50 mm² 及以下,长度每超过 30 m;(2) 管内导线截面为 70~95 mm²,长度每超过 20 m;(3) 管内导线截面为 120~240 mm²,长度每超过 18 m。在配管清单项目计量时,设计无要求时上述规定可以作为计量接线盒、拉线盒的依据;
7. 配管安装中不包括凿槽、刨沟的工作内容,应按本附录 D.14 相关项目编码列项;
8. 配线进入箱、柜、板的预留长度见表 3-13。

表 3 - 13　盘、箱、柜外部接线预留长度(单位:m/根)

序号	项目	预留长度	说明
1	各种箱、柜、盘、板、盒	高+宽	盘面尺寸
2	单独安装的铁壳开关、自动开关、刀开关、起动器、箱式电阻器、变阻器	0.5 m	从安装对象中心算
3	继电器、控制开关、信号灯、按钮、熔断器等小电器	0.3	从安装对象中心算
4	分支接头	0.2 m	分支线预留

配管配线清单项目计价时执行第四册定额第十二章配管工程、第十三章配线工程相应定额子目,计价内容如下:

1. 配管

(1) 电线管路敷设:执行第四册定额第十二章配管安装相应定额子目,根据管道材质与直径的不同,区别敷设位置、敷设方式,按照设计图示安装长度以"10 m"为计量单位。

计算配管工程量时,按设计图示尺寸长度计,不计算安装损耗量,不扣除管路中间的接线箱、接线盒、灯头盒、开关盒、插座盒、管件等所占长度。

配管工程量计算一般方法:从配电箱起按各个回路进行计算,或按建筑物的自然层划分计算,或按建筑平面形状特点及系统图的组成特点分片划块计算,然后进行汇总。应当注意计算顺序,不要"跳算",以防混乱,影响工程量计算的正确性。

水平方向敷设的线管,以施工平面布置图的线管走向和敷设部位为依据,并借用建筑物平面图所标墙、柱轴线尺寸进行线管长度的计算,一般用比例尺量取。

垂直方向敷设的管(沿墙、柱引上或引下),其工程量计算与楼层高度及与配电箱、柜、盘、板、开关等设备安装高度有关。垂直线路在平面图中不画出,在系统图也只是示意图并不表示实际尺寸,因此其长度按高差来计算。配管的垂直长度可按下式计算:

配电箱到灯具垂直管长=楼层高度-配电箱安装高度-配电箱高度;

灯具到开关垂直管长=楼层高度-开关安装高度;

配电箱到插座垂直管长=配电箱安装高度+插座安装高度;

插座 A 到插座 B 垂直管长=插座 A 安装高度+插座 B 安装高度。

配管工程执行定额时注意以下几点:

① 配管定额中钢管材质是按照镀锌钢管考虑的,定额不包括采用焊接钢管刷油漆、刷防火漆或防火涂料、管外壁防腐保护以及接线箱、接线盒、支架的制作与安装。

焊接钢管刷油漆、刷防火漆或涂防火涂料、管外壁防腐保护按附 F 相关清单设置列项,执行第十二册《刷油、防腐蚀、绝热工程》相应定额子目。

② 工程采用镀锌电线管时,执行镀锌钢管定额计算安装费;镀锌电线管主材费按照镀锌钢管用量另行计算。

③ 工程采用扣压式薄壁钢导管(KBG)时,执行套接紧定式镀锌钢导管(JDG)定额计算安装费;扣压式薄壁钢导管(KBG)主材费按照镀锌钢管用量另行计算。计算其管主材费时,应包括管件费用。

④ 定额中刚性阻燃管为刚性 PVC 难燃线管,管材长度一般为 4 m/根,管子连接采用专用接头插入法连接,接口密封;半硬质塑料管为阻燃聚乙烯软管,管子连接采用专用接头抹塑

料胶后黏接。工程实际安装与定额不同时. 执行定额不做调整。

⑤ 吊顶天棚板内敷设电线管根据管材介质执行"砖、混凝土结构明配"相应定额。

接线箱、接线盒按附 D.11 相关清单项目列项,执行第四册定额第十三章"配线工程"相应定额子目。

配管支架的制作与安装按附 D.13 附属工程铁构件清单项目列项,执行本册定额第七章金属构件铁构件相应定额子目,按照设计图示安装成品重量以"t"为计量单位。计算重量时,计算制作螺栓及连接件重量,不计算制作与安装损耗量、焊条重量。(注:铁构件制作与安装定额适用于第四册范围内除电缆桥架支撑架以外的各种支架、构件的制作与安装)。

(2) 钢索架设(拉紧装置安装):在钢索上配管时如图 3.5 所示,钢索架设和钢索拉紧装置制作与安装执行第四册定额第十三章车间配线中钢架设和钢索拉紧装置相应定额子目。

钢索架设区别圆钢、钢索直径,按照设计图示墙(柱)内缘距离以"10 m"为计量单位,不扣除拉紧装置所占长度。

钢索拉紧装置制作与安装,区分母线截面面积、索具螺栓直径,按照设计图示安装数量以"套"为计量单位。

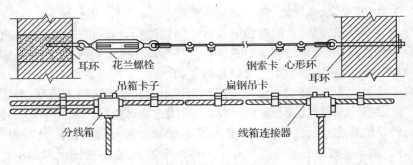

图 3.5　钢索配管示意图

(3) 预留沟槽:配管定额是按照各专业间配合施工考虑的,定额中未考虑凿槽、刨沟、打孔(洞)等费用。实际发生时,按附 D.13 附属工程凿(压)槽、打孔(洞)清单项目列项,执行第五册《建筑智能化工程》定额第二章中相应定额子目。

2. 线槽

线槽安装执行第四册定额第十二章线槽安装相应定额子目,区分线槽材质与规格,按照设计图示安装长度以"10 m"为计量单位。计算长度时,不计算安装损耗量,不扣除管路中间的接线箱、接线盒、灯头盒、开关盒、插座盒、管件等所占长度。

3. 桥架

桥架安装执行第四册定额第九章桥架安装相应定额子目,区分桥架材质与规格,按照设计图示安装长度,以"10 m"为计量单位。

桥架安装定额应用时注意以下几点:

① 桥架安装定额包括组对、焊接、桥架开孔、隔板与盖板安装、接地、附件安装、修理等。定额综合考虑了螺栓、焊接和膨胀螺栓三种固定方式,实际安装与定额不同时不做调整。

② 梯式桥架安装定额是按照不带盖考虑的,若梯式桥架带盖,则执行相应的槽式桥架定额。

③ 钢制桥架主结构设计厚度大于 3 mm 时,执行相应安装定额的人工、机械乘以系数1.20。

④ 不锈钢桥架安装执行相应的钢制桥架定额乘以系数1.10。

⑤ 电缆桥架安装定额是按照厂家供应成品安装编制的,若现场需要制作桥架时,应执行本册定额第七章"金属构件工程"相应定额。

⑥ 钢制桥架连接时的接地导线已含在桥架安装的定额子目内,不另外计算其接地跨接工程量。

4. 桥架支撑架

桥架安装定额不包括桥架支撑架安装,桥架支撑架按附 D.13 附属工程铁构件清单项目列项,执行第四册定额第七章金属构件工程中电缆桥架支撑架制作、安装定额子目。

电缆桥架支撑架按照设计图示安装成品重量以"t"为计量单位。计算重量时,计算制作螺栓及连接件重量,不计算制作与安装损耗量、焊条重量。

电缆桥架支撑架制作与安装适用于电缆桥架的立柱、托臂现场制作与安装,如果生产厂家成套供货时,只计算安装费。

5. 配线

(1)配线敷设:执行第四册定额第十三章配线工程相应定额子目,区别配线的方式、线路的作用、导线材质与截面面积等不同,按照设计图示单线长度(含预留长度),以"10 m"为计量单位。

① 管内穿线:管内穿线长度可按下式计算:

管内穿线长度=(配管长度+导线预留长度)×同截面导线根数。

表 3－14   连接设备导线预留长度(每一根线)

序号	项 目	预留长度(m)	说 明
1	各种开关箱、柜、板	高+宽	盘面尺寸
2	单独安装(无箱、盘)的铁壳开关、闸刀开关、起动器、母线槽进出线盒等	0.3	以安装对象中心算
3	由地平管子出口引至动力接线箱	1	以管口计算
4	电源与管内导线连接(管内穿线与软、硬母线接头)	1.5	以管口计算
5	出户线	1.5	以管口计算

管内穿线的线路分支接头线长度已综合考虑在定额中,不得另行计算。

接头线、进入灯具及明暗开关、插座、按钮等预留导线长度已分别综合在相应定额中,不得另行计算导线长度。

照明线路中导线截面面积大于 6 mm^2 时,执行"穿动力线"相关定额。

② 线槽配线:工程量计算方法同管内穿线。

③ 绝缘子配线定额包括埋螺钉、钉木楞、埋穿墙管、安装绝缘子、配线、焊接包头;线槽配线定额包括清扫线槽、布线、焊接包头;导线明敷设定额包括埋穿墙管、安装瓷通、安装钢码、上卡子、配线、焊接包头。一般配线工作内容中的支持体(夹板、绝缘子、槽板等)安装不另计。

④ 导线与设备相连需焊(压)接头端子的,工程量按每根导线两个接头端子计算,套用第四册定额第四章接线端子相应定额子目,焊(压)接头端子是设备清单项目的组价内容。

（2）钢索架设（拉紧装置安装）：在钢索上配线时，钢索架设和钢索拉紧装置制作与安装执行第四册定额第十三章车间配线中钢架设和钢索拉紧装置相应定额子目。

6. 接线箱

接线箱安装执行第四册定额第十三章接线箱安装相应定额子目，区分安装形式（明装、暗装）及接线箱半周长，按照设计图示安装数量以"个"为计量单位。

7. 接线盒

接线盒安装执行第四册定额第十三章接线盒安装相应定额子目，区分安装形式（明装、暗装）及接线盒类型，按照设计图示安装数量以"个"为计量单位。

一般接线盒数量＝（天棚上）所有灯具和电风扇数量。

开关盒数量＝（墙上）开关数量＋插座数量。

按照附录 D.11 配管配线工程量清单计算规范附注第 6 点中的情形，应另外计算接线盒和拉线盒的数量。

① 接线箱、接线盒安装及盘柜配线定额适用于电压等级小于或等于 380 V 电压等级用电系统。定额中不包括接线箱、接线盒费用及导线与接线端子材料费。

② 暗装接线箱、接线盒定额中槽孔按照事先预留考虑，不计算开槽、开孔费用。

3.2.7　照明器具计量与计价项目

按照《通用安装工程工程量计算规范》（GB 50856—2013）附录 D.12，照明器具工程量清单项目设置、项目特征描述内容、计量单位、工程量计算规则、工程内容详见表 3 - 15。

表 3 - 15　照明器具安装（编码：030412）

项目编码	项目名称	项目特征	计量单位	工程量计算规则	工程内容
030412001	普通灯具	1. 名称 2. 型号 3. 规格 4. 类型	套	按设计图示数量计算	本体安装
030412002	工厂灯	1. 名称 2. 型号 3. 规格 4. 安装形式			
030412003	高度标志（障碍）灯	1. 名称 2. 型号 3. 规格 4. 安装部位 5. 安装高度			
030412004	装饰灯	1. 名称 2. 型号 3. 规格 4. 安装部位			
030412005	荧光灯				

续表

项目编码	项目名称	项目特征	计量单位	工程量计算规则	工程内容
030212006	医疗专用灯	1. 名称 2. 型号 3. 规格	套	按设计图示数量计算	
030212007	一般路灯	1. 名称 2. 型号 3. 规格 4. 灯杆材质、规格 5. 灯架形式及臂长 6. 附件配置要求 7. 灯杆形式(单、双) 8. 基础形式、砂浆配合比 9. 杆座材质、规格 10. 接线端子材质、规格 11. 编号 12. 接地要求			1. 基础制作、安装 2. 立灯杆 3. 杆座安装 4. 灯架及灯具附件安装 5. 焊、压接线端子 6. 补刷(喷)油漆 7. 灯杆编号 8. 接地

注:1. 普通灯具包括:圆球吸顶灯、半圆球吸顶灯、方形吸顶灯、软线吊灯、座灯头、吊链灯、防水吊灯、壁灯等;
　2. 工厂灯包括:工厂罩灯、防水灯、防尘灯、碘钨灯、投光灯、泛光灯、混光灯、密闭灯等;
　3. 高度标志(障碍)灯包括:烟囱标志灯、高塔标志灯、高层建筑屋顶障碍指示灯等;
　4. 装饰灯包括:吊式艺术装饰灯、吸顶式艺术装饰灯、荧光艺术装饰灯、几何型组合艺术装饰灯、标志灯、诱导装饰灯、水下(上)艺术装饰灯、点光源艺术灯、歌舞厅灯具、草坪灯具等;
　5. 医疗专用灯包括:病房指示灯、病房暗脚灯、紫外线杀菌灯、无影灯等。

照明器具清单项目计价时执行第四册定额第十四章照明器具安装相应定额子目,计价内容如下:

1. 照明灯具

(1) 本体安装:执行第四册定额第十四章灯具安装相应定额子目,区分灯具的种类、型号、规格、安装方式,按设计图示数量,以“套”为计量单位(灯带类的以“m”为计量单位)。

灯具安装定额包括灯具和灯管的安装。灯具的未计价材料计算,以各地灯具预算价或市场价为准,一般是灯具与光源价格之和。

照明灯具安装执行定额时注意以下几点:

① 灯具引导线是指灯具吸盘到灯头的连线,除注明者外,均按照灯具自备考虑。如引导线需要另行配置时,其安装费不变,主材费另行计算。

② 小区路灯、投光灯、氙气灯、烟囱或水塔指示灯的安装定额,考虑了超高安装(操作超高)因素,其他照明器具的安装高度大于 5 m 时,按照册说明中的规定另行计算超高安装增加费。

③ 装饰灯具安装定额考虑了超高安装因素,并包括脚手架搭拆费用。

④ 疏散指示灯、安全出口灯、壁式应急灯执行标志、诱导装饰灯相应定额子目。

⑤ 天棚筒灯执行点光源装饰灯具定额子目。

⑥ 荧光灯具安装定额按照成套型荧光灯考虑,工程实际采用组合式荧光灯时,执行相应的成套型荧光灯安装定额乘以系数1.1。成套型荧光灯是指单管、双管、三管、四管、吊链式、吊管式、吸顶式、嵌入式成套独立荧光灯。

⑦ 灯具安装定额中灯槽、灯孔按照事先预留考虑,不计算开孔费用。

(2) 照明灯具支架

照明灯具安装定额除特殊说明外,均不包括支架制作与安装。工程实际发生时,支架制作与安装按附 D.13 附属工程铁构件清单项目列项,执行第四册定额第七章金属构件铁构件定额子目,按照设计图示安装成品重量以"t"为计量单位。计算重量时,计算制作螺栓及连接件重量,不计算制作与安装损耗量、焊条重量。

3.2.8　附属工程计量与计价项目

按照《通用安装工程工程量计算规范》(GB 50856—2013)附录 D.13,附属工程工程量清单项目设置、项目特征描述内容、计量单位、工程量计算规则、工程内容详见表 3-16。

表 3-16　附属工程(编码:030413)

项目编码	项目名称	项目特征	计量单位	工程量计算规则	工程内容
030413001	铁构件	1. 名称 2. 材质 3. 规格	kg	按设计图示尺寸以质量计算	1. 制作 2. 安装 3. 补刷(喷)油漆
030413002	凿(压)槽	1. 名称 2. 规格 3. 类型 4. 填充(恢复)方式 5. 混凝土标准	m	按设计图示尺寸以长度计算	1. 开槽 2. 恢复处理
030413003	打洞(孔)	1. 名称 2. 规格 3. 类型 4. 填充(恢复)方式 5. 混凝土标准	个	按设计图示数量计算	1. 开孔、洞 2. 恢复处理
030413005	人(手)孔砌筑	1. 名称 2. 规格 3. 类型	个	按设计图示数量计算	砌筑
030413006	人(手)孔防水	1. 名称 2. 规格 3. 类型 4. 防水材质及做法	m²	按设计图示防水面积计算	防水
注:铁构件适用于电气工程的各种支架、铁构件的制作安装。					

附属工程清单项目计价时计价内容如下:

1. 铁构件

铁构件的制作与安装执行第四册定额第七章金属构件工程中相应定额子目,按照设计图示安装成品重量以"t"为计量单位。计算重量时,计算制作螺栓及连接件重量,不计算制作与安装损耗量、焊条重量。

① 铁构件制作与安装定额适用于第四册范围内除电缆桥架支撑架以外的各种支架、构件的制作与安装。

② 铁构件制作定额不包括镀锌、镀锡、镀铬、喷塑等其他金属防护费用，工程实际发生时，执行相关定额另行计算。

2. 凿（压）槽

执行第五册《建筑智能化工程》定额第二章中凿槽相应定额子目，区分凿砖槽、凿混凝土槽及管径的大小，按照设计图示长度以"m"为计量单位。

3. 打洞孔

执行第五册《建筑智能化工程》定额第二章中凿洞打孔相应定额子目，区分砖墙、混凝土墙及凿洞尺寸、打孔直径的大小，按照设计图示数量以"个"为计量单位。

4. 人（手）孔砌筑

执行第五册《建筑智能化工程》定额第二章中砌筑人（手）孔相应定额子目，区分人孔形式及大小，按照设计图示数量以"个"为计量单位。

砌筑人（手）孔的子目是按照标准图集给定的标准人（手）孔设置的，当实际的人（手）孔结构与标准不同时，可参照第五册第二章中的"砂浆砖砌体"和"砂浆抹面"进行相应调整。

5. 人（手）孔防水

执行第五册《建筑智能化工程》定额第二章中防水相应定额子目，区分防水做法的不同，按照设计图示防水面积以"m²"为计量单位。

3.2.9　电气调整试验计量与计价项目

按照《通用安装工程工程量计算规范》(GB 50856—2013)附录 D.14，电气调整试验工程量清单项目设置、项目特征描述内容、计量单位、工程量计算规则、工程内容详见表 3-17。

表 3-17　电气调整试验（编码：0304114）

项目编码	项目名称	项目特征	计量单位	工程量计算规则	工程内容
030414001	电力变压器系统	1. 名称 2. 型号 3. 容量(kV·A)	系统	按设计图示数量计算	系统调试
030414002	送配电装置系统	1. 名称 2. 型号 3. 电压等级(kV) 4. 类型			
030414006	事故照明切换装置	1. 名称 2. 型号	系统	按设计图示系统计算	调试
030414008	母线	1. 名称 2. 电压等级(kV)	段	按设计图示数量计算	

项目编码	项目名称	项目特征	计量单位	工程量计算规则	工程内容
030414011	接地装置	1. 名称 2. 类别	1. 系统 2. 组	1. 以系统计量,按设计图示系统计算 2. 以组计量,按设计图示数量计算	接地电阻测试

注:1. 配合机械设备及其他工艺的单体试车,应按本规范附录 M 措施项目相关项目编码列项;
　　2. 计算机系统调试应按本规范附录 F 自动化控制仪表安装工程相关项目编码列项。

电气调整试验清单项目计价时执行第四册定额第十七章电气设备调试工程相应定额子目,计价内容如下:

1. 变压器系统调试

执行第四册定额第十七章中变压器系统调试相应定额子目,区分变压器容量(kV·A)的不同,按照设计图示数量以"系统"为计量单位。变压器系统调试是按照每个电压侧有一台断路器考虑的,若断路器多于一台时,则按照相应的电压等级另行计算输配电设备系统调试费。

① 调试带负荷调压装置的电力变压器时,调试定额乘以系数 1.12。

② 三线圈变压器、整流变压器、电炉变压器调试按照同容量的电力变压器调试定额乘以系数 1.2。

③ 成套箱式变电站根据变压器容量,按照成套的单个箱体数量计算工程量。

2. 送配电系统调试

执行第四册定额第十七章中送配电系统调试相应定额子目,区分交流、直流供电及电压大小不同,按照设计图示数量以"系统"为计量单位。输配电设备系统调试是按照一侧有一台断路器考虑的,若两侧均有断路器时,则按照两个系统计算。

① 输配电装置系统调试中电压等级小于或等于 1 kV 的定额适用于所有低压供电回路,如从低压配电装置至分配电箱的供电回路(包括照明供电回路);从配电箱直接至电动机的供电回路已经包括在电动机的负载系统调试定额内。

② 凡供电回路中带有仪表、继电器、电磁开关等调试元件的(不包括刀开关、保险器),均按照调试系统计算。

一般民用建筑电气工程中,配电室内带有调试元件的盘、箱、柜和带有调试元件的照明配电箱,应按照供电方式计算输配电设备系统调试数量。用户所用的配电箱内只有开关、熔断器等不含调试元件的供电,不计算系统调试费。电量计量表一般是由供应单位经有关检验校验后进行安装,不计算调试费。

③ 移动式电器和以插座连接的家用电器设备及电量计量装置,不计算调试费用。

④ 输配电设备系统调试包括系统内的电缆试验、绝缘耐压试验等调试工作。

⑤ 供电桥回路的断路器、母线分段断路器,均按照独立的输配电设备系统计算调试费。

⑥ 变压器系统调试是按照每个电压侧有一台断路器考虑的,若断路器多于一台时,则按多出断路器数量计算输配电设备系统调试费。

3. 事故照明切换装置调试

执行第四册定额第十七章中事故照明切换装置调试、自动投入装置切换装置调试相应定额子目,区分单机容量、电压不同,按照设计图示数量以"台"为计量单位。

① 备用电源自动投入装置按照连锁机构的个数计算自动投入装置的系统工程量。一台备用厂用变压器作为三段厂用工作母线备用电源,按照三个系统计算工程量。

设置自动投入的两条互为备用的线路或两台变压器,按照两个系统计算工程量。备用电动机自动投入装置亦按此规定计算。

② 用电切换系统调试按照设计能够完成交直流切换的一套装置为一个系统计算工程量。

一般民用建筑电气工程中双电源配电箱设有切换电气元件的,不计算用电切换系统调试和事故照明切换装置的调试;若两路供电回路电源设有自动投入装置的,可计算两个自动投入装置调试的费用。

4. 母线调试

执行第四册定额第十七章中母线调试相应定额子目,区分电压不同,按照设计图示数量以"段"为计量单位。

母线调试定额适用于低压配电装置的各种母线(包括软母线)的调试。3～10 kV 母线系统调试定额中包含一组电压互感器;电压等级小于或等于 1 kV 母线系统调试定额中不包含电压互感器。

5. 接地装置调试

执行第四册定额第十章防雷接地工程中接地装置调试相应定额子目,接地网按照设计图示数量以"系统"为计量单位;独立接地装置按照设计图示数量以"组"为计量单位。

① 工程项目连成一个母网时,按照一个系统计算测试工程量;单项工程或单位工程自成母网不与工程项目母网相连的独立接地网,单独计算一个系统测试工程量。

② 工厂、车间、大型建筑群各自有独立的接地网(按照设计要求),在最后将各接地网连在一起时,需要根据具体的测试情况计算系统测试工程量。

③ 独立接地装置按≤6 根接地极计算一组调试;若一套独立接地装置多于 6 根接地极的,则按 6 的倍数计算组数(余数视为一组)。

6. 电气设备调试定额应用时注意事项

① 定额是按照新的且合格的设备考虑的。当调试经更换修改的设备、拆迁的旧设备时,定额乘以系数 1.15。

② 分系统调试包括电气设备安装完毕后进行系统联动、对电气设备单体调试进行校验与修正、电气一次设备与二次设备常规的试验等工作内容。非常规的调试与试验执行特殊项目测试与性能验收试验相应的定额子目。

电气设备常规试验不单独计算工程量,特殊项目的测试与试验根据工程需要按照实际数量计算工程量。

分系统调试是指工程的各系统在设备单机试运行或单体调试合格后,为使系统达到整套启动所必须具备的条件而进行的调试工作。分系统调试项目的界限是设备与系统连接,设备和系统连接在一起进行的调试。单体调试项目的界限是设备没有与系统连接,设备和系统断开时的单独调试。

③ 发电机、变压器、母线、线路的分系统调试中均包括了相应保护调试,"保护装置系统调试"定额适用于单独调试保护系统。

3.3 建筑弱电计量与计价项目

3.3.1 建筑电话网络系统计量与计价项目

建筑物电话(网络)系统随用户数及分配方案的不同,一般由交接间(交接箱)、电话电缆(光缆)管路、壁龛、分线箱(盒)、用户线管路、过路箱(盒)和电话(信息)插座等组成。图3.6为住宅内电话系统示意图。

(1)交接箱(柜):对于不设电话站的用户单位,其内部的通信线缆用一个接线箱直接与市话网电缆连接,并通过箱子内部的端子分配给单位内部分线箱(盒),该箱称为"交接箱"。交接箱主要由接线模块、箱架结构和接线组成。交接箱设置在用户线路中主干电缆和配线电缆的接口处,主干电缆线对可在交接箱内与任意的配线电缆线对连接。

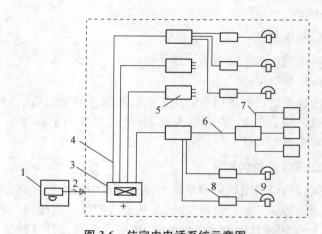

图3.6 住宅内电话系统示意图
1. 电话局;2. 地下通讯管道;3. 电话交接间;4. 竖向电缆管路;
5. 分线箱;6. 横向电缆管路;7. 用户线管路;8. 出线盒;9. 电话机

交接箱按容量(进、出接线端子的总对数)可分为150、300、600、900、1 200、1 800、2 400、3 000、6 000对等规格。

交接箱内的接头排一般采用端子或针式螺钉压接结构形式,且箱体具有防尘、防水、防腐并有闭锁装置。

(2)分线箱:室内电话线路在分配到各楼层、各房间时,需采用分线箱,以便电缆在楼层垂直管路及楼层水平管路中分支、接续、安装分线端子板用。分线箱有时也称为接头箱、端子箱或过路箱,暗装时又称为壁龛。

分线箱和分线盒的区别在于前者带有保护装置而后者没有,因此分线箱主要用于用户引入线为明线的情况,保护装置的作用是防止雷电或其他高压电磁脉冲从明线进入电缆。分线盒主要用于引入线为小对数电缆等不大可能有强电流流入电缆的情况。

过路箱一般作暗配线时电缆管线的转接或接续用,箱内不应有其它管线穿过。过路盒应设置在建筑物内的公共部分,宜为底边距地0.3~0.4 m,住户过路盒安装设置在门后。

(3)户内电话线:主要采用双绞线布放线,双绞线由两根22~26号的绝缘线芯按一定的密度(绞距)的螺旋结构相互绞绕组成,每根绝缘芯线由各种颜色塑料绝缘层的多芯或单芯金属导线(通常为铜导线)构成。将两根绝缘的金属导线按一定密度相互绞绕在一起,每一根导线在传输过程中辐射的电波会被另一根导线在传输过程中辐射的电波抵消,可降低信号的相互干扰程度。

将一对或多对双绞线安置在一个封套内,便形成了屏蔽双绞线电缆。由于屏蔽双绞线电缆外加金属屏蔽层,其消除外界干扰的能力更强。

(4) 住宅楼电话网络出线盒:出线盒应是专用出线盒或插座,不得用其他插座替代。如果在顶棚安装,其安装高度应为上边距顶棚 0.3 m,如在室内安装,出线盒为距地 0.2~0.3 m,如采用地板式电话出线盒时,宜设置在人行通路以外的隐蔽处,其盒口应与地面平齐。

由于工程性质和行业管理的要求,对于建筑物电话网络系统工程,对于交接箱、通信电缆的安装、敷设以及调试工作,一般由电信部门的专业安装队伍来施工。建筑安装单位一般只作室内线路的敷设、电话信息插座以及接线盒的安装。在此仅介绍室内电话网网络系统的安装内容。

按照《通用安装工程工程量计算规范》(GB 50856—2013)附录 E.2,电话网络系统清单项目、项目特征描述内容、计量单位、工程量计算规则、工程内容详见表 3-18。

表 3-18　综合布线系统工程(编码:030502)

项目编码	项目名称	项目特征	计量单位	工程量计算规则	工程内容
030502001	机柜、机架	1. 名称 2. 材质 3. 规格 4. 安装方式	台	按设计图示数量计算	1. 本体安装 2. 相关固定件的连接
030502002	抗震底座				
030502003	分线接线箱(盒)		个		1. 本体安装 2. 底盒安装
030502004	电视电话插座	1. 名称 2. 安装方式 3. 底盒材质、规格			
030502005	双绞电缆	1. 名称 2. 规格 3. 线缆对数 4. 敷设方式	m	按设计图示尺寸以长度计算	1. 敷设 2. 标记 3. 卡接
030502006	大对数电缆				
030502007	光缆				
030502009	跳线	1. 名称 2. 类别 3. 规格	条	按设计图示数量计算	1. 插接跳线 2. 整理跳线
030502010	配线架	1. 名称 2. 规格 3. 容量			安装、打接
030502011	跳线架				
030502012	信息插座	1. 名称 2. 类别 3. 规格 4. 安装方式 5. 底盒材质、规格	个(块)		1. 端接模块 2. 安装面板

注:说明 E.8.3 中综合布线工程中的配管工程、线槽、桥架、电气设备、电气器件、接线箱、盒、电线、接地系统、凿(压)槽、打孔、打洞、人孔、手孔、立杆工程,应按本规范附录 D 电气设备安装工程相关项目编码列项。

电话网络系统清单项目计价时执行第五册《建筑智能化工程》(以下简称第五册定额)第二章综合布线系统工程相应定额子目,计价内容如下:

1. 机柜、机架

执行第五册定额第二章机柜机架相应定额子目,区分落地式、墙挂式,按设计图示数量以"台"为计量单位。

2. 抗震底座

执行第五册定额第二章机抗震底座定额子目,按设计图示数量以"台"为计量单位。

3. 分线接线箱(盒)

执行第五册定额第二章接线箱、分线盒相应定额子目,区分接线箱、分线盒的半周长不同,按设计图示数量以"个"为计量单位。

4. 双绞电缆、大对数电缆、光缆

执行第五册定额第二章双绞电缆、大对数电缆、光缆相应定额子目,区分对数或芯数、敷设方式的不同,按设计图示长度以"m"为计量单位。

① 电缆敷设按单根延长米计算,如一个架上敷设 3 根各长 100 m 的电缆,应按 300 m 计算,依次类推。电缆附加及预留的长度是电缆敷设长度的组成部分,应计入电缆长度工程量之内。

② 在已建天棚内敷设线缆时,所用定额子目人工乘以系数 1.5。

5. 跳线

执行第五册定额第二章跳线定额子目,按设计图示数量,制作跳线以"条",卡接双绞线缆以"对",跳线架、配线架安装以"条"为计量单位。

6. 配线架、跳线架

执行第五册定额第二章配线架、跳线架相应定额子目,区分配线架、跳线架的大小,按设计图示数量以"架"为计量单位。

定额应用时注意:双绞线缆的敷设及配线架、跳线架等的安装、打接等定额,是按超五类非屏蔽布线系统编制的,高于超五类的布线工程所用定额子目人工乘以系数 1.1,屏蔽系统人工乘以系数 1.2。

7. 电话插座、信息插座

电话插座、信息插座面板安装执行第五册定额第二章信息插座相应定额子目,区分面板的种类,按设计图示数量以"个"为计量单位。

8. 电话插座底盒、信息插座底盒

按 13 清单规范附录 D.11"接线盒"项目编码列项:执行第五册定额第二章信息插座底盒(接线盒)相应定额子目,区分底盒的安装部位、材质规格等,按设计图示数量以"个"为计量单位。

9. 电话网络系统配管、线槽、桥架

按 13 清单规范附录 D.11"配管"项目编码列项,区分不同的敷设方式,按设计图示尺寸长度计算以"m"为计量单位;计价执行第四册电气安装工程相应定额子目。

3.3.2 建筑有线电视系统计量与计价项目

共用天线电视系统是多台电视机共用一套天线的装置,英文缩写为"CATV"。由于系统各部件之间采用了大量的同轴电缆作为信号传输线,因而"CATV"系统也叫电缆电视系统,也就是目前城市的有线电视系统。电缆电子系统是一个有线分配网络,除收看当地电视台的电视节目外,还可以通过卫星地面站接收卫星传播的电视节目。

有线电视系统主要由接收天线、前端设备、传输分配网络以及用户终端组成。室内电缆电视系统及平面如图 3.7 所示。

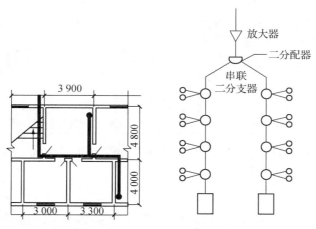

图 3.7　室内电缆电视示意图

同样由于工程性质和行业管理的要求,对于建筑物有线电视系统,像接收天线、前端设备等设备的安装以及调试工作,一般由有线电视部门的专业安装队伍来施工。建筑安装单位一般只作室内线路的敷设、分配器、分支器、用户终端盒的安装。在此仅介绍室内有线电视的安装内容。

(1)室内电视线路一般使用同轴电缆。同轴电缆是用介质材料来使内、外导体之间绝缘,并且始终保持轴心重合的电缆。它由内导体(单实芯导线/多芯铜绞线)、绝缘层、外导体和护套层四部分组成。现在普遍使用的是宽带型同轴电缆,阻抗为 75 Ω,这种电缆既可以传输数字信号、也可以传输模拟信号。

同轴电缆按直径大小可分为粗缆和细缆,按屏蔽层不同可分为二屏蔽、四屏蔽等。按屏蔽材料和形状不同可分为铜或铝及网状、带状屏蔽。

适用于"CATV"系统的国产射频同轴电缆常用的有:型号有 SYKV、SYV、SYWV(Y)、SYWLY(75 Ω)等系列,截面有 SYV - 75 - 5、SYV - 75 - 7、SYV - 75 - 12 等。

(2)分配器是用来分配高频信号的部件,将一路输入信号均等或不均等的分为两路以上信号的部件。常用的有二分配器、三分配器、四分配器、六分配器等。

分配器的类型有很多,根据不同的分类方法有阻燃型、传输线变压器型和微带型;有室内型和室外型;有 VHF 型、UHF 型和全频道型。

(3)用户终端(俗称有线电视插座)是 CATV 分配系统与用户电视机相连的部件。其面板分为单输出孔和双输出孔(TV、FM),在双输出孔电路中要求 TV 和 FM 输出间有一定的隔离度,以防止相互干扰。

按照《通用安装工程工程量计算规范》(GB 50856—2013)附录 E.2,有线电视系统清单项目、项目特征描述内容、计量单位、工程量计算规则、工程内容详见表 3 - 19。

表 3‑19　综合布线系统工程（编码：030502）

项目编码	项目名称	项目特征	计量单位	工程量计算规则	工程内容
030502003	分线接线箱（盒）	1. 名称 2. 材质 3. 规格 4. 安装方式	个	按设计图示数量计算	1. 本体安装 2. 底盒安装
030502004	电视电话插座	1. 名称 2. 安装方式 3. 底盒材质、规格			
030502005	双绞电缆	1. 名称 2. 规格 3. 线缆对数 4. 敷设方式	m	按设计图示尺寸以长度计算	1. 敷设 2. 标记 3. 卡接

注：按说明 E.8.3 其配管工程、线槽、桥架、电气设备、电气器件、接线箱、盒、电线、接地系统、凿（压）槽、打孔、打洞、人孔、手孔、立杆工程，应按本规范附录 D 电气设备安装工程相关项目编码列项。

有线电视系统清单项目计价时执行第五册第二章综合布线系统工程相应定额子目，计价内容如下：

1. 分线接线箱（盒）

执行第五册定额第二章接线箱、分线盒相应定额子目，区分接线箱、分线盒的半周长不同，按设计图示数量以"个"为计量单位。

2. 电视插座

电视插座面板安装执行第五册定额第二章电视插座相应定额子目，区分明装、暗装，按设计图示数量以"个"为计量单位。

3. 电视插座底盒

按 13 清单规范附录 D.11"接线盒"项目编码列项：执行第五册定额第二章信息插座底盒（接线盒）相应定额子目，区分底盒的安装部位、材质规格等，按设计图示数量以"个"为计量单位。

4. 双绞电缆

有线电视的视频同轴电缆按双绞电缆清单列项，执行第五册定额第二章视频同轴电缆定额子目，区分敷设方式的不同，按设计图示长度以"m"为计量单位。

5. 有线电视系统配管、线槽、桥架

按 13 清单规范附录 D.11"配管"项目编码列项，区分不同的敷设方式，按设计图示尺寸长度计算以"m"为计量单位；计价执行第四册电气安装工程相应定额子目。

3.3.3　建筑楼宇对讲系统计量与计价项目

楼宇对讲系统，是通过语音、视频的通信联络，给高层建筑居住者的来人采访、安全保卫等带来较大方便。对讲系统的组成形式多种多样，一般分为有线系统与无线系统。有线系统有"传呼系统""直接对讲系统"，直接对讲系统又分为"一般对讲系统"和"可视对讲系统"等。

楼宇电子对讲联络系统一般以有线对讲系统为主，其系统组成有：管理机、户外对讲主机、室内对讲或可视对讲分机、楼层分配器或解码板、电控门及电控门锁、系统线路电源、线路管线及箱盒等。

1. 管理机

管理机也称控制中心主机,设置在物业管理中心的保安室内,作为对来访者的监视,可壁挂或台式安装。当楼宇用户较少时,也可不安装管理主机,直接安装室外门口对讲主机与室内对讲分机直接联络。

2. 室外对讲主机计量与计价

室外对讲主机也称门口主机,有直接按键式和数字编码式,壁挂或嵌入安装在楼宇单元楼门外墙侧壁上或特质的门上,由本系统电源供电,成套供应。

其清单项目按《通用安装工程工程量计算规范》(GB 50856—2013)附录 E.7 安全防范系统中"入侵报警控制器"项目编码列项,区分名称、型号、路数、安装方式的不同,按设计图示数量以"套"为计量单位。计价时执行第五册定额第六章安全防范系统中"有线对讲主机"相应定额子目。

3. 对讲系统配管配线计量与计价

(1) 配管、线槽、桥架、接线箱、盒

按附录 D.11 配管项目编码列项,计价执行第四册电气安装工程相应定额子目。

(2) 配线

① 对讲系统为了免受电磁干扰线材多用 RVVP 型屏蔽软线,按附录 D.12"配线"项目编码列项,区分导线的型号、规格及敷设方式的不同,按设计图示尺寸长度计算以"m"为计量单位。计价时执行第四册电气安装工程配线相应定额子目。

② 可视化对讲系统的视频信号传输一般用 SYV－75 同轴电缆,按 13 清单规范附录 E.2"双绞电缆"项目编码列项,区分敷设方式的不同,按设计图示尺寸长度计算以"m"为计量单位。计价时执行第五册"视频同轴电缆"定额子目。

4. 对讲分机计量与计价

对讲分机也称用户分机和室内对讲分机,由本系统电源供电,安装在用户起居室的墙壁上或门口内侧墙上,分机具有双向通话、报警或具有黑白、彩色显像或不显像的对讲分机安装。

其清单项目按《通用安装工程工程量计算规范》(GB 50856—2013)附录 E.7 安全防范系统中"入侵报警控制器"项目编码列项,区分名称、型号的不同,按设计图示数量以"套"为计量单位。计价时执行第五册定额第六章安全防范系统中"用户机"相应定额子目。

3.4 建筑电气工程计量与计价实例

3.4.1 某专家楼电气工程施工图及工程量计算

1. 图纸目录

表 3－20 图纸目录

序号	图纸名称	图号	规格	备注
1	设计说明			
2	主要设备及材料表			
3	系统图	—	—	

序号	图纸名称	图号	规格	备注
4	一层平面电气图	—	—	—
5	二层平面电气图	—	—	—
6	屋面防雷平面图	—	—	—
7	基础接地平面图	—	—	—

2. 建筑电气设计说明（简要）

（1）总说明

本工程为某专家楼电气工程，三层楼，建筑面积为 1 428.8 m²。业主委托电气设计范围有动力照明系统；防雷接地系统；电视、电话、宽带、可视对讲系统。

（2）设备安装

电表箱明装，安装高度底边距地 1.2 m。户内配电箱均嵌墙暗装，暗装高度底边距地 1.6 m。

所有开关、插座均暗装。安装高度：开关距地 1.3 m，普通插座距地 0.3 m，客厅空调插座距地 0.3 m，卧室空调插座距地 1.8 m，阳台、厨房、洗衣机旁、卫生间插座距地 1.5 m，厨房抽油烟机插座距地 1.8 m，热水器插座距地 2.0 m，电话、电视、网络插座距地 0.3 m。

所有灯具均吸顶安装。

所有箱体尺寸仅供参考，应在满足国家有关规范规定前提下，以厂家定做时最经济尺寸为准。

（3）电缆电线敷设

本工程用电负荷为三级负荷，电源进线选用 YJV$_{22}$ - 1KV 电力电缆埋地引入，进户段穿镀锌钢管保护，所有进户强弱电电缆均在地平线 0.8 m 处敷设。

一般电线选用 BV - 500V，照明线路均采用 BV - 2.5 穿 PVC 管沿墙或天棚暗敷，2 根穿 PVC16，3 - 6 根穿 PVC20，7 - 8 根穿 PVC25。普通插座线路采用 BV - 3×2.5 穿 PVC20 沿墙或地暗敷，插座回路均为单相三线制，图中均不标注。

除注明外，闭路电视线均采用 SYV - 75 - 5 穿 PVC20 管沿墙或地暗敷，电话线采用 RVB - 2×0.5 穿 PVC16 管沿墙或地暗敷，网络线采用超五类双绞线穿 PVC20 管沿墙或地暗敷。

（4）防雷接地系统

本工程年预计雷击次数为 0.085 8 次/a，属于三级防雷建筑，采用避雷带防雷，安装详见防雷平面图。避雷带与屋面所有的金属部件连接，所有防雷装置的金属部件必须镀锌，连接必须焊接，焊接涂防腐漆。

本工程供电制式为 TN - C - S 系统，在电源进户处 PE 线作重复接地保护，防雷接地，重复接地，保护专用接地采用联合接地安装，利用基础中的钢筋做接地体，接地电阻≤1 Ω。若达不到要求，则另补打接地极。

楼内做总等电位联结，在总进线处设置总等位端子箱，暗装，下方距地 0.3 m。所有进出建筑物的金属管道、电线保护钢管、电缆进线的金属外皮等均通过等电位连接线与等电位端子箱可靠连接。

卫生间做局部等电位联结，施工详见国标 02D 501 - 2，端子箱安装高度底边距地 0.3 m。

（5）电视电话网络可视对讲系统

电话网络电缆由室外弱电井穿管埋地引入底层电网络和电话主控箱,经二次配线后经电井桥架引至各用户弱电箱;电话网络电缆穿钢管埋地或沿墙敷设;支线穿 PVC 管沿墙地顶板暗敷设,网络和电话主控箱底边距地 1.2 m 安装,网络和电话分线箱,安装高度底边距地 1.8 m。

有线电视电缆由室外弱电井引至底层电视前端箱,由前端箱再分配到各层分支器,电视前端箱设在底层,底边距地 1.2 m 安装,层分支器安装高度底边距地 1.8 m。干线选用 SYKV-75-9 型,分支线选用 SYKV-75-5 型,穿 PVC 管沿墙、地面顶板暗敷,系统采用 750 MHz 邻频传输,要求用户电平满足 64±4 dB;图像清晰度不低于 4 级。

访客对讲系统,门口机嵌墙安装,底边距地 1.3 m,对讲分机挂墙安装在住户门厅内,距地 1.3 m。

弱电系统的深化设计由承包商负责,设计院负责审核及与其他系统的接口的调解事宜。

未详部分请按国家有关规范、图集施工。

3. 主要设备及材料表

表 3-21　主要设备及材料表

序号	图例	名称	规格	单位	数量	备注
1		电表箱		台	2	底边距地 1.2 m
2		局部等电位端子箱	160×75×50	台	12	底边距地 0.5 m
3		总等电位端子箱	300×200×120	台	2	底边距地 0.3 m
4		照明配电箱	P230	台	12	底边距地 1.6 m
5		住户多媒体综合配线箱		台	12	底边距地 1.6 m
6		荧光灯	1×28 W	盏	0	吸顶
7		防水防尘吸顶灯	1×40 W	盏	24	吸顶
8		吸顶灯	1×40 W	盏	84	吸顶
9		带声控底座的声光控灯	1×25 W	盏	10	吸顶
10		暗装空调插座（客厅）	250 V,20 A	个	12	底边距地 0.3 m
11		暗装带开关抽油烟机插座	250 V,10 A	个	12	底边距地 1.8 m
12		电热水器插座	250 V,16 A	个	12	底边距地 2.0 m
13		洗衣机插座	250 V,10 A	个	12	底边距地 1.5 m
14		密闭型二、三孔暗装插座	250 V,10 A	个	36	底边距地 1.5 m
15		暗装空调插座（卧室）	250 V,20 A	个	24	底边距地 1.8 m
16		安全型二、三孔暗装插座	250 V,10 A	个	216	底边距地 0.3 m
17		双联单控开关		个	48	底边距地 1.3 m

续表

序号	图例	名称	规格	单位	数量	备注
18		单联单控开关		个	120	底边距地 1.3 m
19		网络和电话分线箱		台	2	底边距地 1.8 m
20		网络和电话配线箱		个	4	底边距地 1.2 m
21	VH	电视前端箱		台	2	底边距地 1.2 m
22	VP	电视分支、放大器箱		台	4	底边距地 1.8 m
23	DJ	对讲解码箱	厂家提供	台	6	底边距地 2.5 m
24	UPS	不间断电源	厂家提供	台	12	底边距地 1.5 m
25		对讲电话门口机	同防盗铁门配套安装	台	2	底边距地 1.3 m
26	TO	网络插座		个	24	底边距地 0.3 m
27	TP	电话插座		个	24	底边距地 0.3 m
28	TV	电视插座		个	24	底边距地 0.3 m
29		对讲电话室内分机		个	12	底边距地 1.3 m
30						

4. 某专家楼系统图与平面图

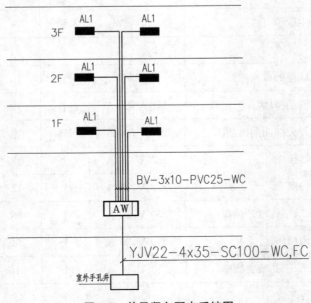

图 3.8　单元竖向配电系统图

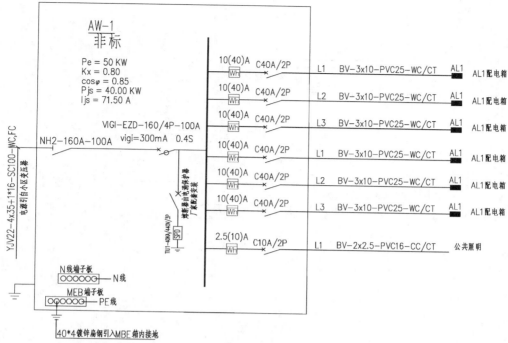

图 3.9　AW 单元电表箱系统图

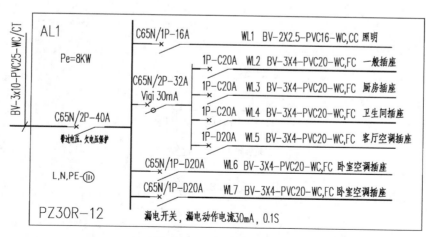

图 3.10　用户配电箱 AL1

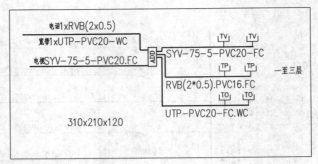

注：所有箱体尺寸仅供参考。

图3.11　户弱电箱ADD系统图

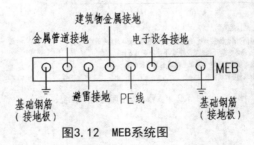

图3.12　MEB系统图

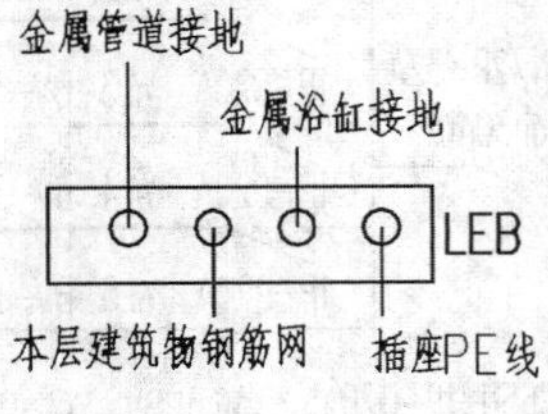

图3.13　LEB系统图

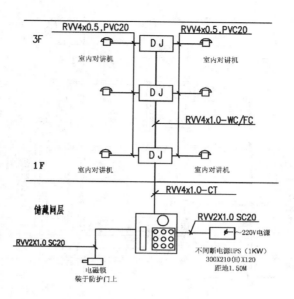

单元对讲统图

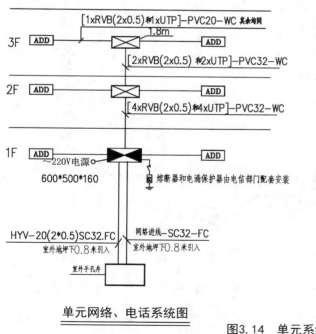

单元网络、电话系统图

图3.14　单元系统图

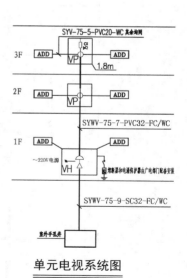

单元电视系统图

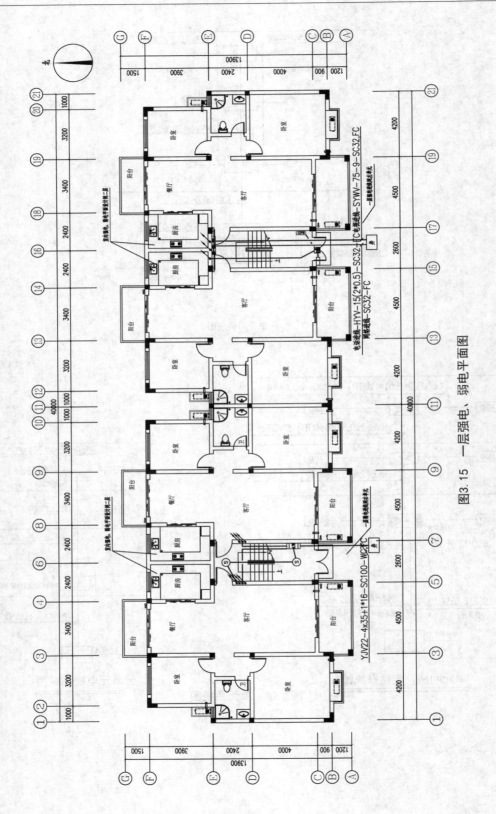

图3.15 一层强电、弱电平面图

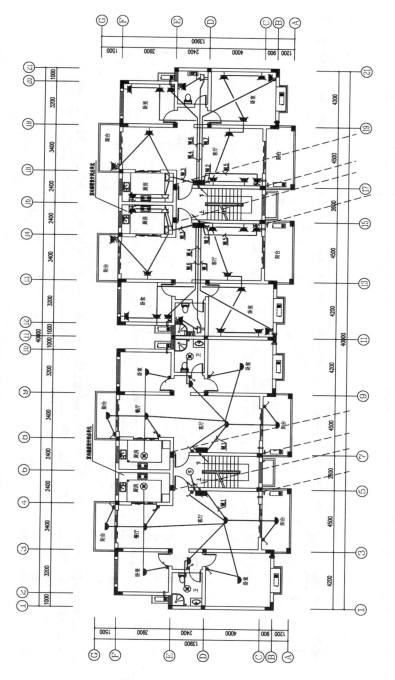

图3.16 二、三层强电平面图

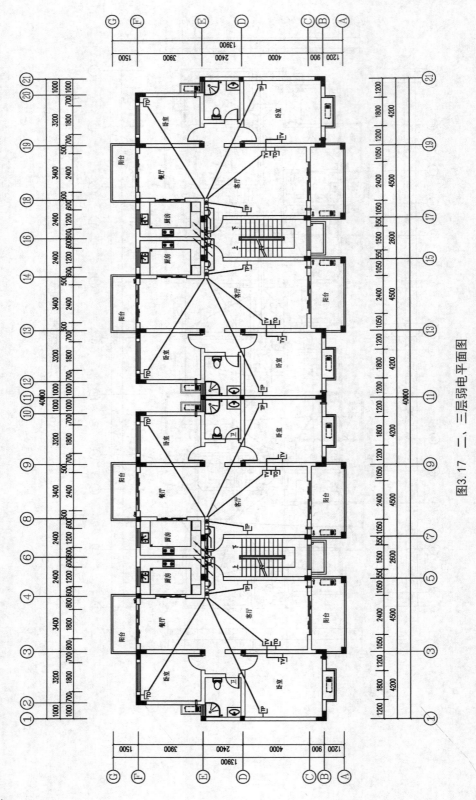

图3.17 二、三层弱电平面图

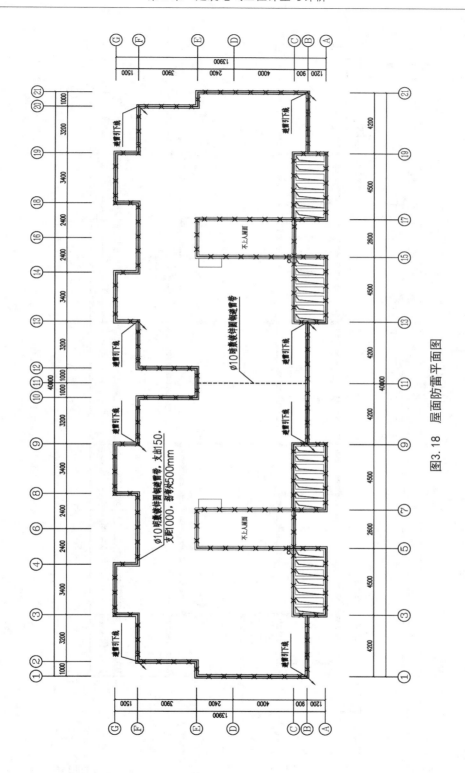

图3.18　屋面防雷平面图

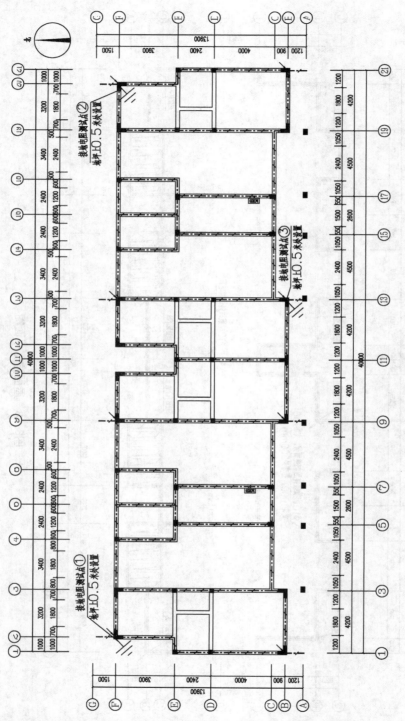

图3.19 基础接地平面图

层面防雷注:① 本工程年预计雷击次数为 0.085 8 次/a,为第三类防雷建筑物。

② 所有屋面防雷设备均有效的焊为一体,并与屋面所有的金属设备有效焊接。

③ 避雷带在整个屋面组成不大于 20 m×20 m 或 24 m×16 m 的网格。

④ 引下线是由屋面到基础的贯通引下线。

⑤ 引下线利用柱内对角主筋(两根 φ16 及以上钢筋或四根 φ10 以上 φ16 以下钢筋)至基础钢筋。避雷带和引下线应可靠焊接,引下线间距离不得大于 25 m。在没有柱内对角主筋的情况下另加设两根 φ16 及以上钢筋作为引下线。

基础接地注:1. 在图示引下线对应的室外埋深 1 m 处由被利用作为引下线的钢筋上焊出一根 40 mm× 4 mm 镀锌扁钢,此扁钢伸向室外,距外墙皮的距离 1 m。

2. MEB:总等电位端子箱,尺寸:300×200×120,安装高度:距地 0.3 m。

3. 所有地圈梁内两根主筋焊接连通形成电气通路。

4. 电阻测试卡子设置的位置及数量见基础接地平面图。

5. 本建筑各类接地共用接地极,即利用基础钢筋作接地极,接地电阻≤1 Ω,当基础作为接地体不满足要求时,应增加人工接地体。

6. 防雷接地焊接外露部分应作防腐处理,通过伸缩缝处接地线应采用 U 形连接。

5. 某专家楼电气工程量计算

依据某专家楼电气工程设计施工图、《通用安装工程工程量计算规范》(GB 50856—2013)、《江西省通用安装工程消耗量定额及统一基价表(2017)》中工程量计算规则、工作内容及定额解释等,该专家楼电气工程的工程量计算式详见表 3 - 22。

表 3 - 22　某专家楼电气工程量计算式

序号	项目名称	单位	工程量计算式
一	**动力照明系统**		
(一)	配电箱(柜)		
1	总电表箱 AW1(箱长×高暂定为 1 200×500)	台	1×2 单元=2 台
	总箱 10 mm² 接线端子	个	3 根×6[户]×2[单元]=36 个
	总箱 2.5 mm² 无端子接线	个	2×2 单元=4 个
2	户配电箱 AL1(箱长×高暂定为 300×200)	台	1×12 户=12 台
	户箱 10 mm² 接线端子	个	3×12[户]=36 个
	户箱 2.5 mm² 无端子接线	个	2×12[户]=24 个
	户箱 4 mm² 无端子接线	个	3×6[回路]×12[户]=216 个
(二)	进户电源管线		
1	进户电缆预埋管 SC100	m	[水平 4.6+垂直(0.8+1.2)]×2 单元= 13.2 m
2	进户电缆 YJV22 - 4×35+1×16	m	因施工图中强电进户电缆外接长度不明,暂按 100 m 估算
	YJV22 - 4×35+1×16 电力电缆终端头	个	2 个

序号	项目名称	单位	工程量计算式
（三）	配管配线；及线路上相关的照明器具		
1	AW1 至 AL1 管线		
	暗配管 PVC25	m	［一单元箱底垂直箱距地高 1.2 m×6 户＋一单元左侧水平长 5.5 m×3 户＋单元右侧水平长 3.6 m×3 户＋一单元垂直(1.6 m＋4.6 m＋7.6 m)×2 侧]×2 单元＝124.2 m
	管内穿线 BV10	m	管长 124.2 m×3 根线＋预留导线进出箱体半周长(1.7＋0.5)m×3 根线×12 户＝451.8 m
2	AW1 至公共照明管线及照明器具		
	暗配管 PVC16	m	［箱顶垂直(层高 3 m－箱距地高 1.2 m－箱高 0.5 m)＋一层水平 6.8＋二三四层垂直 3 m×3 层＋二三四层水平 1.4 m×3 层]×2 单元＝42.6 m
	管内穿线 BV2.5	m	管长 42.6 m×2 根线＋预留导线出箱体半周长(1.7)m×2 根线×2 单元＝92 m
	带声控底座的声光控灯 1×25 W	个	(一层 2 个＋二三四层 1×3 层)×2 单元＝10 个
3	住户配电箱 AL1 至各灯具开关的线路及照明器具		
WL1	暗配管 PVC16	m	内穿 2 根线的管长：［箱顶垂直(3 m－1.6 m－0.2 m)＋水平(3＋3.3＋3.7＋1.7＋4.5＋2.6＋4＋2.3＋5.8＋3.2＋1.8＋2.8＋2.9＋1.4)＋至开关垂直(3－1.3)×5 个]×12 户＝673.2 m
	暗配管 PVC16	m	内穿 3 根线的管长：［水平(1.9＋0.7)＋至开关垂直(3－1.3)×2 个]×12 户＝72 m
	管内穿线 BV2.5	m	管长 673.2 m×2 根线＋管长 72 m×3 根线＋预留 0.5 m×2 根线×12 户＝1 574 m
	半圆球吸顶灯	个	7 个×12 户＝84 个
	防水防尘吸顶灯	个	2 个×12 户＝24 个
	单联单控暗开关	个	5 个×12 户＝60 个
	双联单控暗开关	个	2 个×12 户＝24 个
WL2	暗配管 PVC20	m	［箱底垂直 1.6 m＋水平(0.9＋2.2＋4.5＋1＋4.2＋2.7＋6＋3.2＋2)＋至插座垂直 0.3 m×13 个]×12 户＝386.4 m
	管内穿线 BV4	m	管长 386.4 m×3 根线＋预留 0.5 m×3 根线×12 户＝1 177.2 m

续表

序号	项目名称	单位	工程量计算式
	安全型五孔暗插座	个	8 个×12 户＝96 个
WL3	暗配管 PVC20	m	［箱底垂直 1.6 m＋水平(2＋4.1＋3.6＋2.5＋2.2)＋ 至插座垂直 1.5 m×5＋0.3×3］×12 户＝292.8 m
	管内穿线 BV4	m	管长 292.8 m×3 根线＋预留 0.5 m×3 根线×12 户＝896.4 m
	安全型五孔暗插座	个	1 个×12 户＝12 个
	密闭型五孔暗插座	个	2 个×12 户＝24 个
	洗衣机暗插座	个	1 个×12 户＝12 个
	带开关抽油烟机暗插座	个	1 个×12 户＝12 个
WL4	暗配管 PVC20	m	［箱底垂直 1.6 m＋水平(8.2＋2.3)＋ 至插座垂直 1.5 m×2＋2］×12 户＝205.2 m
	管内穿线 BV4	m	管长 205.2 m×3 根线＋预留 0.5 m×3 根线×12 户＝633.6 m
	密闭型五孔暗插座	个	1 个×12 户＝12 个
	电热水器暗插座	个	1 个×12 户＝12 个
WL5	暗配管 PVC20	m	［箱底垂直 1.6 m＋水平 4.1 m＋ 至插座垂直 0.3 m］×12 户＝72 m
	管内穿线 BV4	m	管长 72 m×3 根线＋预留 0.5 m×3 根线×12 户＝234 m
	空调暗插座	个	1 个×12 户＝12 个
WL6	暗配管 PVC20	m	［箱底垂直 1.6 m＋水平 8.3 m＋ 至插座垂直 1.8 m］×12 户＝140.4 m
	管内穿线 BV4	m	管长 140.4 m×3 根线＋预留 0.5 m×3 根线×12 户＝439.2 m
	空调暗插座	个	1 个×12 户＝12 个
WL7	暗配管 PVC20	m	［箱底垂直 1.6 m＋水平 11.3 m＋ 至插座垂直 1.8 m］×12 户＝176.4 m
	管内穿线 BV4	m	管长 176.4 m×3 根线＋预留 0.5 m×3 根线×12 户＝547.2 m
	空调暗插座	个	1 个×12 户＝12 个
(四) 1～3 项配管配线及照明器具工程量小计			
(1)	暗配管 PVC25	m	124.2 m
(2)	暗配管 PVC20	m	1 273.2 m

序号	项目名称	单位	工程量计算式
（3）	暗配管 PVC16	m	787.8 m
（4）	管内穿线 BV－10	m	451.8 m
（5）	管内穿线 BV－4	m	3 927.6 m
（6）	管内穿线 BV－2.5	m	1 666 m
（7）	带声控底座的声光控灯	个	10 个
	半圆球吸顶灯	个	84 个
	防水防尘吸顶灯	个	24 个
	单联单控暗开关	个	60 个
	双联单控暗开关	个	24 个
	安全型五孔暗插座	个	108 个
	密闭型五孔暗插座	个	36 个
	洗衣机暗插座	个	12 个
	带开关抽油烟机暗插座	个	12 个
	电热水器暗插座	个	12 个
	空调暗插座	个	36 个
	接线盒	个	10＋84＋24＝118 个
	开关盒	个	60＋24＋108＋36＋12＋12＋12＋36＝300 个
二	**防雷接地系统**		
1	避雷带：女儿墙等四周明敷镀锌圆钢 ϕ10	m	［水平长度：40×2＋13.9×2＋0.9×4＋2.1×4＋1.2×2＋(6.4＋2.6＋6.4)×2＋3.9×2＋1.5×6＋楼梯间处垂直3 m×2］×(1＋3.9%)＝182.66 m
	避雷带：屋面暗敷镀锌圆钢 ϕ10	m	(水平7.3 m＋垂直1.2 m×2)×(1＋3.9%)＝10.08 m
2	引下线：利用柱内2根主筋引下	m	(女儿墙高1.2＋柱高9＋基础梁深1＋0.45)×8 根＝93.2 m
	断接线卡子	个	8 个
3	均压环：利用基础钢筋接地	m	40×2＋11.2×2＋11.2×5＋10.3×4＋3.9×3＋3.7×2＋2＝220.7 m
	柱主筋与圈梁钢筋焊接	处	8 根×4 处/根＝32 处

序号	项目名称	单位	工程量计算式
4	电阻测试箱	个	3 个
5	总等电位端子箱	个	1×2 单元＝2 个
	卫生间等电位端子箱	个	12 个
6	户内等电位箱接地母线镀锌-40×4	m	总等电位箱 2 处×(安装高度 0.3＋基础梁深 1)＋(局部等电位箱 12 处×0.5 m)×(1＋3.9%)＝8.94 m
7	户外接地母线:镀锌-40×4	m	(1×8 根)×(1＋3.9%)＝8.31 m
三	**网络、电话系统**		
1	网络电话总配线箱	个	1×2 单元＝2 个
	网络电话分线箱	个	2×2 单元＝4 个
	住户多媒体箱	个	1×12 户＝12 个
2. 进户	暗配管 SC32	m	室外引入(水平 9.4＋垂直 0.8＋1.2)×2 路×2 单元＝45.6 m
	注明:网络电话进户线、配线箱内电器元件由电信部门安装,故本预算不计。		
3. 干线	暗配管 PVC32	m	[垂直(3-1.2)＋1.8＋3]×2 单元＝13.2 m
	管内穿电话线 RVS(2×0.5)	m	[(3-1.2＋1.8)×4 根＋3×2 根]×2 单元＋预留 2 m×4 户×2 单元＝56.8 m
	管内穿网线 UTP	m	工程量同电话线:56.8 m
4. 进住户多媒体箱	暗配管 PVC20	m	一楼(向下 1.2＋水平 2.6＋向上 1.6)×2 户×2 单元＝21.6 m 二三楼(向下 1.8＋水平 2.6＋向上 1.6)×4 户×2 单元＝48 m
	管内穿电话线 RVS(2×0.5)	m	管长(21.6＋48)×1 根＋预留(1＋0.5)m×12 户＝87.6 m
	管内穿网线 UTP	m	工程量同电话线:87.6 m
5. 住户内电话	暗配管 PVC16	m	[(1.6＋2.6＋0.3)＋(1.6＋8.3＋0.3)]×12[户]＝176.4 m
	管内穿电话线 RVS(2×0.5)	m	管长 176.4×1 根＋预留 0.5 m×2 路×12 户＝188.4 m
	电话插座	个	2×12 户＝24 个

续表

序号	项目名称	单位	工程量计算式
6. 住户内网络	暗配管 PVC20	m	$[(1.6+5.5+0.3)+(1.6+7.4+0.3)]×12[户]=$ 200.4 m
	管内穿网线 UTP	m	管长 200.4×1 根＋预留 0.5 m×2 路×12 户＝ 212.4 m
	网络插座	个	2×12 户＝24 个
四	**3～6 项网络电话管线小计**		
(1)	暗配管 PVC32	m	13.2 m
(2)	暗配管 PVC20	m	270 m
(3)	暗配管 PVC16	m	176.4 m
(4)	管内穿电话线 RVS(2 * 0.5)	m	332.8 m
(5)	管内穿网线 UTP	m	356.8 m
(6)	电话插座	个	24 个
	电话插座底盒	个	24 个
(7)	网络插座	个	24 个
	网络插座底盒	个	24 个
五	**有线电视系统**		
1.	有线电视前端箱	个	1×2 单元＝2 个
	有线电视分支器箱	个	2×2 单元＝4 个
2. 进户	暗配管 SC32	m	室外引入(水平 9.4＋垂直 0.8＋1.2)×1 路× 2 单元＝22.8 m
	注明:有线电视进户线、前端箱及分线箱内电器元件由有线电视部门安装,故本预算不计		
3. 干线	暗配管 PVC32	m	[垂直(3−1.2)＋1.8＋3]×2 单元＝13.2 m
	管内穿电视线 SYWV(Y)-75-7	m	13.2 m×1 根＋预留 2×2×2 单元＝21.2 m
4. 进住户多媒体箱	暗配管 PVC20	m	一楼(向下 1.2＋水平 2.6＋向上 1.6)×2 户× 2 单元＝21.6 m 二三楼(向下 1.8＋水平 2.6＋向上 1.6)×4 户× 2 单元＝48 m
	管内穿电视线 SYWV(Y)-75-5	m	管长(21.6＋48)×1 根＋预留(1＋0.5)m× 12 户＝87.6 m

序号	项目名称	单位	工程量计算式
5. 住户内电视	暗配管 PVC20	m	（向下 1.6＋水平 5＋向上 0.3＋穿墙 0.9）×12［户］＝93.6 m
	管内穿电视线 SYWV（Y）-75－5	m	93.6 m×1 根＋预留 0.5×12 户＝99.6 m
	有线电视插座	个	2×12 户＝24 个
六	**3～5 项有线电视管线小计**		
（1）	暗配管 PVC32	m	13.2 m
（2）	暗配管 PVC20	m	163.2 m
（3）	管内穿电视线 SYWV（Y）-75－7	m	21.2 m
（4）	管内穿电视线 SYWV（Y）-75－5	m	187.2 m
（5）	有线电视插座	个	24 个
	有线电视插座底盒	个	24 个
七	**单元对讲系统**		
1	对讲电话门口机	个	1×2 单元＝2 个
	对讲电话室内机	个	1×12 户＝12 个
	不间断电源、对讲解码箱由厂家提供，本预算不计。		
2. 至电源等	暗配管 SC20	m	［到不间电源：（向下 1.3＋水平 1.8＋向上 1.5）＋至电磁锁（0.2）］×2 单元＝9.6 m
	管内穿线 RVV2×1.0	m	管长 9.6＋预留 1 m×2 单元＝11.6 m
3. 到楼层解码箱	暗配管 SC20	m	（向下 1.3＋水平 6.7＋向上 8.5）×2 单元＝33 m
	管内穿线 RVV4×1.0	m	管长 33＋预留 1 m×3×2 单元＝39m
4. 到室内对讲机	暗配管 PVC20	m	（向下 2.5 m＋平均水平 1.6 m＋向上 1.3 m）×12 户＝64.8 m
	管内穿线 RVV4×0.5	m	管长 64.8＋预留 1.5 m×12 户＝82.8 m
八	**计入土建预算项目**		
	强电手孔井	座	2 座
	弱电手孔井	座	2 座

注：建筑电气工程中清单项目的计量单位及计算规则，与相应定额子目的计量单位及计算规则是相同的。

3.4.2 某专家楼电气工程定额计价实例

根据《江西省通用安装工程消耗量定额及统一基价表（2017）》及其配套的费用定额，及3.4.1 节计算某专家楼电气工程工程量，编制该专家楼电气工程定额计价文件如下：

1. 封面

表 3－23　封面

工程预算书

工程名称：某专家楼电气工程预算（定额计价）

预算造价（大写）：壹拾柒万叁仟玖佰伍拾壹元叁角伍分

（小写）：173951.35 元

法定代表人或其授权人：略

（签字或盖章）

编制人：略

（造价人员签字盖专用章）

编制时间：×年×月×日

2. 编制说明

表 3－24　编制说明

某专家楼电气工程预算
编制说明

一、工程概况

该项目为江西省某市区的一栋三层专家楼的室内电气工程，建筑面积为 1 428.8 m²。本预算包括动力照明系统；防雷接地系统；电视、电话、宽带、可视对讲系统。

二、预算编制依据

1. 建设单位提供的该工程设计施工图纸及相关通知；

2.《江西省通用安装工程消耗量定额及统一基价表(2017)》及其配套的费用定额；

3. 主要材料价格：按江西省造价管理站发布的安装工程信息价，信息价中没有的主材单价按市场中档材料价格计取。

4. 按现行政策性文件，安装人工费按 100 元/工日调差；一般计税法计算税金。

三、预算书说明

1. 因图中强电进户电缆外接长度不明，本预算暂按 100 m 估算，结算时按相关签证工程量计算。强电手孔井、弱电手孔井及入户管沟土方挖填计入土建预算，本电气预算中未计。

2. 网络电话进户线、有线电视进户线、配线箱内电器元件由有关专业部门安装，故本预算未计。

3. 单元对讲系统中的不间断电源、对讲解码箱、电磁锁由厂家提供，本预算未计。

4. 考虑到施工中可能发生的设计变更或签证，按业主要求，本电气工程预算预留金为 20 000 元。

5. 其他未尽事宜详见该工程设计施工图及附后的工程预算书。

3. 安装工程预算表

工程名称：某专家楼电气工程预算（定额计价）

表 3 - 25 安装工程预算表

序号	编码	名称	单位	数量	单价(元) 基价	单价(元) 工资	合价(元) 合价	合价(元) 工资	主材设备 名称	主材设备 单位	主材设备 数量	主材设备 单价	主材设备费
		1. 强电部分					23 964.76	19 715.74					53 857.45
1	4-2-78	总电表箱 AW1 安装 悬挂嵌入式(半周长)2.5 m	台	2	179.2	135.32	358.4	270.64	总电表箱 AW1	台	2	2 593.36	5 186.72
2	4-2-75	户配电箱 AL1 安装 悬挂嵌入式(半周长)0.5 m	台	12	76.72	58.06	920.64	696.72	户配电箱 AL1	台	12	432.23	5 186.76
3	4-4-26	压铜接线端子 导线截面 (mm²)≤16	个	72	4.73	2.13	340.56	153.36					
4	4-4-15	无端子外部接线 (mm²), 4	个	216	2.59	1.45	559.44	313.2					
5	4-4-14	无端子外部接线 (mm²), 2.5	个	28	2.16	1.02	60.48	28.56					
6	4-12-42	镀锌钢管敷设 砖、混凝土结构暗配 公称直径 DN100	10 m	1.32	376.51	198.9	496.99	262.55	镀锌钢管 DN100	m	13.596	55.76	758.11
7	4-9-161	室内敷设电力电缆 YJV22-4×35+1×16 五芯 单价×1.15	10 m	10	69.51	41.38	695.1	413.8	电力电缆 YJV22-4×35+1×16	m	101	122.15	12 337.15
8	4-9-246	电力电缆终端头制作与安装 1 kV 以下室内干包式 铜芯电力电缆截面(mm²)≤35 五芯电力电缆头·单价×1.15	个	2	92.62	43.23	185.24	86.46					

续表

序号	编码	名称	单位	数量	单价(元)		合价(元)		主材设备				主材设备费
					基价	工资	合价	工资	名称	单位	数量	单价	
9	4-12-134	塑料管敷设 刚性阻燃管 敷设 砖、混凝土结构暗配 外径(mm)25	10 m	12.42	50.24	48.2	623.98	598.64	刚性阻燃管|外径(mm)25	m	131.652	2.51	330.45
10	4-12-133	塑料管敷设 刚性阻燃管 敷设 砖、混凝土结构暗配 外径(mm)20	10 m	127.32	47.71	45.9	6 074.44	5 843.99	刚性阻燃管|外径(mm)20	m	1 349.592	1.99	2 685.69
11	4-12-132	塑料管敷设 刚性阻燃管 敷设 砖、混凝土结构暗配 外径(mm)16	10 m	78.78	44.57	42.84	3 511.22	3 374.94	刚性阻燃管|外径(mm)16	m	835.068	1.46	1 219.2
12	4-13-27	管内穿线 穿动力线 铜芯 BV10	10 m	45.18	8.21	6.89	370.93	311.29	绝缘电线|BV-10 mm²	m	474.39	5.94	2 817.88
13	4-13-6	管内穿线 穿照明线 铜芯 BV4	10 m	392.76	5.89	4.59	2 313.36	1 802.77	绝缘电线|BV-4 mm²	m	4 320.36	2.52	10 887.31
14	4-13-5	管内穿线 穿照明线 铜芯 BV2.5	10 m	166.6	8.22	6.89	1 369.45	1 147.87	绝缘电线|BV-2.5 mm²	m	1 932.56	1.63	3 150.07
15	4-14-10	其他普通灯具安装 带声控底座声光控灯	套	10	10.17	6.63	101.7	66.3	带声控底座声光控灯	套	10.1	30.26	305.63
16	4-14-1	半圆球吸顶灯安装 灯罩 周长(mm)≤800	套	84	14.56	11.73	1 223.04	985.32	半圆球吸顶灯	套	84.84	43.22	3 666.78
17	4-14-1	防水防尘吸顶灯安装 灯罩周长(mm)≤800	套	24	14.56	11.73	349.44	281.52	防水防尘吸顶灯	套	24.24	69.16	1 676.44
18	4-14-379	单联单控暗开关安装 单联单控≤3联	套	60	5.66	4.85	339.6	291	单联单控暗开关	只	61.2	6.05	370.26

续表

序号	编码	名称	单位	数量	单价(元) 基价	单价(元) 工资	合价(元) 合价	合价(元) 工资	主材设备 名称	主材设备 单位	主材设备 数量	主材设备 单价	主材设备费
19	4-14-379	双联单控暗开关 单控≤3联	套	24	5.66	4.85	135.84	116.4	双联单控暗开关	只	24.48	8.64	211.51
20	4-14-401	安全型单相五孔暗插座,电流(A)≤15	套	108	6.59	5.78	711.72	624.24	安全型单相五孔插座 10A	套	110.16	7.78	857.04
21	4-14-407	密闭型单相五孔插座 防爆插座电流(A)≤15	套	36	9.7	8.16	349.2	293.76	密闭型单相五孔插座 10A	个	36.72	22.48	825.47
22	4-14-401	洗衣机暗插座 电流(A)≤15	套	12	6.59	5.78	79.08	69.36	洗衣机插座 10A	套	12.24	7.78	95.23
23	4-14-401	带开关抽油烟机暗插座 电流(A)≤15	套	12	6.59	5.78	79.08	69.36	带开关抽油烟机插座 10A	套	12.24	10.37	126.93
24	4-14-402	电热水器暗插座 电流(A)≤30	套	12	7.5	6.29	90	75.48	电热水器插座 20A	套	12.24	15.56	190.45
25	4-14-402	空调暗插座 电流(A)≤30	套	36	7.5	6.29	270	226.44	空调插座 16A	套	36.72	13.83	507.84
26	4-13-179	暗装接线盒	个	118	6.92	2.64	816.56	311.52	接线盒	个	120.36	1.09	131.19
27	4-13-178	暗装开关(插座)盒	个	300	4.45	2.81	1 335	843	接线盒	个	306	1.09	333.54
28	4-17-28	输配电装置系统调试 ≤1kV交流供电	系统	1	204.27	157.25	204.27	157.25					
		2. 防雷接地部分					6 296.03	4 490.99					1 013.17
29	4-10-45	避雷网安装 沿折板支架敷设	m	182.66	17.33	13.77	3 165.5	2 515.23	镀锌圆钢 Φ10	m	191.793	2.52	483.32

续表

序号	编码	名称	单位	数量	单价(元)		合价(元)		主材设备				
					基价	工资	合价	工资	名称	单位	数量	单价	主材设备费
30	4-10-44	避雷网安装 沿混凝土块敷设	m	10.08	8.4	6.97	84.67	70.26	镀锌圆钢Φ10	m	10.584	2.52	26.67
31	4-10-42	避雷引下线敷设 利用建筑结构钢筋引下	m	93.2	8.79	4.17	819.23	388.64					
32	4-10-43	避雷引下线敷设 断接卡子制作与安装	套	8	20.06	18.19	160.48	145.52					
33	4-10-46	避雷网安装 均压环敷设 利用圈梁钢筋	m	220.7	3.52	2.04	776.86	450.23					
34	4-10-47	避雷网安装 柱主筋与圈梁钢筋焊接	处	8	27.88	19.13	223.04	153.04					
35	4-10-77	电阻测试箱安装	套	3	7.86	6.12	23.58	18.36	电阻测试箱	个	3.015	12.97	39.1
36	4-10-77	总等电位端子箱安装	套	2	7.86	6.12	15.72	12.24	总等电位端子箱	个	2.01	25.93	52.12
37	4-10-77	卫生间等电位箱安装	套	12	7.86	6.12	94.32	73.44	卫生间等电位箱	个	12.06	17.29	208.52
38	4-10-56	户内接地母线敷设·镀锌 扁钢-40×4	m	8.94	8.55	6.97	76.44	62.31	镀锌扁钢-40×4	kg	22.35	4.14	92.53
39	4-10-57	户外接地母线敷设·镀锌 扁钢-40×4	m	8.31	21.02	20.32	174.68	168.86	镀锌扁钢-40×4	kg	26.592	4.14	110.09
40	4-10-79	接地系统测试 接地网	系统	1	720.67	464.78	720.67	464.78					
		3. 网络电话系统					5 207.89	4 782.55					6 955.18
41	5-2-131	安装网络电话配线空箱 墙挂式(600×600)	台	2	119.82	55.25	239.64	110.5	网络电话配线空箱	个	2	103.73	207.46

续表

序号	编码	名称	单位	数量	单价（元） 基价	单价（元） 工资	合价（元） 合价	合价（元） 工资	主材设备 名称	主材设备 单位	主材设备 数量	主材设备 单价	主材设备费
42	4-13-174	网络电话分线空箱暗装 半周长（mm）≤700	个	4	62.65	62.65	250.6	250.6	网络电话分线空箱	个	4	25.93	103.72
43	4-13-174	住户多媒体箱暗装 半周长（mm）≤700	个	12	62.65	62.65	751.8	751.8	住户多媒体箱	个	12	242.05	2 904.6
44	4-12-37	钢管敷设 砖、混凝土结构暗配 SC32	10 m	4.56	73.23	47.43	333.93	216.28	焊接钢管|DN32	m	46.968	13.68	642.52
45	4-12-135	塑料管敷设 刚性阻燃管 敷设 砖、混凝土结构暗配 外径（mm）32	10 m	1.32	54.41	52.02	71.82	68.67	刚性阻燃管|外径（mm）32	m	13.992	3.98	55.69
46	4-12-133	塑料管敷设 刚性阻燃管 敷设 砖、混凝土结构暗配 外径（mm）20	10 m	27	47.71	45.9	1 288.17	1 239.3	刚性阻燃管|外径（mm）20	m	286.2	1.99	569.54
47	4-12-132	塑料管敷设 刚性阻燃管 敷设 砖、混凝土结构暗配 外径（mm）16	10 m	17.64	44.57	42.84	786.21	755.7	刚性阻燃管|外径（mm）16	m	186.984	1.46	273
48	5-2-152	双绞线缆 管内穿放 电话线 RVS2×0.5	m	332.8	1.18	1.11	392.7	369.41	电话线 RVS2×0.5	m	349.44	0.97	338.96
49	5-2-152	双绞线缆 管内穿放 网络线 UTP	m	356.8	1.18	1.11	421.02	396.05	网络线 UTP	m	374.64	1.44	539.48
50	5-2-139	电话插座 暗装	个	24	4.52	4.25	108.48	102	电话插座	个	24.24	15.99	387.6
51	5-2-194	安装 8位模块式信息插座 单口	个	24	5.3	5.1	127.2	122.4	信息插座（含信息模块） 单口	个	24.24	36.31	880.15
52	5-2-190	安装信息、电话插座底盒 （接线盒）砖墙内	个	48	9.09	8.33	436.32	399.84	接线盒	个	48.48	1.09	52.84

续表

序号	编码	名称	单位	数量	单价(元) 基价	单价(元) 工资	合价(元) 合价	合价(元) 工资	主材设备 名称	主材设备 单位	主材设备 数量	主材设备 单价	主材设备费
		4.有线电视系统					2 055.19	1 801.48					1 955.36
53	5-2-131	安装有线电视前端空箱墙挂式(600×600)	台	2	119.82	55.25	239.64	110.5	有线电视前端空箱	个	2	103.73	207.46
54	4-13-174	有线电视分支空箱暗装半周长(mm)≤700	个	4	62.65	62.65	250.6	250.6	有线电视分支空箱	个	4	25.93	103.72
55	4-12-37	钢管敷设 砖、混凝土结构暗配 SC32	10 m	2.28	73.23	47.43	166.96	108.14	焊接钢管｜DN32	m	23.484	13.68	321.26
56	4-12-135	塑料管敷设 刚性阻燃管 砖、混凝土结构暗配 外径(mm)32	10 m	1.32	54.41	52.02	71.82	68.67	刚性阻燃管｜外径(mm)32	m	13.992	3.98	55.69
57	4-12-133	塑料管敷设 刚性阻燃管 砖、混凝土结构暗配 外径(mm)20	10 m	16.32	47.71	45.9	778.63	749.09	刚性阻燃管｜外径(mm)20	m	172.992	1.99	344.25
58	5-2-220	管内穿放视频同轴电缆 SYWV(Y)-75-7	m	21.2	1.06	1.02	22.47	21.62	电视线 SYWV(Y)-75-7	m	21.412	2.48	53.1
59	5-2-220	管内穿放视频同轴电缆 SYWV(Y)-75-5	m	187.2	1.06	1.02	198.43	190.94	电视线 SYWV(Y)-75-5	m	189.072	1.28	242.01
60	5-2-139	电视插座 暗装	个	24	4.52	4.25	108.48	102	电视插座	个	24.24	24.84	602.12
61	5-2-190	安装电视插座底盒(接线盒)砖墙内	个	24	9.09	8.33	218.16	199.92	接线盒	个	24.24	1.09	26.42
		5.单元对讲系统					1 835.59	1 575.59					10 171.04
62	5-6-44	有线对讲主机安装	套	2	354.85	340	709.7	680	对讲主机	元	2	1 500	3 000
63	5-6-46	用户对讲分机	套	12	30.59	25.5	367.08	306	用户对讲分机	元	12	520	6 240

续表

序号	编码	名称	单位	数量	单价（元）		合价（元）		主材设备					主材设备费
					基价	工资	合价	工资	名称	单位	数量	单价	
64	4-12-35	钢管敷设 砖、混凝土结构暗配 SC20	10 m	4.26	60.81	39.78	259.05	169.46	焊接钢管｜DN20	m	43.878	7.13	312.85
65	4-12-133	塑料管敷设 刚性阻燃管敷设 砖、混凝土结构暗配 外径（mm）20	10 m	6.48	47.71	45.9	309.16	297.43	刚性阻燃管｜外径（mm）20	m	68.688	1.99	136.69
66	4-13-39	管内穿线 穿多芯软导线 二芯 RVV-2×1.0	10 m	1.16	7.27	6.12	8.43	7.1	铜芯多股绝缘电线｜RVV-2×1.0	m	12.528	1.78	22.3
67	4-13-44	管内穿线 穿多芯软导线 四芯 RVV-4×1.0	10 m	3.9	8.24	6.89	32.14	26.87	铜芯多股绝缘电线｜RVV-4×1.0	m	42.12	4.43	186.59
68	4-13-43	管内穿线 穿多芯软导线 四芯 RVV-4×0.5	10 m	8.28	8.09	6.89	66.99	57.05	铜芯多股绝缘电线｜RVV-4×0.5	m	89.424	2.9	259.33
69	4-13-179	暗装对讲机分机接线盒	个	12	6.92	2.64	83.04	31.68	接线盒	个	12.24	1.09	13.34
		安装费用					1 454.89	509.21					
70	BM17	脚手架搭拆费（第四册电气设备安装工程）	元	1	1 454.89	509.21	1 454.89	509.21					
		合计					40 814.35	32 875.56					73 952.2

4. 人工费调差表

表 3－26　人工费调差表

工程名称:某专家楼电气工程预算(定额计价)

序号	定额编号	名称	单位	数量	定额价	市场价	价格差	合价
一		人工						5 715.63
1	00010104	综合工日	工日	381.042	85	100	15	5 715.63
三		机械						4.27
2	RG	人工	工日	0.285	85	100	15	4.27
		合　　计						5 715.63

5. 单位工程取费表

表 3－27　单位工程取费表

工程名称:某专家楼电气工程预算(定额计价)

序号	费用名称	计算式	费率(%)	金额
	安装工程			
一	分部分项工程费	∑(工程量×消耗量定额基价)		39 398.62
1	其中:定额人工费	∑(工日消耗量×定额人工单价)		32 398.27
2	其中:定额机械费	∑(机械消耗量×定额机械台班单价)		1 399.09
二	单价措施费	∑(工程量×消耗量定额基价)		1 456.49
3	其中:定额人工费	∑(工日消耗量×定额人工单价)		509.77
4	其中:定额机械费	∑(机械消耗量×定额机械台班单价)		
三	未计价材料			73 952.2
四	其他项目费	∑其他项目费		20 000
五	总价措施费	(5)+(8)		5 044.8
5	安全文明施工措施费	(6)+(7)		4 050.98
6	安全文明环保费	[(1)+(3)]×费率	8.62	2 836.67
7	临时设施费	[(1)+(3)]×费率	3.69	1 214.31
8	其他总价措施费	[(1)+(3)]×费率	3.02	993.82
六	估价	[按规定计取]		
七	管理费	(9)+(10)		4 926.33

续表

序号	费用名称	计算式	费率(%)	金额
9	企业管理费	[(1)+(3)]×费率	13.12	4 317.53
10	附加税	[(1)+(3)]×费率	1.85	608.8
八	利润	[(1)+(3)]×费率	11.13	3 662.66
九	人材机价差	∑(数量×价差)		5 719.9
十	规费	(11)+(12)+(13)		5 427.39
11	社会保险费	[(1)+(2)+(3)+(4)]×费率	12.5	4 288.39
12	住房公积金	[(1)+(2)+(3)+(4)]×费率	3.16	1 084.11
13	工程排污费	[(1)+(2)+(3)+(4)]×费率	0.16	54.89
十一	税金	[(一)+(二)+(三)+(四)+(五)+(六)+(七)+(八)+(九)+(十)]×费率	9	14 362.96
十二	工程总造价	(一)+(二)+(三)+(四)+(五)+(六)+(七)+(八)+(九)+(十)+(十一)		173 951.35
	工程总造价	壹拾柒万叁仟玖佰伍拾壹元叁角伍分		173 951.35

3.4.3　某专家楼电气工程量清单实例

根据《建设工程工程量清单计价规范》(GB 50500—2013)规定及 3.4.1 节计算某专家楼电气工程量,编制该专家楼电气工程量清单文件如下:

1. 封面

表 3 - 28　封面

某专家楼电气工程
工程量清单

招标人:略工程造价咨询人:略
(单位盖章)(单位资质专用章)

法定代表人法定代表人
或其授权人:略或其授权人:略
(签字或盖章)(签字或盖章)

编制人:略复核人:略
(造价人员签字盖专用章)(造价工程师签字盖专用章)

编制时间:×年×月×日复核时间:×年×月×日

2. 总说明

表 3-29　总说明

某专家楼电气工程量清单
编制说明

一、工程概况：该项目为江西省某市区的一栋三层专家楼的电气工程，建筑面积为 1 428.8 m²。本工程量清单计算范围为设计施工图中的动力照明系统；防雷接地系统；电视、电话、宽带、可视对讲系统。

二、工程量清单编制依据：

1. 建设单位提供的该工程设计施工图纸及相关通知；

2.《建设工程工程量清单计价规范》(GB 50500—2013)及相关政策性文件。

三、工程量清单说明：

1. 因图中强电进户电缆外接长度不明，本工程量清单暂按 100 m 估算，结算时按相关签证工程量计算。强电手孔井、弱电手孔井及入户管沟土方挖填计入土建工程量清单，本电气工程量清单中未计。

2. 网络电话进户线、有线电视进户线、配线箱内电器元件由有关专业部门安装，故本工程量清单未计。

3. 单元对讲系统中的不间断电源、对讲解码箱、电磁锁由厂家提供，本工程量清单中未计。

4. 考虑到施工中可能发生的设计变更或签证，按业主要求，本电气工程量清单暂列金额为 20 000 元。

5. 其他未尽事宜详见该工程设计施工图及附后的工程量清单文件。

3. 分部分项工程和单价措施项目清单与计价表

表 3-30　分部分项工程和单价措施项目清单与计价表

工程名称：某办公楼电气工程(清单)

序号	项目编码	项目名称	项目特征描述	计量单位	工程量	金额(元)		
						综合单价	合价	其中 暂估价
	1. 强电部分							
1	030404017001	配电箱	1. 总电表箱 AW1 2. 含内设电气元件、接线端子	台	2			
2	030404017002	配电箱	1. 户配电箱 AL1 2. 含内设电气元件、接线端子	台	12			
3	030408003001	电缆保护管	1. 镀锌钢管 DN100 2. 砖、混凝土结构暗敷	m	13.2			
4	030408001001	电力电缆	1. YJV22-4×35+1×16 室内敷设 2. 进户线电缆长度暂估 100 m	m	100			
5	030408006001	电力电缆头	1. 室内干包式铜芯电力电缆终端头 2. 电缆截面(mm²)≤35，五芯	个	2			
6	030411001001	配管	1. PVC25 2. 砖、混凝土结构暗配	m	124.2			

序号	项目编码	项目名称	项目特征描述	计量单位	工程量	综合单价	合价	其中 暂估价
7	030411001002	配管	1. PVC20 2. 砖、混凝土结构暗配	m	1 273.2			
8	030411001003	配管	1. PVC16 2. 砖、混凝土结构暗配	m	787.8			
9	030411004001	配线	管内穿线 BV - 10	m	451.8			
10	030411004002	配线	管内穿线 BV - 4	m	3 927.6			
11	030411004003	配线	管内穿线 BV - 2.5	m	1 666			
12	030412001001	普通灯具	带声控底座声光控灯	套	10			
13	030412001002	普通灯具	半圆球吸顶灯	套	84			
14	030412001003	普通灯具	防水防尘吸顶灯	套	24			
15	030404034001	照明开关	单联单控暗开关	个	60			
16	030404034002	照明开关	单联双控暗开关	个	24			
17	030404035001	插座	1. 安全型单相五孔暗插座 2. 250 V,10 A	个	108			
18	030404035002	插座	1. 密闭型单相五孔暗插座 2. 250 V,10 A	个	36			
19	030404035003	插座	1. 洗衣机插座,暗装 2. 250 V,10 A	个	12			
20	030404035004	插座	1. 带开关抽油烟机插座,暗装 2. 250 V,10 A	个	12			
21	030404035005	插座	1. 电热水器插座,暗装 2. 250 V,20 A	个	12			
22	030404035006	插座	1. 空调插座,暗装 2. 250 V,16 A	个	36			
23	030411006001	接线盒	接线盒暗装	个	118			
24	030411006002	接线盒	开关(插座)盒暗装	个	300			
25	030414002001	送配电装置系统调试		系统	1			

续表

序号	项目编码	项目名称	项目特征描述	计量单位	工程量	金额（元）		
						综合单价	合价	其中 暂估价
	2. 防雷接地部分							
26	030409005001	避雷网	1. 镀锌圆钢Φ10 2. 沿女儿墙支架敷设	m	182.66			
27	030409005002	避雷网	1. 镀锌圆钢Φ10 2. 沿屋面混凝土敷设	m	10.08			
28	030409003001	避雷引下线	1. 利用柱内2根主筋引下 2. 断接线卡子	m	93.2			
29	030409004001	均压环	1. 利用基础梁内2根主筋接地 2. 柱主筋与梁钢筋焊接	m	220.7			
30	030409008001	等电位端子箱、测试板	电阻测试箱	台	3			
31	030409008002	等电位端子箱、测试板	总等电位端子箱	台	2			
32	030409008003	等电位端子箱、测试板	卫生间等电位端子箱	台	12			
33	030409002001	接地母线	1. 户内等电位箱接地母线 2. 镀锌扁钢-40×4	m	8.94			
34	030409002002	接地母线	1. 户外接地母线 2. 镀锌扁钢-40×4	m	8.31			
35	030414011001	接地装置	接地网调试	系统	1			
	3. 网络电话系统							
36	030502001001	机柜、机架	1. 网络电话配线箱,墙挂式 2. 箱内元件由电信部门提供	台	2			
37	030502003001	分线接线箱	1. 网络电话分线箱,暗装 2. 箱内元件由电信部门提供	个	4			
38	030502003002	分线接线箱	1. 住户多媒体箱,暗装 2. 含箱内元件	个	12			
39	030411001004	配管	1. SC32 2. 砖、混凝土结构暗配	m	45.6			

续表

序号	项目编码	项目名称	项目特征描述	计量单位	工程量	综合单价	合价	其中 暂估价
40	030411001005	配管	1. PVC32 2. 砖、混凝土结构暗配	m	13.2			
41	030411001006	配管	1. PVC20 2. 砖、混凝土结构暗配	m	270			
42	030411001007	硬质PVC管 PVC16	1. PVC16 2. 砖、混凝土结构暗配	m	176.4			
43	030502005001	双绞线缆	管内穿放电话线 RVS2×0.5	m	332.8			
44	030502005002	双绞线缆	管内穿放网络线 UTP	m	356.8			
45	030502004001	电话插座	面板安装	个	24			
46	030502012001	信息插座	单口信息插座(含信息模块)	个	24			
47	030411006003	接线盒	砖墙内暗装底盒	个	48			
		4. 有线电视系统						
48	030502001002	机柜、机架	1. 有线电视前端箱,墙挂式 2. 箱内元件由有线电视部门提供	台	2			
49	030502003003	分线接线箱	1. 有线电视分支箱,暗装 2. 箱内元件由有线电视部门提供	个	4			
50	030411001008	配管	1. SC32 2. 砖、混凝土结构暗配	m	22.8			
51	030411001009	配管	1. PVC32 2. 砖、混凝土结构暗配	m	13.2			
52	030411001010	配管	1. PVC20 2. 砖、混凝土结构暗配	m	163.2			
53	030502005003	双绞线缆	管内穿放电视同轴电缆 SYWV(Y)-75-7	m	21.2			
54	030502005004	双绞线缆	管内穿放电视同轴电缆 SYWV(Y)-75-5	m	187.2			
55	030502004002	电视插座	暗装	个	24			
56	030411006004	接线盒	砖墙内暗装底盒	个	24			

序号	项目编码	项目名称	项目特征描述	计量单位	工程量	金额(元)		
						综合单价	合价	其中
								暂估价
		5. 单元对讲系统						
57	030507002001	对讲主机	安装在单元门上	套	2			
58	030507002002	用户对讲分机	墙上挂装	套	12			
59	030411001011	配管	1. SC20 2. 砖、混凝土结构暗配	m	42.6			
60	030411001012	配管	1. PVC20 2. 砖、混凝土结构暗配	m	64.8			
61	030411004004	配线	管内穿线对讲线 RVV－2×1.0	m	11.6			
62	030411004005	配线	管内穿线对讲线 RVV－4×1.0	m	39			
63	030411004006	配线	管内穿线对讲线 RVV－4×0.5	m	82.8			
64	030411006005	接线盒	1. 对讲分机接线盒 2. 暗装	个	12			
		技术措施项目						
65	031301017001	脚手架搭拆		项	1			

4. 总价措施项目清单与计价表

表 3－31　总价措施项目清单与计价表

工程名称:某专家楼电气工程(清单)

序号	项目编码	项目名称	计算基础	费率(%)	金额(元)	调整费率(%)	调整后金额(元)	备注
1	1	安全文明施工措施费						
2	1.1	安全文明环保费(环境保护、文明施工、安全施工费)						
3	1.2	临时设施费						
4	2	其他总价措施费						

5. 其他项目清单与计价汇总表

表 3 - 32　其他项目清单与计价汇总表

工程名称:某专家楼电气工程(清单)

序号	项目名称	金额(元)	结算金额(元)	备注
1	暂列金额	20 000		明细详见表-12-1
2	暂估价			
2.1	材料(工程设备)暂估价	—		明细详见表-12-2
2.2	专业工程暂估价			明细详见表-12-3
3	计日工			明细详见表-12-4
4	总承包服务费			明细详见表-12-5
5	索赔与现场签证	—		明细详见表-12-6
6	其他			

6. 暂列金额明细表

表 3 - 33　暂列金额明细表

工程名称:某专家楼电气工程(清单)

序号	项目名称	计量单位	合价	备注
1	用于设计变更或签证费用	项	20 000	
2				
	暂列金额合计		20 000	

7. 规费、税金项目清单与计价表

表 3 - 34　规费、税金项目清单与计价表

工程名称:某专家楼电气工程(清单)

序号	项目名称	计算基础	计算基数	计算费率(%)	金额(元)
1	规费				
1.1	社会保险费	定额人工费+定额机械费			
1.2	住房公积金	定额人工费+定额机械费			
1.3	工程排污费	定额人工费+定额机械费			
2	税金	分部分项+措施项目+其他项目+规费		9	

3.4.4　某专家楼电气工程招标控制价实例

根据《建设工程工程量清单计价规范》(GB 50500—2013)规定及 3.4.3 节计算某专家楼电气工程量清单,编制该专家楼电气工程量清单招标控制价文件如下:

1. 封面

表 3－35 封面

某专家楼电气工程
招标控制价

招标控制价(小写)：173929.16 元
(大写)：壹拾柒万叁仟玖佰贰拾玖元壹角陆分

招标人：略 工程造价咨询人：略
(单位盖章) (单位资质专用章)

法定代表人 法定代表人
或其授权人：略 或其授权人：略
(签字或盖章) (签字或盖章)

编制人：略 复核人：略
(造价人员签字盖专用章) (造价工程师签字盖专用章)
编制时间：×年×月×日 复核时间：×年×月×日

2. 总说明

表 3－36 总说明

某专家楼电气工程招标控制价
编制说明

一、工程概况

该项目为江西省某市区的一栋三层专家楼的电气工程，建筑面积为 1 428.8 m²。本招标控制价计算范围为设计施工图中的动力照明系统；防雷接地系统；电视、电话、宽带、可视对讲系统。

二、招标控制价编制依据

1. 建设单位提供的该工程设计施工图纸及相关通知；

2.《建设工程工程量清单计价规范》(GB 50500—2013)；

3.《江西省通用安装工程消耗量定额及统一基价表(2017)》及其配套的费用定额；

4. 主要材料价格：按江西省造价管理站发布的安装工程信息价，信息价中没有的主材单价按市场中档材料价格计取；

5. 按现行政策性文件，安装人工费按 100 元/工日调差；一般计税法计算税金。

三、招标控制价说明

1. 因图中强电进户电缆外接长度不明，本清单计价暂按 100 m 估算，结算时按相关签证工程量计算。强电手孔井、弱电手孔井及入户管沟土方挖填计入土建工程量清单，本电气工程量清单计价中未计。

2. 网络电话进户线、有线电视进户线、配线箱内电器元件由有关专业部门安装，故本工程量清单计价中未计。

3. 单元对讲系统中的不间断电源、对讲解码箱、电磁锁由厂家提供，本工程量清单计价中未计。

4. 考虑到施工中可能发生的设计变更或签证，按业主要求，本电气工程量清单暂列金额为 20 000 元。

5. 其他未尽事宜详见该工程设计施工图及附后的招标控制价文件。

3. 单位工程招标控制价汇总表

表 3-37　单位工程招标控制价汇总表

工程名称:某专家楼电气工程(招标控制价)

序号	汇总内容	金额:(元)	其中:暂估价(元)
一	分部分项工程量清单计价合计	127 506.56	
1	其中:定额人工费	32 397.81	
2	其中:定额机械费	1 398.59	
1.1	1.强电部分	86 435.21	
1.2	2.防雷接地部分	9 324.91	
1.3	3.网络电话系统	14 252.44	
1.4	4.有线电视系统	4 797.92	
1.5	5.单元对讲系统	12 696.08	
	措施项目合计	6 634.25	
二	单价措施项目清单计价合计	1 589.52	
3	其中:定额人工费	509.76	
4	其中:定额机械费		
三	总价措施项目清单计价合计	5 044.73	
5	安全文明施工措施费	4 050.92	
5.1	安全文明环保费	2 836.63	
5.2	临时设施费	1 214.29	
6	其他总价措施费	993.81	
6a	扬尘治理措施费		
四	其他项目清单计价合计	20 000	—
五	规费	5 427.23	—
7	社会保险费	4 288.27	—
8	住房公积金	1 084.07	—
9	工程排污费	54.89	—
六	税金	14 361.12	—
招标控制价合计		173 929.16	

4. 分部分项工程和单价措施项目清单与计价表

表 3-38　分部分项工程和单价措施项目清单与计价表

工程名称:某专家楼电气工程(招标控制价)

序号	编码	名称	项目特征描述	计量单位	工程量	金额(元)		其中
						综合单价	合价	暂估价
		1. 强电部分					86 435.21	
1	030404017001	配电箱	1. 总电表箱 AW1 2. 含内设电气元件、接线端子	台	2	2 938.77	5 877.54	
2	030404017002	配电箱	1. 户配电箱 AL1 2. 含内设电气元件、接线端子	台	12	614.45	7 373.4	
3	030408003001	电缆保护管	1. 镀锌钢管 DN100 2. 砖、混凝土结构暗敷	m	13.2	103.79	1 370.03	
4	030408001001	电力电缆	1.YJV22-4*35+1*16 室内敷设 2. 进户线电缆长度暂估 100 m	m	100	132.17	13 217	
5	030408006001	电力电缆头	1. 室内干包式铜芯电力电缆终端头 2. 电缆截面(mm²)≤35,五芯	个	2	111.49	222.98	
6	030411001001	配管	1. PVC25 2. 砖、混凝土结构暗配	m	124.2	9.79	1 215.92	
7	030411001002	配管	1. PVC20 2. 砖、混凝土结构暗配	m	1 273.2	8.89	11 318.75	
8	030411001003	配管	1. PVC16 2. 砖、混凝土结构暗配	m	787.8	7.88	6 207.86	
9	030411004001	配线	管内穿线 BV-10	m	451.8	7.36	3 325.25	
10	030411004002	配线	管内穿线 BV-4	m	3 927.6	3.56	13 982.26	
11	030411004003	配线	管内穿线 BV-2.5	m	1 666	3.01	5 014.66	
12	030412001001	普通灯具	带声控底座声光控灯	套	10	43.63	436.3	
13	030412001002	普通灯具	半圆球吸顶灯	套	84	63.35	5 321.4	
14	030412001003	普通灯具	防水防尘吸顶灯	套	24	89.55	2 149.2	
15	030404034001	照明开关	单联单控暗开关	个	60	13.95	837	
16	030404034002	照明开关	单联双控暗开关	个	24	16.59	398.16	

续表

序号	编码	名称	项目特征描述	计量单位	工程量	金额（元）		其中
						综合单价	合价	暂估价
17	030404035001	插座	1. 安全型单相五孔暗插座 2. 250 V，10 A	个	108	17.06	1 842.48	
18	030404035002	插座	1. 密闭型单相五孔暗插座 2. 250 V，10 A	个	36	36.2	1 303.2	
19	030404035003	插座	1. 洗衣机插座，暗装 2. 250 V，10 A	个	12	17.06	204.72	
20	030404035004	插座	1. 带开关抽油烟机插座，暗装 2. 250 V，10 A	个	12	19.7	236.4	
21	030404035005	插座	1. 电热水器插座，暗装 2. 250 V，20 A	个	12	26.12	313.44	
22	030404035006	插座	1. 空调插座，暗装 2. 250 V，16 A	个	36	24.36	876.96	
23	030411006001	接线盒	接线盒暗装	个	118	9.18	1 083.24	
24	030411006002	接线盒	开关（插座）盒暗装	个	300	6.78	2 034	
25	030414002001	送配电装置系统调试		系统	1	273.06	273.06	
		2. 防雷接地部分					9 324.91	
26	030409005001	避雷网	1. 镀锌圆钢 Φ10 2. 沿女儿墙支架敷设	m	182.66	26	4 749.16	
27	030409005002	避雷网	1. 镀锌圆钢 Φ10 2. 沿屋面混凝土敷设	m	10.08	14.1	142.13	
28	030409003001	避雷引下线	1. 利用柱内 2 根主筋引下 2. 断接线卡子	m	93.2	13.02	1 213.46	
29	030409004001	均压环	1. 利用基础梁内 2 根主筋接地 2. 柱主筋与梁钢筋焊接	m	220.7	5.72	1 262.4	
30	030409008001	等电位端子箱、测试板	电阻测试箱	台	3	23.57	70.71	
31	030409008002	等电位端子箱、测试板	总等电位端子箱	台	2	36.6	73.2	
32	030409008003	等电位端子箱、测试板	卫生间等电位端子箱	台	12	27.92	335.04	
33	030409002001	接地母线	1. 户内等电位箱接地母线 2. 镀锌扁钢 - 40 * 4	m	8.94	21.95	196.23	

续表

序号	编码	名称	项目特征描述	计量单位	工程量	金额(元)		其中
						综合单价	合价	暂估价
34	030409002002	接地母线	1. 户外接地母线 2. 镀锌扁钢-40*4	m	8.31	43.15	358.58	
35	030414011001	接地装置	接地网调试	系统	1	924	924	
		3. 网络电话系统					14 252.44	
36	030502001001	机柜、机架	1. 网络电话配线箱,墙挂式 2. 箱内元件由电信部门提供	台	2	247.72	495.44	
37	030502003001	分线接线箱	1. 网络电话分线箱,暗装 2. 箱内元件由电信部门提供	个	4	115.98	463.92	
38	030502003002	分线接线箱	1. 住户多媒体箱,暗装 2. 含箱内元件	个	12	332.1	3 985.2	
39	030411001004	配管	1. SC32 2. 砖、混凝土结构暗配	m	45.6	23.49	1 071.14	
40	030411001005	配管	1. PVC32 2. 砖、混凝土结构暗配	m	13.2	11.94	157.61	
41	030411001006	配管	1. PVC20 2. 砖、混凝土结构暗配	m	270	8.89	2 400.3	
42	030411001007	硬质 PVC 管 PVC16	1. PVC16 2. 砖、混凝土结构暗配	m	176.4	7.88	1 390.03	
43	030502005001	双绞线缆	管内穿放电话线 RVS2*0.5	m	332.8	2.68	891.9	
44	030502005002	双绞线缆	管内穿放网络线 UTP	m	356.8	3.17	1 131.06	
45	030502004001	电话插座	面板安装	个	24	22.53	540.72	
46	030502012001	信息插座	单口信息插座(含信息模块)	个	24	44.2	1 060.8	
47	030411006003	接线盒	砖墙内暗装底盒	个	48	13.84	664.32	
		4.有线电视系统					4 797.92	
48	030502001002	机柜、机架	1. 有线电视前端箱,墙挂式 2. 箱内元件由有线电视部门提供	台	2	247.72	495.44	

序号	编码	名称	项目特征描述	计量单位	工程量	综合单价	合价	其中 暂估价
49	030502003003	分线接线箱	1. 有线电视分支箱,暗装 2. 箱内元件由有线电视部门提供	个	4	115.98	463.92	
50	030411001008	配管	1. SC32 2. 砖、混凝土结构暗配	m	22.8	23.49	535.57	
51	030411001009	配管	1. PVC32 2. 砖、混凝土结构暗配	m	13.2	11.94	157.61	
52	030411001010	配管	1. PVC20 2. 砖、混凝土结构暗配	m	163.2	8.89	1 450.85	
53	030502005003	双绞线缆	管内穿放电视同轴电缆 SYWV(Y)-75-7	m	21.2	4	84.8	
54	030502005004	双绞线缆	管内穿放电视同轴电缆 SYWV(Y)-75-5	m	187.2	2.79	522.29	
55	030502004002	电视插座	暗装	个	24	31.47	755.28	
56	030411006004	接线盒	暗装	个	24	13.84	332.16	
	5. 单元对讲系统						12 696.08	
57	030507002001	对讲主机	安装在单元门上	套	2	2 003.59	4 007.18	
58	030507002002	用户对讲分机	墙上挂装	套	12	561.75	6 741	
59	030411001011	配管	1. SC20 2. 砖、混凝土结构暗配	m	42.6	15.17	646.24	
60	030411001012	配管	1. PVC20 2. 砖、混凝土结构暗配	m	64.8	8.89	576.07	
61	030411004004	配线	管内穿线对讲线 RVV-2 *1.0	m	11.6	2.92	33.87	
62	030411004005	配线	管内穿线对讲线 RVV-4 *1.0	m	39	5.91	230.49	
63	030411004006	配线	管内穿线对讲线 RVV-4 *0.5	m	82.8	4.24	351.07	
64	030411006005	接线盒	1. 对讲分机接线盒 2. 暗装	个	12	9.18	110.16	
	技术措施项目						1 589.52	
65	031301017001	脚手架搭拆		项	1	1 589.52	1 589.52	
合　计							129 096.08	

5. 总价措施项目清单与计价表

表 3-39　总价措施项目清单与计价表

工程名称:某专家楼电气工程(招标控制价)

序号	项目编码	项目名称	计算基础	费率(%)	金额(元)	调整费率(%)	调整后金额(元)	备注
1	1	安全文明施工措施费			4 050.92			
2	1.1	安全文明环保费(环境保护、文明施工、安全施工费)			2 836.63			
3	1.2	临时设施费			1 214.29			
4	2	其他总价措施费			993.81			
合　　计					4 050.92			

6. 其他项目清单与计价汇总表

表 3-40　其他项目清单与计价汇总表

工程名称:某专家楼电气工程(招标控制价)

序号	项目名称	金额(元)	结算金额(元)	备注
1	暂列金额	20 000		明细详见表-12-1
2	暂估价			
2.1	材料(工程设备)暂估价	—		明细详见表-12-2
2.2	专业工程暂估价			明细详见表-12-3
3	计日工			明细详见表-12-4
4	总承包服务费			明细详见表-12-5
5	索赔与现场签证			明细详见表-12-6
6	其他			
合　　计		20 000		—

7. 暂列金额明细表

表 3-41　暂列金额明细表

工程名称:某专家楼电气工程(招标控制价)

序号	项目名称	计量单位	合价	备注
1	用于设计变更或签证费用	项	20 000	
2				
暂列金额合计			20 000	

8. 规费、税金项目清单与计价表

表 3 - 42　规费、税金项目清单与计价表

工程名称:某专家楼电气工程(招标控制价)

序号	项目名称	计算基础	计算基数	计算费率(%)	金额
1	规费				5 427.23
1.1	社会保险费	定额人工费＋定额机械费			4 288.27
1.2	住房公积金	定额人工费＋定额机械费			1 084.07
1.3	工程排污费	定额人工费＋定额机械费			54.89
2	税金	分部分项＋措施项目＋其他项目＋规费	159 568.04	9	1 436.12

9. 人工、主要材料设备价格表(仅供参考)

表 3 - 43　人工、主要材料设备价格表

工程名称:某专家楼电气工程(招标控制价)

序号	编码	名称及规格	单位	单价	数量	合价
一		人工				
1	00010104	综合工日	工日	100	380.666	38 066.6
二		主要材料设备				
1	Z00167@1	户配电箱 AL1	台	432.23	12	5 186.76
2	Z00170@1	总电表箱 AW1	台	2 593.36	2	5 186.72
3	01090517Z@3	镀锌圆钢 Φ10	m	2.52	202.377	509.99
4	01130301Z@1	镀锌扁钢－40＊4	kg	4.14	37.492	155.22
5	17030103Z@2	镀锌钢管|DN100	m	55.76	13.596	758.11
6	17030103Z@3	焊接钢管|DN32	m	13.68	70.452	963.78
7	17030103Z@4	焊接钢管|DN20	m	7.13	43.878	312.85
8	25000001Z@1	带声控底座声光控灯	套	30.26	10.1	305.63
9	25000001Z@2	半圆球吸顶灯	套	43.22	84.84	3 666.78
10	25000001Z@4	防水防尘吸顶灯	套	69.16	24.24	1 676.44
11	26010101Z@1	单联单控暗开关	只	6.05	61.2	370.26
12	26010101Z@2	双联单控暗开关	只	8.64	24.48	211.51
13	26410166Z@2	电视插座	个	24.84	24.24	602.12
14	26410166Z@3	电话插座	个	15.99	24.24	387.6
15	26410166Z@4	信息插座(含信息模块)|单口	个	36.31	24.24	880.15
16	26410171Z@1	安全型单相五孔插座|10A	套	7.78	110.16	857.04
17	26410171Z@2	洗衣机插座|10A	套	7.78	12.24	95.23

续表

序号	编码	名称及规格	单位	单价	数量	合价
18	26410171Z@3	带开关抽油烟机插座|10A	套	10.37	12.24	126.93
19	26410171Z@7	空调插座|16A	套	13.83	36.72	507.84
20	26410171Z@8	电热水器插座|20A	套	15.56	12.24	190.45
21	26410181Z@3	密闭型单相五孔插座|10A	个	22.48	36.72	825.47
22	28030301Z@5	铜芯多股绝缘电线|RVV-2×1.0	m	1.78	12.528	22.3
23	28030301Z@6	铜芯多股绝缘电线|RVV-4×1.0	m	4.43	42.12	186.59
24	28030301Z@7	铜芯多股绝缘电线|RVV-4×0.5	m	2.9	89.424	259.33
25	28031431Z@4	绝缘电线|BV-10 mm^2	m	5.94	474.39	2 817.88
26	28031431Z@5	绝缘电线|BV-4 mm^2	m	2.52	4 320.36	10 887.31
27	28031431Z@6	绝缘电线|BV-2.5 mm^2	m	1.63	1 932.56	3 150.07
28	28031437@2	电话线 RVS2×0.5	m	0.97	349.44	338.96
29	28031437@3	网络线 UTP	m	1.44	374.64	539.48
30	28110000Z@2	电力电缆|YJV22-4×35+1×16	m	122.15	101	12 337.15
31	28290201Z@2	电视线 SYWV(Y)-75-5	m	1.28	189.072	242.01
32	28290201Z@3	电视线 SYWV(Y)-75-7	m	2.48	21.412	53.1
33	29060143Z@10	刚性阻燃管|外径(mm)32	m	3.98	27.984	111.38
34	29060143Z@7	刚性阻燃管|外径(mm)25	m	2.51	131.652	330.45
35	29060143Z@8	刚性阻燃管|外径(mm)20	m	1.99	1 877.472	3 736.17
36	29060143Z@9	刚性阻燃管|外径(mm)16	m	1.46	1 022.052	1 492.2
37	29110115Z@1	电阻测试箱	个	12.97	3.015	39.1
38	29110115Z@2	总等电位端子箱	个	25.93	2.01	52.12
39	29110115Z@3	卫生间等电位箱	个	17.29	12.06	208.52
40	29110205Z@7	网络电话分线空箱	个	25.93	4	103.72
41	29110205Z@8	住户多媒体箱	个	242.05	12	2 904.6
42	29110205Z@9	有线电视分支空箱	个	25.93	4	103.72
43	29110207Z	接线盒	个	1.09	511.32	557.34
44	55050101@1	网络电话配线空箱	个	103.73	2	207.46
45	55050101@2	有线电视前端空箱	个	103.73	2	207.46
46	补充材料001@1	对讲主机	元	1 500	2	3 000
47	补充材料001@2	用户对讲分机	元	520	12	6 240
主要材料设备合计						73 905.3

注:上表中主要材料设备单价是不含税市场价,即材料单价中不包含增值税可抵扣进项税额的价格。

10. 工程量清单综合单价分析表

由于《建设工程工程量清单规范》(GB 50500—2013)中的表-09综合单价分析表的篇幅过大,本章省略。提供下面的"清单、定额计价分析表"在清单计价时执行定额子目参考用。

11. 参考用的分部分项工程量清单计价表(含定额子目)

表3-34 分部分项工程量清单计价表(含定额子目)

工程名称:某专家楼电气工程(招标控制价)

序号	项目编码	项目名称	项目特征	计量单位	工程量
		1. 强电部分			
1	030404017001	配电箱	1. 总电表箱 AW1 2. 含内设电气元件、接线端子	台	2
	4-2-78	成套配电箱安装 悬挂、嵌入式(半周长)2.5 m		台	2
	4-4-26	压铜接线端子 导线截面(mm²)≤16		个	36
	4-4-14	无端子外部接线 (mm²),2.5		个	4
2	030404017002	配电箱	1. 户配电箱 AL1 2. 含内设电气元件、接线端子	台	12
	4-2-75	成套配电箱安装 悬挂、嵌入式(半周长)0.5 m		台	12
	4-4-26	压铜接线端子 导线截面(mm²)≤16		个	36
	4-4-14	无端子外部接线 (mm²),2.5		个	24
	4-4-15	无端子外部接线 (mm²),4		个	216
3	030408003001	电缆保护管	1. 镀锌钢管 DN100 2. 砖、混凝土结构暗敷	m	13.2
	4-12-42	镀锌钢管敷设 砖、混凝土结构暗配 公称直径(DN)≤100		10 m	1.32
4	030408001001	电力电缆	1. YJV22-4×35+1×16 室内敷设 2. 进户线电缆长度暂估 100 m	m	100
	4-9-161	室内敷设电力电缆 铜芯电力电缆敷设 电缆截面(mm²)≤35 五芯 单价×1.15		10 m	10
5	030408006001	电力电缆头	1. 室内干包式铜芯电力电缆终端头 2. 电缆截面(mm²)≤35,五芯	个	2
	4-9-246	电力电缆终端头制作与安装 1kV 以下室内干包式铜芯电力电缆 电缆截面(mm²)≤35 五芯电力电缆头 单价×1.15		个	2
6	030411001001	配管	1. PVC25 2. 砖、混凝土结构暗配	m	124.2
	4-12-134	塑料管敷设 刚性阻燃管敷设 砖、混凝土结构暗配 外径25		10 m	12.42

序号	项目编码	项目名称	项目特征	计量单位	工程量
7	030411001002	配管	1. PVC20 2. 砖、混凝土结构暗配	m	1 273.2
	4-12-133	塑料管敷设 刚性阻燃管敷设 砖、混凝土结构暗配 外径20		10 m	127.32
8	030411001003	配管	1. PVC16 2. 砖、混凝土结构暗配	m	787.8
	4-12-132	塑料管敷设 刚性阻燃管敷设 砖、混凝土结构暗配 外径16		10 m	78.78
9	030411004001	配线	管内穿线 BV-10	m	451.8
	4-13-27	管内穿线 穿动力线 铜芯 导线截面(mm^2)≤10		10 m	45.18
10	030411004002	配线	管内穿线 BV-4	m	3 927.6
	4-13-6	管内穿线 穿照明线 铜芯 导线截面(mm^2)≤4		10 m	392.76
11	030411004003	配线	管内穿线 BV-2.5	m	1 666
	4-13-5	管内穿线 穿照明线 铜芯 导线截面(mm^2)≤2.5		10 m	166.6
12	030412001001	普通灯具	带声控底座声光控灯	套	10
	4-14-10	其他普通灯具安装 座灯头		套	10
13	030412001002	普通灯具	半圆球吸顶灯	套	84
	4-14-1	吸顶灯具安装 灯罩周长(mm)≤800		套	84
14	030412001003	普通灯具	防水防尘吸顶灯	套	24
	4-14-1	吸顶灯具安装 灯罩周长(mm)≤800		套	24
15	030404034001	照明开关	单联单控暗开关	个	60
	4-14-379	跷板暗开关 单控≤3联		套	60
16	030404034002	照明开关	单联双控暗开关	个	24
	4-14-379	跷板暗开关 单控≤3联		套	24
17	030404035001	插座	1. 安全型单相五孔暗插座 2. 250 V,10 A	个	108
	4-14-401	单相带接地 暗插座电流(A)≤15		套	108

序号	项目编码	项目名称	项目特征	计量单位	工程量
18	030404035002	插座	1. 密闭型单相五孔暗插座 2. 250 V,10 A	个	36
	4-14-407	防爆插座安装 单相带接地 防爆插座电流(A)≤15		套	36
19	030404035003	插座	1. 洗衣机插座,暗装 2. 250 V,10 A	个	12
	4-14-401	单相带接地 暗插座电流(A)≤15		套	12
20	030404035004	插座	1. 带开关抽油烟机插座,暗装 2. 250 V,10 A	个	12
	4-14-401	单相带接地 暗插座电流(A)≤15		套	12
21	030404035005	插座	1. 电热水器插座,暗装 2. 250 V,20 A	个	12
	4-14-402	单相带接地 暗插座电流(A)≤30		套	12
22	030404035006	插座	1. 空调插座,暗装 2. 250 V,16 A	个	36
	4-14-402	单相带接地 暗插座电流(A)≤30		套	36
23	030411006001	接线盒	接线盒暗装	个	118
	4-13-179	暗装接线盒		个	118
24	030411006002	接线盒	开关(插座)盒暗装	个	300
	4-13-178	暗装开关(插座)盒		个	300
25	030414002001	送配电装置系统调试		系统	1
	4-17-28	输配电装置系统调试≤1kV 交流供电		系统	1
		2. 防雷接地部分			
26	030409005001	避雷网	1. 镀锌圆钢 Φ10 2. 沿女儿墙支架敷设	m	182.66
	4-10-45	避雷网安装 沿折板支架敷设		m	182.66
27	030409005002	避雷网	1. 镀锌圆钢 Φ10 2. 沿屋面混凝土敷设	m	10.08
	4-10-44	避雷网安装 沿混凝土块敷设		m	10.08

序号	项目编码	项目名称	项目特征	计量单位	工程量
28	030409003001	避雷引下线	1. 利用柱内2根主筋引下 2. 断接线卡子	m	93.2
	4-10-42	避雷引下线敷设 利用建筑结构钢筋引下		m	93.2
	4-10-43	避雷引下线敷设 断接卡子制作与安装		套	8
29	030409004001	均压环	1. 利用基础梁内2根主筋接地 2. 柱主筋与梁钢筋焊接	m	220.7
	4-10-46	避雷网安装 均压环敷设 利用圈梁钢筋		m	220.7
	4-10-47	避雷网安装 柱主筋与圈梁钢筋焊接		处	8
30	030409008001	等电位端子箱、测试板	电阻测试箱	台	3
	4-10-77	等电位端子盒安装		套	3
31	030409008002	等电位端子箱、测试板	总等电位端子箱	台	2
	4-10-77	等电位端子盒安装		套	2
32	030409008003	等电位端子箱、测试板	卫生间等电位端子箱	台	12
	4-10-77	等电位端子盒安装		套	12
33	030409002001	接地母线	1. 户内等电位箱接地母线 2. 镀锌扁钢-40×4	m	8.94
	4-10-56	户内接地母线敷设		m	8.94
34	030409002002	接地母线	1. 户外接地母线 2. 镀锌扁钢-40×4	m	8.31
	4-10-57	户外接地母线敷设		m	8.31
35	030414011001	接地装置	接地网调试	系统	1
	4-10-79	接地系统测试 接地网		系统	1
		3. 网络电话系统			
36	030502001001	机柜、机架	1. 网络电话配线箱,墙挂式 2. 箱内元件由电信部门提供	台	2
	5-2-131	安装机柜、机架 墙挂式(600×600)		台	2
37	030502003001	分线接线箱	1. 网络电话分线箱,暗装 2. 箱内元件由电信部门提供	个	4
	4-13-174	接线箱暗装 半周长(mm)≤700		个	4

序号	项目编码	项目名称	项目特征	计量单位	工程量
38	030502003002	分线接线箱	1. 住户多媒体箱,暗装 2. 含箱内元件	个	12
	4-13-174	接线箱暗装 半周长(mm)≤700		个	12
39	030411001004	配管	1. SC32 2. 砖、混凝土结构暗配	m	45.6
	4-12-37	镀锌钢管敷设 砖、混凝土结构暗配 公称直径(DN)≤32		10 m	4.56
40	030411001005	配管	1. PVC32 2. 砖、混凝土结构暗配	m	13.2
	4-12-135	塑料管敷设 刚性阻燃管敷设 砖、混凝土结构暗配 外径32		10 m	1.32
41	030411001006	配管	1. PVC20 2. 砖、混凝土结构暗配	m	270
	4-12-133	塑料管敷设 刚性阻燃管敷设 砖、混凝土结构暗配 外径20		10 m	27
42	030411001007	硬质 PVC 管 PVC16	1. PVC16 2. 砖、混凝土结构暗配	m	176.4
	4-12-132	塑料管敷设 刚性阻燃管敷设 砖、混凝土结构暗配 外径16		10 m	17.64
43	030502005001	双绞线缆	管内穿放电话线 RVS2×0.5	m	332.8
	5-2-152	双绞线缆 管内穿放 ≤4 对		m	332.8
44	030502005002	双绞线缆	管内穿放网络线 UTP	m	356.8
	5-2-152	双绞线缆 管内穿放 ≤4 对		m	356.8
45	030502004001	电话插座	面板安装	个	24
	5-2-139	电话插座 暗装		个	24
46	030502012001	信息插座	单口信息插座(含信息模块)	个	24
	5-2-194	安装8位模块式信息插座 单口		个	24
47	030411006003	接线盒	砖墙内暗装底盒	个	48
	5-2-190	安装信息插座底盒(接线盒) 砖墙内		个	48
		4. 有线电视系统			
48	030502001002	机柜、机架	1. 有线电视前端箱,墙挂式 2. 箱内元件由有线电视部门提供	台	2
	5-2-131	安装机柜、机架 墙挂式(600×600)		台	2
49	030502003003	分线接线箱	1. 有线电视分支箱,暗装 2. 箱内元件由有线电视部门提供	个	4
	4-13-174	接线箱暗装 半周长(mm)≤700		个	4

序号	项目编码	项目名称	项目特征	计量单位	工程量
50	030411001008	配管	1. SC32 2. 砖、混凝土结构暗配	m	22.8
	4-12-37	镀锌钢管敷设 砖、混凝土结构暗配 公称直径(DN)≤32		10 m	2.28
51	030411001009	配管	1. PVC32 2. 砖、混凝土结构暗配	m	13.2
	4-12-135	塑料管敷设 刚性阻燃管敷设 砖、混凝土结构暗配 外径32		10 m	1.32
52	030411001010	配管	1. PVC20 2. 砖、混凝土结构暗配	m	163.2
	4-12-133	塑料管敷设 刚性阻燃管敷设 砖、混凝土结构暗配 外径20		10 m	16.32
53	030502005003	双绞线缆	管内穿放电视同轴电缆 SYWV(Y)-75-7	m	21.2
	5-2-220	管内穿放视频同轴电缆 ≤φ9		m	21.2
54	030502005004	双绞线缆	管内穿放电视同轴电缆 SYWV(Y)-75-5	m	187.2
	5-2-220	管内穿放视频同轴电缆 ≤φ9		m	187.2
55	030502004002	电视插座	暗装	个	24
	5-2-139	电视插座 暗装		个	24
56	030411006004	接线盒	暗装	个	24
	5-2-190	安装信息插座底盒(接线盒) 砖墙内		个	24
		5. 单元对讲系统			
57	030507002001	对讲主机	安装在单元门上	套	2
	5-6-44	有线对讲主机 ≤8 路		套	2
58	030507002002	用户对讲分机	墙上挂装	套	12
	5-6-46	用户机		套	12
59	030411001011	配管	1. SC20 2. 砖、混凝土结构暗配	m	42.6
	4-12-35	镀锌钢管敷设 砖、混凝土结构暗配 公称直径(DN)≤20		10 m	4.26
60	030411001012	配管	1. PVC20 2. 砖、混凝土结构暗配	m	64.8
	4-12-133	塑料管敷设 刚性阻燃管敷设 砖、混凝土结构暗配 外径20		10 m	6.48
61	030411004004	配线	管内穿线对讲线 RVV-2×1.0	m	11.6
	4-13-39	管内穿线 穿多芯软导线 二芯 单芯导线截面(mm²)≤1		10 m	1.16

续表

序号	项目编码	项目名称	项目特征	计量单位	工程量
62	030411004005	配线	管内穿线对讲线 RVV-4×1.0	m	39
	4-13-44	管内穿线 穿多芯软导线 四芯 单芯导线截面（mm²）≤1		10 m	3.9
63	030411004006	配线	管内穿线对讲线 RVV-4×0.5	m	82.8
	4-13-43	管内穿线 穿多芯软导线 四芯 单芯导线截面（mm²）≤0.75		10 m	8.28
64	030411006005	接线盒	1. 对讲分机接线盒 2. 暗装	个	12
	4-13-179	暗装接线盒		个	12

思政案例

　　钱学森，被誉为"中国航天之父"，是一位享誉国际的科学家和工程师。他的一生充满了爱国主义精神。

　　钱学森1935年赴美留学，在加州理工学院取得航空学博士学位。20世纪50年代初，冷战时期，尽管在美国已有辉煌的科研成就和高薪职位，钱学森面对极大的政治压力和生活困难，依然坚定选择回国报效祖国。

　　回国后，钱学森成为中国航天事业的奠基人和领导者，积极推动了中国第一颗人造卫星的研制工作，为中国成为航天大国奠定了基础。他不仅在科研上做出贡献，还热心于教育事业，培养了一大批航天科技人才，对中国的科技教育和人才培养产生了深远影响。

　　他的一生都在为国家的科技进步和民族振兴而努力，对个人名利看得很淡，始终保持着一颗纯粹的爱国心。钱学森是中国近现代史上的爱国楷模，他对国家的贡献及其精神遗产，永远激励着后来的科学家和整个中华民族。

复习思考题

　　1. 成品配电箱只需安装空箱体时如何执行定额？

　　2. 电力电缆敷设执行定额子目时如何界定电缆截面和芯数？

　　3. 电力电缆敷设工程量如何计算？

　　4. 电缆沟揭盖板工程量如何计算？

　　5. 避雷网、引下线、接地母线的附加长度是多少？

　　6. 利用基础梁内主筋焊接作为接地线时，如何列清单项目及执行定额？

　　7. 户内采用单独扁钢或圆钢敷设作为接地线时，如何列清单项目及执行定额？

　　8. 电气配管工程量计算规则是什么？

　　9. 电气配线中管内穿线工程量如何计算？

10. 照明灯具的底盒、开关和插座的底盒如何列清单项目及执行定额？

11. 一般民用建筑电气工程的输配电系统调试的工程量如何确定？

12. 电缆直埋地沟、接地母线地沟、给排水管沟同是挖填沟土方，应如何列清单项目及执行定额？

13. 上机操作题：应用计价软件编制本章专家楼强电及防雷接地工程的招标控制价，并导出相应表格。

第4章　建筑消防工程计量与计价

【教学目的】

掌握建筑消火栓给水系统、自动喷淋给水系统、火灾报警联动系统工程量清单编制及招标控制价编制。

【教学重点】

建筑消防工程工程量清单计算规则和计价方法。

【思政元素】

习近平总书记强调，"在实现中华民族伟大复兴的新征程上，必然会有艰巨繁重的任务，必然会有艰难险阻甚至惊涛骇浪，特别需要我们发扬艰苦奋斗精神"；毛泽东同志曾强调，"务必使同志们继续地保持谦虚、谨慎、不骄、不躁的作风，务必使同志们继续地保持艰苦奋斗的作风"。

4.1　建筑消防工程概述

建筑消防工程按用途分为消火栓给水系统、自动喷淋给水系统、水幕给水系统和火灾自动报警联动系统等。

1. 建筑消火栓给水系统的组成

由室内消火栓给水管网、给水附件、室内消火栓、消防水泵接合器以及加压贮水设备（消防水泵、水池及消防水箱）等组成。如图 4.1 所示。

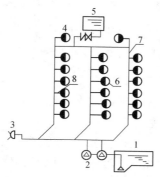

图 4.1　建筑物内消火栓给水系统示意图

1. 水池；2. 消防水泵；3. 水泵接合器；4. 试验消防栓；

5. 水箱；6. 室内消火栓；7. 消防给水干管；8. 消防给水支管

（1）室内消火栓给水管网：包括给水干管和支管；常用管材为焊接镀锌钢管（沟槽式卡箍连接和螺纹连接）；其安装要求同室内生活给水管道。

（2）给水附件：指消火栓给水管网的闸阀、止回阀、橡胶软接头等。

（3）室内消火栓：是设置在建筑物内部的，供室内火场使用的灭火设备，由消火栓箱、水龙带、水枪以及消火栓组成。如图 4.2 所示。室内消火栓根据出口的数量分单栓和双栓两种，口径有 DN65 和 DN50 两种。一般安装在建筑物楼梯或走廊的墙上，栓口距地 1.1 m。

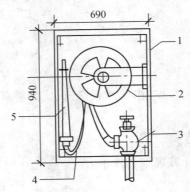

图 4.2　室内单出口消火栓
1. 消防栓箱体；2. 消火栓水龙带架；3. 消火栓；4. 水龙带；5. 水枪

（4）消防水泵接合器：是安装在室外，与室内消防管道连通的供消防车向室内消防管网注水的设备；包括阀门、短管、消防接口在内的一套组件；有地下式、地上式、墙壁式三种类型（如图 4.3 所示）；规格有 DN100、DN150 两种。

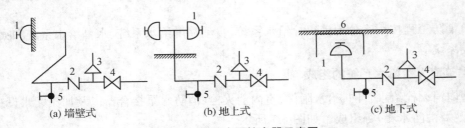

（a）墙壁式　　　　　　（b）地上式　　　　　　（c）地下式

图 4.3　消防水泵接合器示意图

（5）加压贮水设备：当不能直接从室外管网取水或室外给水管网的水压不能满足消防水压要求时，就需要设置消防水池和消防水泵，以及起调节和贮水功能的消防水箱。

2. 自动喷水灭火系统概述

除了上述在多层、低层建筑物常用室内消火栓给水系统外，另一种水灭火系统自动喷水灭火系统，通常用在高层建筑物及重要建筑物中。

自动喷水灭火系统是由给水管网、报警装置、水流指示器、喷头、加压贮水设备（消防水泵、水池、水箱）等组成。其中消防水池和消防水箱可以和消火栓给水系统共用，其他部分是单独的。

自动喷水灭火系统根据喷头的不同，可分为喷水系统（用闭式喷头）、雨淋系统（用开式喷头）、水幕系统（用水幕喷头），如图 4.4 所示。

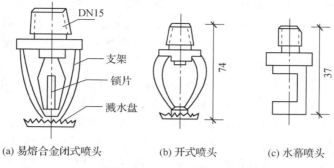

(a) 易熔合金闭式喷头　　(b) 开式喷头　　(c) 水幕喷头

图 4.4　喷头示意图

　　闭式自动喷水灭火系统,当室温上升到足以打开闭式喷头上的闭锁装置时,喷头即自动喷水灭火,同时报警阀门通过水力警铃发出报警信号。闭式自动喷水灭火系统管网有四种类型:湿式喷水灭火系统、干式喷水灭火系统、干湿式喷水灭火系统、预作用喷水灭火系统,较常用的是湿式喷水灭火系统,如图 4.5 所示。

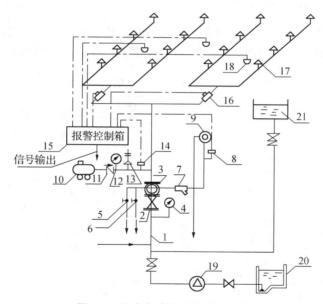

图 4.5　湿式自动喷水系统示意图

　　1. 供水管网;2. 闸阀;3. 湿式报警阀;4、12. 压力表;5、6. 截止阀;7. 过滤器;
　　8、14. 压力开关;9. 水力警铃;10. 空压机;11. 止回阀;13. 安全阀;15. 火灾报警控制箱;
　　16. 水流指示器;17. 闭式喷头;18. 火灾探测器;19. 喷淋水泵;20. 消防水池;21. 消防水箱

3. 火灾自动报警联动系统概述

　　火灾自动报警联动系统一般由火灾自动探测系统、火灾自动报警系统和自动灭火系统组成,其中火灾探测与报警控制系统是系统的感测部分,灭火和联动控制系统是系统的执行部分。火灾探测、报警与灭火系统因特种行业规范限制,其系统在传统布线或综合布线中,为保证系统安全和运行可靠,系统一般独立设置,不与其他系统综合到一个网络中。

　　火灾自动报警联动系统是火灾探测报警与消防灭火联动一体化的控制系统。它适用于大型建筑群、大型综合楼、大型宾馆、饭店、商城及办公楼等。该系统控制对象有：火灾探测、火灾报警、火灾事故广播、消防通信电话、灭火设施、防排烟设施、防火卷帘门、消防电梯和非消防电源的断电控制等。

　　火灾自动报警联动系统由联动控制器和报警联动一体机、消防总机、备用电源、火灾探测器、控制模块接口、声光报警器、警铃、手动报警按钮、消火栓启泵按钮、气体灭火（起、停）等按钮、火灾区域显示器（楼层显示器）、消防分机及相应的配管配线组成。

　　火灾自动探测报警系统控制传输线路，分为多线制和总线制。多线制又分为四线制与二线制；而总线制采用地址编码技术，整个系统只用2～4根导线构成总线回路，所有探测器相互并联与总线回路上，系统构成极其简单，成本较低，施工量也大大减少，无论用传统布线或综合布线方式都广泛采用这种线制。

4.2　建筑消防工程清计量与计价项目

4.2.1　水灭火系统计量与计价项目

　　按照《通用安装工程工程量计算规范》（GB 50856—2013）附录 J.1，水灭火系统清单项目设置清单项目、项目特征描述内容、计量单位、工程量计算规则、工程内容详见表 4-1。

表 4-1　水灭火系统（管道）（编码:030901）

项目编码	项目名称	项目特征	计量单位	工程量计算规则	工程内容
030901001	水喷淋钢管	1. 安装部位 2. 材质、规格 3. 连接形式 4. 钢管镀锌设计要求 5. 压力试验及冲洗设计要求 6. 管道标识设计要求	m	按设计图示管道中心线以长度计算	1. 管道及管件安装 2. 钢管镀锌 3. 压力试验 4. 冲洗 5. 管道标识
030901002	消火栓钢管				
030901003	水喷淋（雾）喷头	1. 安装部位 2. 材质、型号、规格 3. 连接形式 4. 装饰盘设计要求	个	按设计图示数量计算	1. 安装 2. 装饰盘安装 3. 严密性试验
030901004	报警装置	1. 名称 2. 型号、规格	组		1. 安装 2. 电气接线 3. 调试
030901005	温感式水幕装置	1. 型号、规格 2. 连接形式			
030901006	水流指示器	1. 规格、型号 2. 连接形式	个		
030901007	减压孔板	1. 材质、规格 2. 连接形式			

续表

项目编码	项目名称	项目特征	计量单位	工程量计算规则	工程内容
030901008	末端试水装置	1. 规格 2. 组装形式	组	按设计图示数量计算	
030901010	室内消火栓	1. 安装方式 2. 型号、规格 3. 附件材质、规格	套		1. 箱体及消火栓安装 2. 配件安装
030901011	室外消火栓				1. 安装 2. 配件安装
030901012	消防水泵接合器	1. 安装部位 2. 型号、规格 3. 附件材质、规格			1. 安装 2. 附件安装
030901013	灭火器	1. 形式 2. 规格、型号	具(组)		设置
030901014	消防水炮	1. 水炮类型 2. 压力等级 3. 保护半径	台		1. 本体安装 2. 调试
031006017	水箱制作安装	1. 材质、类型 2. 型号、规格	台		1. 制作 2. 安装

注:1. 水灭火管道工程量计算,不扣除阀门、管件及各种组件所占长度以延长米计算;

2. 水喷淋(雾)喷头安装部位应区分有吊顶、无吊顶;

3. 报警装置适用湿式报警装置、干湿两用报警装置、电动雨淋报警装置、预作用报警装置等报警装置安装。报警装置安装包括装配管(除水力警铃进水管)的安装,水力警铃进水管并入消防管道工程量。其中:

① 湿式报警装置包括内容:湿式阀、蝶阀、装配管、供水压力表、装置压力表、试验阀、泄放试验阀、泄放试验管、试验管流量计、过滤器、延时器、水力警铃、报警截止阀、漏斗、压力开关等;

② 干湿两用报警装置包括内容:两用阀、蝶阀、装配管、加速器、加速器压力表、供水压力表、试验阀、泄放试验阀(湿式、干式)、挠性接头、泄放试验管、试验管流量计、排气阀、截止阀、漏斗、过滤器、延时器、水力警铃、压力开关等;

③ 电动雨淋报警装置包括内容:雨淋阀、蝶阀、装配管、压力表、泄放试验阀、流量表、截止阀、注水阀、止回阀、电磁阀、排水阀、手动应急球阀、报警试验阀、漏斗、压力开关、过滤器、水力警铃等;

④ 预作用报警装置包括内容:报警阀、控制蝶阀、压力表、流量表、截止阀、排放阀、注水阀、止回阀、泄放阀、报警试验阀、液压切断阀、装配管、供水检验管、气压开关、试压电磁阀、空压机、应急手动试压器、漏斗、过滤器、水力警铃等。

4. 温感式水幕装置,包括给水三通至喷头,阀门间的管道、管件、阀门、喷头等全部内容的安装;

5. 末端试水装置,包括压力表、控制阀等附件安装。末端试水装置安装中不含连接管及排水管安装,其工程量并入消防管道;

6. 室内消火栓,包括消火栓箱、消火栓、水枪、水龙头、水龙带接扣、自救卷盘、挂架、消防按钮;落地消火栓箱包括箱内手提灭火器;

7. 室外消火栓,安装方式分地上式、地下式;地上式消火栓安装包括地上式消火栓、法兰接管、弯管底座;地下式消火栓安装包括地下式消火栓、法兰接管、弯管底座或消火栓三通;

8. 消防水泵接合器,包括法兰接管及弯头安装,接合器井内阀门、弯管底座、标牌等附件安装;

9. 减压孔板若在法兰盘内安装,其法兰计入组价中;

10. 消防水炮:分普通手动水炮、智能控制水炮。

消防水灭火系统中的阀门、支架、套管、消防稳压设备、消防水箱、水泵、凿槽、打洞及消防管道和设备的刷油、绝热其清单项目及计价内容,按本书第2.2章给排水工程的相应清单项目列项及计价。

表4-1中水灭火系统的清单项目计价时执行第九册《消防工程》(以下简称第九册)第一章水灭火系统相应定额子目,计价内容如下:

1. 第九册消防管道界限划分

(1) 消防系统室内外管道以建筑物外墙皮1.5 m为界,入口处设阀门者以阀门为界;

(2) 室外埋地管道执行第十册《给排水、采暖、燃气工程》中室外给水管道安装相应项目。

(3) 与市政给水管道的界限:以与市政给水管道碰头点(井)为界。

(4) 设在高层建筑物内的消防泵间管道以泵间外墙皮为界。

水泵间内的管道、管件、阀门、法兰、管道支吊架、套管、管道压力试验、吹扫与清洗、手摇泵、水位计等均按清单附录H"工业管道工程"相应清单项目编码列项;计价时执行第八册《工业管道工程》相应定额子目。

2. 水喷淋钢管

(1) 管道安装:执行第九册第一章水喷淋钢管相应定额子目,区分管道连接方式、管径的不同,按设计图示管道中心线长度以"10 m"为计量单位;不扣除阀门、管件及各种组件所占长度。

① 水喷淋钢管(螺纹连接)定额中含管件的安装及材料费。

② 水喷淋钢管(法兰连接)定额中包括管件及法兰安装,但管件、法兰数量应按设计图纸用量另行计算工程量和主材费。

③ 水喷淋管道(沟槽连接)定额中已包括直接卡箍件安装,其他沟槽管件另行执行相关定额子目计算安装及主材费。

④ 设置于管道间、管廊内的消防管道,其定额人工、机械乘以系数1.2。

⑤ 消防管道采用不锈钢管、铜管管道安装,执行第八册《工业管道工程》相应项目。

(2) 管件安装:

钢管(沟槽连接)管件执行第九册第一章沟槽连接管件安装相应定额子目,区分公称直径不同,按设计图示管道数量以"10个"为计量单位。

沟槽式法兰阀门安装执行沟槽管件安装相应项目,人工乘以系数1.1。

(3) 压力试验、水冲洗:第九册第一章水灭火系统管道安装定额工作内容中包括水压试验、水冲洗,一般不另计。

(4) 管道标识:消防管道标识一般是油漆方式,按本书第2.2.2章中"管道刷油"的相关内容列清单项目及计价。

3. 消火栓钢管

执行第九册第一章消火栓钢管相应定额子目,区分管道连接方式、管径的不同,按设计图示管道中心线长度以"10 m"为计量单位;不扣除阀门、管件及各种组件所占长度。

(1) 消火栓钢管(螺纹连接)定额中含管件的安装及材料费。

(2) 消火栓无缝钢管(焊接)定额中包括管件安装,但管件主材依据设计图纸数量另计工程量和主材费。

(3) 消火栓管道采用钢管(沟槽连接)时,执行水喷淋钢管(沟槽连接)相关定额子目。

4. 水喷淋(雾)喷头

执行第九册第一章水喷淋(雾)喷头相应定额子目,区分有、无吊顶及喷头公称直径的不同,按设计图示数量以"个"为计量单位。

5. 报警装置

执行第九册第一章报警装置相应定额子目,区分报警装置的类型、公称直径的不同,按设计图示成套产品数量以"组"为计量单位。成套产品的组成内容详见表4-1附注3说明。

(1)报警装置安装定额中已包括装配管、泄放试验管及水力警铃出水管安装。水力警铃进水管按图示尺寸执行管道安装相应项目。

(2)其他报警装置适用于雨淋、干湿两用及预作用报警装置。

6. 温感式水幕装置

执行第九册第一章温感式水幕装置相应定额子目,区分公称直径的不同,按设计图示成套产品数量以"组"为计量单位。成套产品的组成内容详见表4-1附注4说明。

温感式水幕装置安装定额中已包括给水三通至喷头、阀门间的管道、管件、阀门、喷头等全部安装内容,但管道的主材数量按设计管道中心长度另加损耗计算;喷头数量按设计数量另加损耗计算。

7. 水流指示器

执行第九册第一章水流指示器相应定额子目,区分沟槽连接、马鞍型连接、公称直径的不同,按设计图示数量以"个"为计量单位。

水流指示器(马鞍型连接)定额子目,主材中包括胶圈、U形卡;若设计要求水流指示器采用丝接时,执行第十册《给排水、采暖及燃气工程》丝接阀门相应项目。

8. 减压孔板

执行第九册第一章减压孔板相应定额子目,区分公称直径的不同,按设计图示数量以"个"为计量单位。

9. 末端试水装置

执行第九册第一章末端试水装置相应定额子目,区分公称直径的不同,按设计图示成套产品数量以"组"为计量单位。成套产品的组成内容详见表4-1附注5说明。

10. 室内消火栓

执行第九册第一章室内消火栓相应定额子目,区分明装、暗装、室内消火栓类型及公称直径的不同,按设计图示成套产品数量以"组"为计量单位。成套产品的组成内容详见表4-1附注6说明。

落地组合式消防柜安装,执行室内消火栓(明装)定额项目。

11. 室外消火栓

执行第九册第一章室外消火栓相应定额子目,区分地上式、地下式、安装形式及公称直径的不同,按设计图示成套产品数量以"组"为计量单位。成套产品的组成内容详见表4-1附注7说明。

室外消火栓定额中包括法兰接管及弯管底座(消火栓三通)的安装,其主材费另行计算。

12. 消防水泵接合器

执行第九册第一章消防水泵接合器相应定额子目,区分地上式、地下式、墙壁式及公称直径的不同,按设计图示成套产品数量以"组"为计量单位。成套产品的组成内容详见表 4-1 附注 8 说明。

消防水泵接合器定额中包括法兰接管及弯管底座(消火栓三通)的安装,其主材费另行计算。

13. 灭火器

执行第九册第一章灭火器相应定额子目,区分形式的不同,按设计图示数量以"具、组"为计量单位。

14. 消防水炮

执行第九册第一章消防水炮相应定额子目,区分规格的不同,按设计图示数量以"台"为计量单位。

消防水炮及模拟末端装置项目,定额中仅包括本体安装,不包括型钢底座制作安装和混凝土基础砌筑;型钢底座制作安装执行第十册《给排水、采暖及燃气工程》设备支架制作安装相应项目,混凝土基础执行《房屋建筑与装饰工程消耗量定额》相应项目。

15. 消防管道的阀门、支架、套管、凿槽、打洞、消防稳压设备、消防水箱

按"附录 K 给排水工程"相应清单项目列项,执行第十册相应定额子目。

16. 消防水泵

单独安装的水泵按"附录 A.9 泵安装"相应清单项目列项,执行第一册第八章泵安装相应定额子目。

17. 消防管道刷油、绝热

按"附录 M 刷油、防腐蚀、绝热工程"相应清单项目列项,执行第十二册刷油、防腐蚀、绝热相应定额子目。

18. 消防管沟土方

按《房屋建筑与装饰工程量计算规范》中"管沟土方"清单项目编码列项,执行建筑定额"沟槽土方挖填"相应子目。

4.2.2 火灾自动报警系统计量与计价项目

按照《通用安装工程工程量计算规范》(GB 50856—2013)附录 J.4,火灾自动报警系统清单项目、项目特征描述内容、计量单位、工程量计算规则、工程内容详见表 4-2。

表 4-2　火灾自动报警系统(编码:030904)

项目编码	项目名称	项目特征	计量单位	工程量计算规则	工程内容
030904001	点型探测器	1. 名称 2. 规格 3. 线制 4. 类型	个	按设计图示数量计算	1. 底座安装 2. 探头安装 3. 校接线 4. 编码 5. 探测器调试
030904002	线型探测器	1. 名称 2. 规格 3. 安装方式	m		1. 探测器安装 2. 接口模块安装 3. 报警终端安装 4. 校接线

项目编码	项目名称	项目特征	计量单位	工程量计算规则	工程内容
030904003	按钮	1. 名称 2. 规格	个	按设计图示数量计算	1. 安装 2. 校接线 3. 编码 4. 调试
030904004	消防警铃				
030904005	声光报警器				
030904006	消防报警电话插孔(电话)	1. 名称 2. 规格 3 安装方式	个(部)		
030904007	消防广播(扬声器)	1. 名称 2. 功率 3. 安装方式	个		
030904008	模块(模块箱)	1. 名称 2. 规格 3. 类型 4. 输出形式	个(台)		
030904012	火灾报警系统控制主机	1. 规格、线制 2. 控制回路 3. 安装方式	台		1. 安装 2. 校接线 3. 调试
030904013	联动控制主机				
030904014	消防广播及对讲电话主机(柜)				
030904015	火灾报警控制微机(CRT)	1. 规格 2. 安装方式			
030904016	备用电源及电池主机(柜)	1. 名称 2. 容量 3. 安装方式	套		1. 安装 2. 调试
030904017	报警联动一体机	1. 规格、线制 2. 控制回路 3. 安装方式	台		1. 安装 2. 校接线 3. 调试

注:1. 消防报警系统配管、配线、接线盒均应按本规范附录D电气设备安装工程相关项目编码列项;
　　2. 消防广播及对讲电话主机包括功放、录音机、分配器、控制柜等设备;
　　3. 点型探测器包括火焰、烟感、温感、红外光束、可燃气体探测器等。

　　火灾自动报警系统中的桥架、槽架、线槽,支架,配管、配线、接线箱、接线盒等,按本规范附录D电气设备安装工程相关项目编码列项,与本书第3章中电气安装工程中相应清单项目相同;执行第四册《电气设备安装工程》相应定额子目。

　　表4-2中火灾自动报警系统清单项目执行第九册第四章相应的定额子目,计价内容如下:

1. 点型探测器

　　执行第九册第四章点型探测器相应定额子目,区分类型的不同,不分安装方式与位置,按设计图示数量以"个"为计量单位。

探测器安装包括了探头和底座的安装及本体调试。红外光束探测器是成对使用的,在计算时一对为两只。

2. 线型探测器

执行第九册第四章线型探测器相应定额子目,区分探测器长度,按设计图示数量以"m"为计量单位。

线型探测器信号转换装置按设计图示数量以"台"为计量单位。报警终端电阻数量按设计图示数量计"个"为计量单位。

3. 按钮、消防警铃、声光报警器

分别执行第九册第四章按钮、消防警铃、声光报警器相应定额子目,区分类型的不同,按设计图示数量以"个"为计量单位。

4. 消防报警电话插孔(电话)

执行第九册第四章消防报警电话相应定额子目,区分电话分机、电话插孔,按设计图示数量以"个"为计量单位。

5. 消防广播(扬声器)

执行第九册第四章消防广播(扬声器)相应定额子目,区分吸顶式、壁挂式,按设计图示数量以"个"为计量单位。

6. 模块(模块箱)

执行第九册第四章模块(模块箱)相应定额子目,模块区分输入、输出方式的不同,按设计图示数量以"个"为计量单位。

模块箱、端子箱按设计图示数量以"台"为计量单位;定额中模块箱、端子箱是以成套装置编制。探测器模块按输入回路数量执行多输入模块安装定额子目。

7. 火灾报警系统控制主机

执行第九册第四章火灾报警系统控制主机相应定额子目,区分壁挂式、落地式及控制点数的不同,按设计图示数量以"台"为计量单位。

这里的"点"数是指火灾报警控制主机所带的有地址编码的报警器件(探测器、报警按钮、模块等)的数量。如果一个模块带数个探测器,则只能计为一点。

8. 联动控制主机

执行第九册第四章联动控制主机相应定额子目,区分控制点数的不同,按设计图示数量以"台"为计量单位。

这里的"点"数是指联动控制器所带的有控制模块(接口)的数量。

9. 消防广播及对讲电话主机(柜)

执行第九册第四章消防广播控制柜、对讲电话主机柜相应定额子目,按设计图示成套产品数量以"台"为计量单位。消防广播及对讲电话主机柜包括功放、录音机、分配器、控制柜等设备。

10. 火灾报警控制微机(CRT)

执行第九册第四章火灾报警控制微机定额子目,按设计图示数量以"台"为计量单位。

11. 备用电源及电池主机（柜）

执行第九册第四章备用电源及电池主机（柜）定额子目，按设计图示数量以"台"为计量单位。

12. 报警联动一体机

执行第九册第四章报警联动一体机定额子目，区分壁挂式、落地式及控制点数的不同，按设计图示数量以"台"为计量单位。

这里的"点"数是指报警联动一体机所带的有地址编码的报警器件与控制模块（接口）的数量。

4.2.3　消防系统调试计量与计价项目

按照《通用安装工程工程量计算规范》（GB 50856—2013）附录 J.5，消防系统调试清单项目、项目特征描述内容、计量单位、工程量计算规则、工程内容详见表 4 - 3。

表 4 - 3　消防系统调试（编码：030905）

项目编码	项目名称	项目特征	计量单位	工程量计算规则	工程内容
030905001	自动报警系统调试	1. 点数 2. 线制	系统	按系统计算	系统调试
030905002	水灭火系控制装置调试	系统形式	点	按控制装置的点数计算	调试
030905003	防火控制系统装置调试	1. 名称 2. 类型	个（部）	按设计图示数量计算	调试

注：1. 自动报警系统包括各种探测器、报警器、报警按钮、报警控制器、消防广播、消防电话组成的报警系统；按不同点数以系统算；
    2. 水灭火系统控制装置，自动喷洒系统按水流指示器数量以点（支路）计算；消火栓系统按消火栓启泵按钮数量以点计算；消防水炮系统按水炮数量以点计算；
    3. 防火控制装置，包括电动防火门、防火卷帘门、正压送风阀、排烟阀、防火控制阀、消防电梯等防火控制装置；电动防火门、防火卷帘门、正压送风阀、排烟阀、防火控制阀等调试以个计算；消防电梯以部计算。

消防系统调试清单项目执行第九册第五章相应的定额子目，计价内容如下：

1. 自动报警系统调试

执行第九册第五章自动报警系统调试相应的定额子目，区分不同点数，按设计图示集中报警器台数，以"系统"为计量单位。

（1）自动报警系统调试定额包括各种探测器、报警器、报警按钮、报警控制器组成的报警系统调试，其点数按具有地址编码的器件数量计算。

（2）火灾事故广播、消防通信系统调试按消防广播喇叭及音箱、电话插孔和消防通信的电话分机的数量分别以"10 只"或"部"为计量单位。

（3）电气火灾监控系统调试按模块点数执行自动报警系统调试相应子目。

2. 水灭火系统控制装置调试

执行第九册第五章水灭火系统控制装置调试相应的定额子目，区分消火栓灭火、自动喷水灭火、消防水炮控制装置，以"点"为计量单位。

(1) 消火栓灭火系统按消火栓启泵按钮数量以"点"为计量单位。

(2) 自动喷水灭火系统调试按水流指示器数量以"点（支路）"为计量单位。

(3) 消防水炮控制装置系统调试按水炮数量以"点"为计量单位。

3. 防火控制系统装置调试

区分防火卷帘门、防火门、防火阀、消防风机、消防水泵、消防电梯、一般客梯、切断非消防电源调试等分别列清单项目，执行第九册第五章防火控制装置调试相应定额子目，以"点、部"为计量单位。

4.3 建筑消防工程招标控制价实例

因同时设计有消火栓给水系统、自动喷淋给水系统、火灾报警联动系统的建筑消防施工图纸太大及消防工程量用算量软件计算效率更高，本书篇幅有限，故未列出消防工程施工图和工程量计算式，仅提供某办公楼消防工程量清单招标控制价文件供大家参考用。

1. 封面

表 4-4　封面

某办公楼消防工程
招标控制价

招标控制价（小写）：3490168.96 元
（大写）：叁佰肆拾玖万零壹佰陆拾捌元玖角陆分

招标人：略工程造价咨询人：略
（单位盖章）（单位资质专用章）

法定代表人法定代表人
或其授权人：略或其授权人：略
（签字或盖章）（签字或盖章）

编制人：略复核人：略
（造价人员签字盖专用章）（造价工程师签字盖专用章）

编制时间：×年×月×日复核时间：×年×月×日

2. 总说明

表 4 - 5　总说明

某办公楼消防工程招标控制价
编制说明

一、工程概况

该项目为江西省某市区的一栋办公楼,框架结构,地上 11 层,地下 1 层,檐高 42 m,建筑面积为 22 348 m²。本招标控制价计算范围为设计施工图中的消火栓给水系统、自动喷淋给水系统、消防水炮系统、火灾报警联动系统。

二、招标控制价编制依据

1. 建设单位提供的该工程设计施工图纸及相关通知;

2.《建设工程工程量清单计价规范》(GB 50500—2013);

3.《江西省通用安装工程消耗量定额及统一基价表(2017)》及其配套的费用定额;

4. 主要材料价格:按江西省造价管理站发布的安装工程信息价,信息价中没有的主材单价按市场中档材料价格计取;

5. 按现行政策性文件,安装人工费按 100 元/工日调差;一般计税法计算税金。

三、招标控制价说明

1. 考虑到施工中可能发生的设计变更或签证,按业主要求,本工程量清单暂列金额为 250 000 元;消防水泵、高压水炮、联动型火灾报警控制器、彩色 CRT 显示系统为暂估价材料,决算时就按实调整。

2. 其他说明本章省略。

3. 单位工程招标控制价汇总表

表 4 - 6　单位工程招标控制价汇总表

工程名称:某办公楼消防工程(招标控制价)

序号	汇总内容	金额(元)	其中:暂估价(元)
一	分部分项工程量清单计价合计	2 637 547.97	298 891.37
1	其中:定额人工费	696 875.26	
2	其中:定额机械费	60 690.07	
1.1	消火栓给水系统	431 743.39	35 476.72
1.2	自动喷淋给水系统	1 269 169.24	44 345.90
1.3	消防水炮系统	177 214.74	159 645.24
1.4	火灾报警系统	759 420.6	59 423.51
	措施项目合计	189 243.4	
二	单价措施项目清单计价合计	77 226.52	
3	其中:定额人工费	33 828.47	
4	其中:定额机械费		
三	总价措施项目清单计价合计	112 016.88	
5	安全文明施工措施费	89 949.63	
5.1	安全文明环保费	62 986.66	

序号	汇总内容	金额(元)	其中:暂估价(元)
5.2	临时设施费	26 962.97	
6	其他总价措施费	22 067.25	
6a	扬尘治理措施费		
四	其他项目清单计价合计	250 000	—
五	规费	125 198.5	
7	社会保险费	98 924.23	—
8	住房公积金	25 008.04	—
9	工程排污费	1 266.23	
六	税金	311 768.53	—
	招标控制价合计	3 490 168.96	298 891.37

4. 分部分项工程及单价措施项目清单与计价表

表 4−7　分部分项工程及单价措施项目清单与计价表

工程名称:某办公楼消防工程(招标控制价)

序号	编码	名称	项目特征描述	计量单位	工程量	金额(元)		
						综合单价	合价	其中暂估价
		1. 消火栓给水系统					431 743.39	35 476.72
1	030901002001	消火栓钢管	1. 安装部位:室内 2. 材质:镀锌钢管 3. 规格:DN150 4. 连接方式:沟槽连接(沟槽管件 70 个) 5. 水冲洗、水压试验按设计要求	m	183.9	179.9	33 083.61	
2	030901002002	消火栓钢管	1. 安装部位:室内 2. 材质:镀锌钢管 3. 规格:DN100 4. 连接方式:沟槽连接(沟槽管件 210 个) 5. 水冲洗、水压试验按设计要求	m	567.8	111.67	63 406.23	
3	030901002003	消火栓钢管	1. 安装部位:室内 2. 材质:镀锌钢管 3. 规格:DN65 4. 连接方式:螺纹连接 5. 水冲洗、水压试验按设计要求	m	353.9	77.54	27 441.41	

序号	编码	名称	项目特征描述	计量单位	工程量	综合单价	合价	其中暂估价
4	031201001001	管道刷油	樟丹二遍，红色调和漆二遍	m²	366.3	14.53	5 322.34	
5	031002001001	管道支架	制作、安装	kg	3 250	20	65 000	
6	031201003001	金属结构刷油	管道支架刷樟丹二遍，灰色调和漆二遍	kg	3 250	1. 36	4 420	
7	031002003001	套管	1. 柔性防水套管制作安装 2. 介质管道 DN150	个	2	725.11	1 450.22	
8	031002003002	套管	1. 一般钢套管制作安装 2. 介质管道 DN100	个	80	93.27	7 461.6	
9	031002003003	套管	1. 刚性防水套管制作安装 2. 介质管道 DN65	个	8	247.05	1 976.4	
10	030901010001	室内消火栓	1. 室内组合式消火栓箱（减压稳压） 2. 带自救卷盘，单栓 DN65 3. 暗装	套	38	816.89	31 041.82	
11	030901010002	室内消火栓	1. 室内组合式消火栓箱 2. 带自救卷盘，单栓 DN65 3. 暗装	套	60	704.51	42 270.6	
12	030901010003	室内消火栓	1. 屋面试验消火栓 2. 单栓 DN65 3. 明装	套	1	260.87	260.87	
13	030901012001	消防水泵接合器	1. 地上式，DN100 2. 自带安全阀及止回阀	套	2	986.84	1 973.68	
14	030901013001	灭火器	1. 3 kg 磷酸盐干粉灭火器 2. 手提式	具	222	66.32	14 723.04	
15	031003003001	闸阀 DN150	沟槽阀	个	4	745.9	2 983.6	
16	031003003002	闸阀 DN100	沟槽阀	个	3	383.36	1 150.08	
17	031003003003	闸阀 DN65	法兰阀	个	2	239.33	478.66	
18	031003003004	蝶阀 DN150	沟槽阀	个	13	569.75	7 406.75	
19	031003003005	蝶阀 DN100	沟槽阀	个	24	324	7 776	

序号	编码	名称	项目特征描述	计量单位	工程量	综合单价	合价	其中暂估价
20	031003002001	蝶阀DN65	法兰阀	个	2	211.83	423.66	
21	031003003006	止回阀DN150	沟槽阀	个	2	612.06	1 224.12	
22	031003003007	止回阀DN100	沟槽阀	个	3	365.44	1 096.32	
23	031003003008	防护阀DN150	沟槽阀	个	5	1 127.32	5 636.6	
24	031003003009	防护阀安装DN100	沟槽阀	个	8	743.26	5 946.08	
25	031003001001	橡胶软接头DN150	法兰式	个	4	283.91	1 135.64	
26	031003001002	橡胶软接头DN100	法兰式	个	2	193.94	387.88	
27	030817005001	钢制排水漏斗DN200	制作安装	个	2	306.47	612.94	
28	031003001003	自动排气阀安装DN25	含截止阀	个	1	63.8	63.8	
29	030601002001	压力仪表		台	3	78.74	236.22	
30	030109001001	离心式泵	消火栓给水泵 $Q=20$ L/s, $H=80$ m, $N=37$ kW	台	2	18 764.98	37 529.96	35 476.72
31	031006002001	稳压给水设备	1. 消火栓增压设备 $Q=5$ L/s, $H=30$ m, $N=1.5$ kW 2. 含增压泵、气压罐、附件、泵组底组等成套设备	套	1	16 165.08	16 165.08	
32	031006015001	水箱	1. 消防不锈钢矩形水箱 2. 有效容积 18 m³	台	1	22 845.12	22 845.12	
33	030905002001	水灭火控制装置调试	消火栓灭火系统调试	点	98	191.97	18 813.06	
		2. 自动喷淋给水系统					1 269 169.24	44 345.9
34	030901001001	水喷淋钢管	1. 安装部位:室内 2. 材质:镀锌钢管 3. 规格:DN150 4. 连接方式:沟槽连接(沟槽管件486个) 5. 水冲洗、水压试验按设计要求	m	1 264.81	180.32	228 070.54	

序号	编码	名称	项目特征描述	计量单位	工程量	金额(元)		其中
						综合单价	合价	暂估价
35	030901001002	水喷淋镀锌钢管	1. 安装部位:室内 2. 材质:镀锌钢管 3. 规格:DN100 4. 连接方式:沟槽连接(沟槽管件 256 个) 5. 水冲洗、水压试验按设计要求	m	544.2	118.37	64 416.95	
36	030901001003	水喷淋镀锌钢管	1. 安装部位:室内 2. 材质:镀锌钢管 3. 规格:DN80 4. 连接方式:螺纹连接 5. 水冲洗、水压试验按设计要求	m	818.2	99.87	81 713.63	
37	030901001004	水喷淋镀锌钢管	1. 安装部位:室内 2. 材质:镀锌钢管 3. 规格:DN65 4. 连接方式:螺纹连接 5. 水冲洗、水压试验按设计要求	m	21.1	84.33	1 779.36	
38	030901001005	水喷淋镀锌钢管	1. 安装部位:室内 2. 材质:镀锌钢管 3. 规格:DN50 4. 连接方式:螺纹连接 5. 水冲洗、水压试验按设计要求	m	316.5	70.69	22 373.39	
39	030901001006	水喷淋镀锌钢管	1. 安装部位:室内 2. 材质:镀锌钢管 3. 规格:DN40 4. 连接方式:螺纹连接 5. 水冲洗、水压试验按设计要求	m	2 921.6	61.66	180 145.86	
40	030901001007	水喷淋镀锌钢管	1. 安装部位:室内 2. 材质:镀锌钢管 3. 规格:DN25 4. 连接方式:螺纹连接 5. 水冲洗、水压试验按设计要求	m	4 513.1	38.67	174 521.58	
41	031201001002	管道刷油	樟丹二遍,红色黄环调和漆二道	m²	1 976.84	19.92	39 378.65	
42	031002001002	管道支架	制作、安装	kg	10 511	20	210 220	

序号	编码	名称	项目特征描述	计量单位	工程量	金额（元）		其中
						综合单价	合价	暂估价
43	031201003002	金属结构刷油	管道支架刷樟丹二遍，灰色调和漆二遍	kg	10 511	1. 36	14 294.96	
44	031002003004	套管	1. 柔性防水套管制作安装 2. 介质管道 DN150	个	2	775.68	1 551.36	
45	031002003005	套管	1. 一般钢套管制作安装 2. 介质管道 DN150	个	21	164.62	3 457.02	
46	031002003006	套管	1. 一般钢套管制作安装 2. 介质管道 DN100	个	22	93.27	2 051.94	
47	031002003007	套管	1. 一般钢套管制作安装 2. 介质管道 DN80	个	11	76.92	846.12	
48	031002003008	套管	1. 刚性防水套管制作安装 2. 介质管道 DN100	个	4	299.55	1 198.2	
49	030901003001	水喷淋（雾）喷头	无吊顶 DN15	个	322	29.4	9 466.8	
50	030901003002	水喷淋（雾）喷头	有吊顶 DN15	个	2 431	39.96	97 142.76	
51	030901004001	报警装置	成套湿式报警装置，DN150	组	4	2 685.13	10 740.52	
52	030901006001	水流指示器	沟槽连接，DN150	个	22	606.35	13 339.7	
53	030901008001	末端试水装置	DN25	组	12	204.9	2 458.8	
54	030901012002	消防水泵接合器	1. 地上式，DN100 2. 自带安全阀及止回阀	套	3	986.83	2 960.49	
55	031003003010	信号蝶阀 DN150	沟槽阀	个	30	766.84	23 005.2	
56	031003003011	闸阀 DN150	沟槽阀	个	4	745.9	2 983.6	
57	031003003012	闸阀 DN100	沟槽阀	个	2	383.36	766.72	
58	031003003013	闸阀 DN80	法兰阀	个	1	289.45	289.45	
59	031003003014	闸阀 DN65	法兰阀	个	2	239.33	478.66	
60	031003003015	蝶阀 DN150	沟槽阀	个	1	569.75	569.75	
61	031003003016	蝶阀 DN80	法兰阀	个	1	262.5	262.5	
62	031003002002	蝶阀 DN50	螺纹阀	个	12	193.53	2 322.36	

序号	编码	名称	项目特征描述	计量单位	工程量	金额(元)		
						综合单价	合价	其中 暂估价
63	031003003017	防护阀 DN150	沟槽阀	个	7	1 127.32	7 891.24	
64	031003001004	橡胶软接头 DN150	法兰阀	个	4	283.91	1 135.64	
65	031003001005	橡胶软接头 DN100	法兰阀	个	2	193.94	387.88	
66	030817005002	钢制排水漏斗 DN200	制作安装	个	2	306.47	612.94	
67	031003001006	自动排气阀安装 DN25		个	4	63.8	255.2	
68	030601002002	压力仪表		台	3	78.74	236.22	
69	030109001002	离心式泵	喷淋给水泵 $Q=30$ L/s，$H=85$ m，$N=45$ kW	台	2	23 199.57	46 399.14	44 345.9
70	031006002002	稳压给水设备	1. 喷淋增压设备 $Q=1$ L/s，$H=30$ m，$N=1.5$ kW 2. 含增压泵、气压罐、附件、泵组底组等成套设备	套	1	13 504.33	13 504.33	
71	030905002002	水灭火控制装置调试	自动喷水灭火系统调试	点	22	269.99	5 939.78	
		3. 消防水炮系统					177 214.74	159 645.24
72	030901001008	水喷淋镀锌钢管	1. 安装部位:室内 2. 材质:镀锌钢管 3. 规格:DN100 4. 连接方式:沟槽连接 5. 水冲洗、水压试验按设计要求	m	10.8	111.72	1 206.58	
73	030901001009	水喷淋镀锌钢管	1. 安装部位:室内 2. 材质:镀锌钢管 3. 规格:DN50 4. 连接方式:螺纹连接 5. 水冲洗、水压试验按设计要求	m	78.8	70.69	5 570.37	
74	031201001003	管道刷油	樟丹二遍,红色黄环调和漆二道	m²	17.76	19.91	353.6	
75	031002001003	管道支架	制作、安装	kg	210	20	4 200	

序号	编码	名称	项目特征描述	计量单位	工程量	综合单价	合价	其中暂估价
76	031201003003	金属结构刷油	管道支架刷樟丹二遍，灰色调和漆二遍	kg	210	1. 36	285.6	
77	031002003009	套管	1. 一般钢套管制作安装 2. 介质管道 DN100	个	4	93.27	373.08	
78	030901014001	消防水炮	LAS－C25 型高压水炮	台	2	80 021	160 042	159 645.24
79	030901008002	末端试水装置	消防水炮模拟末端试水装置 50	组	1	1 203.27	1 203.27	
80	030901006002	水流指示器	沟槽连接，DN100	个	1	519.34	519.34	
81	031003003018	信号蝶阀 DN100	沟槽阀	个	1	414.77	414.77	
82	031003001007	蝶阀 DN50	螺纹阀	个	1	193.53	193.53	
83	031003001008	闸阀 DN50	螺纹阀	个	2	233.28	466.56	
84	031003001009	电磁阀 DN50	螺纹阀	个	2	599.52	1 199.04	
85	030905002003	水灭火控制装置调试	消防水炮控制装置调试	点	2	593.5	1 187	
		4.火灾报警系统					759 420.6	59 423.51
86	030904013001	联动控制主机	1. 联动型智能化火灾报警控制器 2. USC4000/1000 点	台	1	44 235.01	44 235.01	39 911.31
87	030904016001	消防电源	LD－D02 DC24 V 6 A	套	1	6 368.97	6 368.97	
88	030904008001	多线控制盘	LD－KZ014	个	1	5 309	5 309	
89	030904014001	消防电话主机	TS－210A10 门	台	1	13 403.04	13 403.04	
90	030904014002	消防广播主机	USC4627A（250W）	台	1	10 341.87	10 341.87	
91	030904015001	彩色 CRT 显示系统		台	1	20 412.35	20 412.35	19 512.2
92	030904001001	点型探测器	智能型光电感温探测器	个	155	111.79	17 327.45	
93	030904001002	点型探测器	智能型光电感烟探测器	个	414	111.79	46 281.06	
94	030904003001	按钮	1. 智能型手动报警按钮 2. 带电话插孔 USC4211	个	70	142.34	9 963.8	
95	030904003002	按钮	智能型消火栓按钮 USC4212	个	97	288.05	27 940.85	
96	030904005001	声光报警器	USC4241	个	54	193.31	10 438.74	

序号	编码	名称	项目特征描述	计量单位	工程量	综合单价	合价	其中暂估价
97	030904006001	消防报警电话	USC4510	部	7	244.8	1 713.6	
98	030904007001	消防广播（扬声器）	吸顶式 3 W	个	56	107.37	6 012.72	
99	030904007002	消防广播（扬声器）	壁挂式 3 W	个	74	97.6	7 222.4	
100	030904008002	短路隔离器	USC4230	个	22	424.41	9 337.02	
101	030904008003	楼层显示器		个	21	1 322.38	27 769.98	
102	030904008004	单输入单输出总线联动模块	USC4221	个	142	357.83	50 811.86	
103	030904008005	输入模块	USC4202	个	50	288.23	14 411.5	
104	030411005001	消防接线箱		个	22	193.78	4 263.16	
105	030411003001	桥架	防火钢制槽式桥架 300 * 150	m	146	99.92	14 588.32	
106	030408002001	控制电缆	NH－KVVV－5 * 1.5	m	486.2	10.87	5 284.99	
107	030408002002	控制电缆	NH－KVV－14 * 1.5	m	165	22.8	3 762	
108	030408007001	控制电缆头	终端头制作与安装 电缆芯数（芯）≤6	个	12	53.86	646.32	
109	030408007002	控制电缆头	终端头制作与安装 电缆芯数（芯）≤14	个	4	78.54	314.16	
110	030411004001	配线	管内穿 BV － 120 mm² 接地线	m	10.2	81.2	828.24	
111	030411001001	配管	1. SC50 2. 砖混凝土结构暗配	m	6.3	40.28	253.76	
112	030411001002	配管	1. SC32 2. 砖混凝土结构暗配	m	46.9	23.49	1 101.68	
113	030411001003	配管	1. SC25 2. 砖混凝土结构暗配	m	158	19.94	3 150.52	
114	030411001004	配管	1. SC20 2. 砖混凝土结构暗配	m	9 005.1	15.17	136 607.37	
115	030411001005	配管	1. SC15 2. 砖混凝土结构暗配	m	3 415.5	12.73	43 479.32	
116	030411001006	配管	DN15 金属软管敷设	m	506	40.08	20 280.48	

序号	编码	名称	项目特征描述	计量单位	工程量	综合单价	合价	其中暂估价
117	030411001007	配管	DN20 金属软管敷设	m	65.6	47.99	3 148.14	
118	030411006001	接线盒	暗装	个	1 299	9.83	12 769.17	
119	030411004002	配线	1. 火灾报警线 NH - RVS - 2 * 1.5 2. 桥架内布线	m	948.9	5.89	5 589.02	
120	030411004003	配线	1. 火灾报警线 NH - RVS - 2 * 1.5 2. 管内穿线	m	6 128.5	5.91	36 219.44	
121	030411004004	配线	1. 电源线 NH - RV - 2.5 2. 桥架内布线	m	2 533.4	3.25	8 233.55	
122	030411004005	配线	1. 电源线 NH - RV - 2.5 2. 管内穿线	m	17 105	3.01	51 486.05	
123	030411004006	配线	1. 消防电话线 NH - RVP - 2 * 1.0 2. 桥架内布线	m	650.8	5.96	3 878.77	
124	030411004007	配线	1. 消防电话线 NH - RVP - 2 * 1.0 2. 管内穿线	m	2 081.9	5.99	12 470.58	
125	030411004008	配线	1. 消防广播线 NH - RVB - 2 * 1.5 2. 桥架内布线	m	939.7	4.44	4 172.27	
126	030411004009	配线	1. 消防广播线 NH - RVB - 2 * 1.5 2. 管内穿线	m	2 528.2	4.42	11 174.64	
127	030905001001	自动报警系统调试	1000 以下	系统	1	30 405.03	30 405.03	
128	030905001002	自动报警系统调试	广播喇叭及音箱、电话插孔调试	系统	1	6 645.35	6 645.35	
129	030905001003	自动报警系统调试	通信分机调试	系统	1	37.46	37.46	
130	030905003001	防火控制装置调试	防火卷帘门调试	个	60	68.23	4 093.8	
131	030905003002	防火控制装置调试	排烟阀、防火阀调试	个	6	95.45	572.7	

续表

序号	编码	名称	项目特征描述	计量单位	工程量	金额（元）		
						综合单价	合价	其中 暂估价
132	030905003003	防火控制装置调试	消防风机调试	个	9	152.29	1 370.61	
133	030905003004	防火控制装置调试	消防水泵联动调试	个	4	166.08	664.32	
134	030905003005	防火控制装置调试	消防电梯调试	个	2	893.42	1 786.84	
135	030905003006	防火控制装置调试	一般客用电梯调试	个	1	841.32	841.32	
		技术措施项目					77 226.52	
136	031301017001	脚手架搭拆		项	1	38 669.34	38 669.34	
137	031302007001	高层施工增加		项	1	38 557.18	38 557.18	
合　计							2 714 774.49	298 891.37

5. 总价措施项目清单与计价表

表 4－8　总价措施项目清单与计价表

工程名称：某办公楼消防工程（招标控制价）

序号	项目编码	项目名称	计算基础	费率（%）	金额（元）	调整费率（%）	调整后金额（元）	备注
1	1	安全文明施工措施费			89 949.63			
2	1.1	安全文明环保费（环境保护、文明施工、安全施工费）			62 986.66			
3	1.2	临时设施费			26 962.97			
4	2	其他总价措施费			22 067.25			
合　计					112 016.88			

6. 其他项目清单与计价汇总表

表 4－9　其他项目清单与计价汇总表

工程名称：某办公楼消防工程（招标控制价）

序号	项目名称	金额（元）	结算金额（元）	备注
1	暂列金额	250 000		明细详见表-12-1
2	暂估价			
2.1	材料（工程设备）暂估价	—		明细详见表-12-2

续表

序号	项目名称	金额(元)	结算金额(元)	备注
2.2	专业工程暂估价			明细详见表-12-3
3	计日工			明细详见表-12-4
4	总承包服务费			明细详见表-12-5
5	索赔与现场签证			明细详见表-12-6
	合　计	250 000		

7. 暂列金额明细表

表 4-10　暂列金额明细表

工程名称:某办公楼消防工程(招标控制价)

序号	项目名称	计量单位	合价	备注
1	用于设计变更或签证	项	250 000	
2				
	暂列金额合计		250 000	

8. 材料(工程设备)暂估单价表

表 4-11　材料(工程设备)暂估单价表

工程名称:某办公楼消防工程(招标控制价)

序号	材料(工程设备)名称、规格、型号	进项税率(%)	计量单位	数量 暂估	数量 确认	市场单价 单价	市场单价 合价
1	消防水炮 进口口径(mm 以内)50	12.75	套	2		79 822.62	159 645.24
2	消火栓给水泵 $Q=20$ L/s, $H=80$ m, $N=37$ kW	12.75	台	2		17 738.36	35 476.72
3	喷淋给水泵 $Q=30$ L/s, $H=85$ m, $N=45$ kW	12.75	台	2		22 172.95	44 345.9
4	联动型智能化火灾报警控制器 USC4000/1000 点	12.75	个	1		39 911.31	39 911.31
5	彩色 CRT 显示系统	12.75	m²	1		19 512.2	19 512.2

9. 规费、税金项目清单与计价表

表 4-12　规费、税金项目清单与计价表

工程名称:某办公楼消防工程(招标控制价)

序号	项目名称	计算基础	计算基数	计算费率(%)	金额
1	规费				125 198.5
1.1	社会保险费	定额人工费+定额机械费			98 924.23

续表

序号	项目名称	计算基础	计算基数	计算费率(%)	金额
1.2	住房公积金	定额人工费＋定额机械费			25 008.04
1.3	工程排污费	定额人工费＋定额机械费			1 266.23
2	税金	分部分项＋措施项目＋其他项目＋规费	3 201 989.87	9	288 179.09

10. 人工、主要材料设备价格表(仅供参考)

表 4-13　人工、主要材料设备价格表

工程名称:某办公楼消防工程(招标控制价)

序号	编码	名称及规格	单位	单价	数量	合价
一	人工					
1.	0010104	综合工日	工日	100	8 198.15	819 815
二	主要材料设备					
1	23190101Z@1	消防水炮|进口口径(mm 以内)50	套	77 800.83	2	155 601.66
2	补充材料 001	消火栓给水泵|$Q=20$ L/s,$H=80$ m,$N=37$ kW	台	17 289.07	2	34 578.14
3	补充材料 001	喷淋给水泵|$Q=30$ L/s,$H=85$ m,$N=45$ kW	台	21 611.34	2	43 222.68
4	补充材料 002	成套消火栓增压设备|$Q=5$ L/s,$H=30$ m,$N=1.5$ kW	kg	12 966.8	1	12 966.8
5	补充材料 002	成套喷淋增压设备|$Q=1$ L/s,$H=30$ m,$N=1.5$ kW	kg	10 373.44	1	10 373.44
6	补充材料 003	联动型智能化火灾报警控制器|USC4000/1000 点	个	38 900.41	1	38 900.41
7	补充材料 008	彩色 CRT 显示系统	m²	19 017.98	1	19 017.98
8	补充设备 006	消防报警电话分机 USC4510	个	103.73	7	726.11
9	01000101Z	型钢(综合)	kg	4.15	14 669.55	60 878.63
10	01290217Z	热轧厚钢板 $\delta 10\sim20$	kg	3.99	199.636	796.55
11	03070135Z@1	水喷淋喷头|无吊顶 DN15	个	13.83	325.22	4 497.79
12	03070135Z@2	水喷淋喷头|有吊顶 DN15	个	13.83	2 455.31	33 956.94
13	13010173Z	酚醛调和漆 各色	kg	8.82	677.023	5 971.34
14	13050143Z	醇酸防锈漆 C53-1	kg	6.92	948.757	6 565.4
15	17010131Z@6	镀锌钢管|DN150	m	95.66	1 463.197	139 969.43
16	17010131Z@7	镀锌钢管|DN100	m	55.76	1 139.642	63 546.44

续表

序号	编码	名称及规格	单位	单价	数量	合价
17	17010261Z	焊接钢管 DN125	m	63.5	3.498	222.12
18	17010271Z	焊接钢管 DN150	m	76.86	33.708	2 590.8
19	17030103Z@10	钢管|DN25	m	10.58	162.74	1 721.79
20	17030103Z@12	钢管|DN50	m	21.06	6.489	136.66
21	17030103Z@13	镀锌钢管|DN65	m	35.68	376.664	13 439.37
22	17030103Z@14	镀锌钢管|DN80	m	42.64	814.109	34 713.61
23	17030103Z@15	镀锌钢管|DN50	m	25.81	397.277	10 253.71
24	17030103Z@16	镀锌钢管|DN25	m	13.16	4 535.666	59 689.36
25	17030103Z@17	镀锌钢管|DN40	m	20.31	2 936.208	59 634.38
26	17030103Z@18	钢管|DN15	m	5.46	3 517.965	19 208.09
27	17030103Z@19	钢管|DN32	m	13.68	48.307	660.84
28	17030103Z@9	钢管|DN20	m	7.13	9 275.253	66 132.55
29	17070211Z@4	无缝钢管(综合)(DN200 钢制排水漏斗)	m	155.86	1	155.86
30	17070303Z	无缝钢管 D133×4	m	61.81	3.392	209.66
31	17070309Z	无缝钢管 D159×4.5	m	83.33	1.696	141.33
32	17070323Z	无缝钢管 D219×6	m	155.86	8.374	1 305.17
33	17190106Z@1	金属软管 DN15|每根长≤0.5 m	m	2.95	521.18	1 537.48
34	17190106Z@2	金属软管 DN20|每根长≤0.5 m	m	3.89	67.568	262.84
35	18030103Z@1	沟槽管件|DN150	套	60.51	558.78	33 811.78
36	18030103Z@3	沟槽管件|DN100	套	33.71	472.35	15 922.92
37	18031005Z@2	卡箍连接件(含胶圈)|DN150	套	2.59	132	341.88
38	18031005Z@3	卡箍连接件(含胶圈)|DN100	套	1.99	82	163.18
39	18150328@5	沟槽直接头(含胶圈)|DN150	套	17.61	241.5	4 252.81
40	18150328@6	沟槽直接头(含胶圈)|DN100	套	10.56	187.171	1 976.52
41	18210109Z@5	橡胶软接头|DN100	个	101.14	4	404.56
42	18210109Z@6	橡胶软接头|DN150	个	134.85	8	1 078.8
43	18290151Z@2	柔性防水套管|DN150	个	50.57	2	101.14
44	19000201Z@28	蝶阀|DN65	个	151.71	2	303.42
45	19000201Z@31	闸阀|DN65	个	179.21	4	716.84
46	19000201Z@32	蝶阀|DN80	个	173.76	1	173.76
47	19000201Z@4	闸阀|DN80	个	200.71	1	200.71
48	19000301Z@10	沟槽信号蝶阀|DN150	个	612.03	30	18 360.9

序号	编码	名称及规格	单位	单价	数量	合价
49	19000301Z@11	沟槽信号蝶阀｜DN100	个	319.85	1	319.85
50	19000301Z@2	沟槽闸阀｜DN150	个	591.08	8	4 728.64
51	19000301Z@3	沟槽闸阀｜DN100	个	288.44	5	1 442.2
52	19000301Z@4	沟槽蝶阀｜DN150	个	414.94	14	5 809.16
53	19000301Z@5	沟槽蝶阀｜DN100	个	229.08	24	5 497.92
54	19000301Z@6	沟槽止回阀｜DN150	个	457.24	2	914.48
55	19000301Z@7	沟槽止回阀｜DN100	个	270.52	3	811.56
56	19000301Z@8	沟槽防护阀｜DN150	个	972.51	12	11 670.12
57	19000301Z@9	沟槽防护阀｜DN100	个	648.34	8	5 186.72
58	19000311Z@1	电磁阀｜DN50	个	561.89	2	1 123.78
59	19000316Z@2	蝶阀｜DN50	个	133.13	13.13	1 748
60	19000316Z@3	闸阀｜DN50	个	172.48	2.02	348.41
61	19050111Z	球阀 DN251.6MPa	个	13.17	24.24	319.24
62	20010150	沟槽法兰（1.6 MPa 以下）	片	43.64	60	2 618.4
63	22110111Z@2	自动排气阀｜DN25	个	38.9	5	194.5
64	23010101Z@1	3 kg 磷酸盐干粉灭火器｜手提式	个	64.83	222	14 392.26
65	23030121Z@2	室内消火栓（减压稳压）｜带自救卷盘，单栓 65	套	674.27	38	25 622.26
66	23030121Z@3	室内消火栓｜带自救卷盘 单栓 65	套	561.89	60	33 713.4
67	23030121Z@4	屋面试验消火栓｜单栓 65	套	155.6	1	155.6
68	23050101Z@3	水泵接合器（自带安全阀及止回阀）｜地上式 DN100	套	582.21	5	2 911.05
69	23130101Z@3	沟槽水流指示器｜DN150	个	328.49	22	7 226.78
70	23130101Z@4	水流指示器｜DN100	个	302.56	1	302.56
71	23390411Z@2	湿式报警装置｜DN150	套	1 970.95	4	7 883.8
72	23450113Z@1	模拟末端试水装置｜50	套	1 037.34	1	1 037.34
73	24690111Z@2	压力表	套	40.61	6	243.66
74	28030301Z@7	绝缘电线｜NH－RVB－2×1.5	m	3.17	2 730.456	8 655.55
75	28030301Z@8	绝缘电线｜NH－RVP－2×1.0	m	4.62	2 248.452	10 387.85
76	28030301Z@9	绝缘电线｜NH－RVS－2×1.5	m	4.55	6 618.78	30 115.45
77	28031431Z@10	绝缘电线｜BV－120	m	68.33	10.71	731.81
78	28031431Z@11	绝缘电线｜NH－RVS－2×1.5	m	4.55	996.345	4 533.37

序号	编码	名称及规格	单位	单价	数量	合价
79	28031431Z@12	绝缘电线|NH-RV-2.5	m	2.04	20 620.32	42 065.45
80	28031431Z@13	绝缘电线|NH-RVP-2×1.0	m	4.62	683.34	3 157.03
81	28031431Z@14	绝缘电线|NH-RVB-2×1.5	m	3.17	986.685	3 127.79
82	28270000Z@3	控制电缆|NH-KVV-14×1.5	m	17.51	167.475	2 932.49
83	28270000Z@4	控制电缆|NH-KVVV-5×1.5	m	7.13	493.493	3 518.61
84	29010106Z@2	钢制槽式桥架|300×150	m	60.86	147.46	8 974.42
85	29110205Z@2	接线箱|半周长(mm)≤700	个	103.73	22	2 282.06
86	29110207Z@1	接线盒|暗装	个	1.73	1 324.98	2 292.22
87	33110133Z@1	消防不锈钢水箱|有效容积 18 m³	个	21 611.34	1	21 611.34
88	Z00082@1	智能型光电感烟探测器|感烟	个	70.89	414	29 348.46
89	Z00083@1	智能型光电感温探测器	个	70.89	155	10 987.95
90	Z00087@2	智能型手动报警按钮	个	67.43	70	4 720.1
91	Z00088@2	智能型消火栓按钮|USC4212	个	84.72	97	8 217.84
92	Z00090@2	声光报警器|USC4241	个	112.38	54	6 068.52
93	Z00091@2	扬声器|吸顶式 3W	个	56.19	56	3 146.64
94	Z00092@1	扬声器|壁挂式 3W	个	56.19	74	4 158.06
95	补充材料 004	消防电源|LD-D02 DC24V6A	kg	5 618.95	1	5 618.95
96	补充材料 005	多线控制盘|LD-KZ014	个	4 840.94	1	4 840.94
97	补充材料 006	消防电话主机|TS-210A10 门	kg	10 373.44	1	10 373.44
98	补充材料 007	消防广播主机	kg	7 434.3	1	7 434.3
99	补充材料 009	消防报警电话|USC4510	个	103.73	7	726.11
100	补充材料 010	短路隔离器|USC4230	个	57.05	22	1 255.1
101	补充材料 011	楼层显示器	个	1 080.57	21	22 691.97
102	补充材料 012	单输入单输出总线联动模块|USC4221	个	95.09	142	13 502.78
103	补充材料 013	输入模块|USC4202	个	72.61	50	3 630.5
104	补充主材 001	短路隔离器|USC4230	个	57.05	22	1 255.1
主要材料设备合计						1 399 978.47

注:上表中主要材料设备单价是不含税市场价,即材料单价中不包含增值税可抵扣进项税额的价格。

11. 工程量清单综合单价分析表

由于《建设工程工程量清单规范》(GB 50500—2013)中的表-09:综合单价分析表的篇幅过大,本章省略。提供下面的"清单、定额计价分析表"在清单计价时执行定额子目参考用。

12. 参考用的分部分项工程量清单计价表(含定额子目)

表 4-14　分部分项工程量清单计价表(含定额子目)

工程名称:某办公楼消防工程(招标控制价)

序号	项目编码	项目名称	项目特征	计量单位	工程量
1. 消火栓给水系统					
1	030901002001	消火栓钢管	1. 安装部位:室内 2. 材质:镀锌钢管 3. 规格:DN150 4. 连接方式:沟槽连接 5. 水冲洗、水压试验按设计要求	m	183.9
	9-1-20	水喷淋钢管 管道安装(沟槽连接) 公称直径150		10 m	18.39
	9-1-28	水喷淋钢管 钢管(沟槽连接) 管件安装 公称直径150		10 个	7
2	030901002002	消火栓钢管	1. 安装部位:室内 2. 材质:镀锌钢管 3. 规格:DN100 4. 连接方式:沟槽连接 5. 水冲洗、水压试验按设计要求	m	567.8
	9-1-18	水喷淋钢管 管道安装(沟槽连接) 公称直径100		10 m	56.78
	9-1-26	水喷淋钢管 钢管(沟槽连接) 管件安装 公称直径100		10 个	21
3	030901002003	消火栓钢管	1. 安装部位:室内 2. 材质:镀锌钢管 3. 规格:DN65 4. 连接方式:螺纹连接 5. 水冲洗、水压试验按设计要求	m	353.9
	9-1-33	消火栓钢管 镀锌钢管(螺纹连接) 公称直径65		10 m	35.39
4	031201001001	管道刷油	樟丹二遍,红色调和漆二遍	m²	366.3
	12-2-1	管道刷油 红丹防锈漆 第一遍 实际遍数(遍):2		10 m²	36.63
	12-2-8	管道刷油 调和漆 第一遍 实际遍数(遍):2		10 m²	36.63
5	031002001001	管道支架	制作、安装	kg	3 250
	10-11-1	管道支架制作 单件重量(kg以内)5		100 kg	32.5
	10-11-6	管道支架安装 单件重量(kg以内)5		100 kg	32.5
6	031201003001	金属结构刷油	管道支架刷樟丹二遍,灰色调和漆二遍	kg	3 250
	12-2-49	金属结构刷油 一般钢结构 红丹防锈漆 第一遍 实际遍数(遍):2		100 kg	32.5
	12-2-58	金属结构刷油 一般钢结构 调和漆 第一遍 实际遍数(遍):2		100 kg	32.5

续表

序号	项目编码	项目名称	项目特征	计量单位	工程量
7	031002003001	套管	1. 柔性防水套管制作安装 2. 介质管道 DN150	个	2
	10-11-49	柔性防水套管制作 介质管道公称直径(mm 以内)150		个	2
	10-11-61	柔性防水套管安装 介质管道公称直径(mm 以内)150		个	2
8	031002003002	套管	1. 一般钢套管制作安装 2. 介质管道 DN100	个	80
	10-11-30	一般钢套管制作安装 介质管道公称直径(mm 以内)100		个	80
9	031002003003	套管	1. 刚性防水套管制作安装 2. 介质管道 DN65	个	8
	10-11-70	刚性防水套管制作 介质管道公称直径(mm 以内)80		个	8
	10-11-82	刚性防水套管安装 介质管道公称直径(mm 以内)80		个	8
10	030901010001	室内消火栓	1. 室内组合式消火栓箱(减压稳压) 2. 带自救卷盘,单栓 DN65 3. 暗装	套	38
	9-1-83	室内消火栓(暗装) 自救卷盘 公称直径单栓 65		套	38
11	030901010002	室内消火栓	1. 室内组合式消火栓箱 2. 带自救卷盘,单栓 DN65 3. 暗装	套	60
	9-1-83	室内消火栓(暗装) 自救卷盘 公称直径单栓 65		套	60
12	030901010003	室内消火栓	1. 屋面试验消火栓 2. 单栓 DN65 3. 明装	套	1
	9-1-77	室内消火栓(明装) 普通 公称直径单栓 65		套	1
13	030901012001	消防水泵接合器	1. 地上式,DN100 2. 自带安全阀及止回阀	套	2
	9-1-97	消防水泵接合器 地上式 DN100		套	2
14	030901013001	灭火器	1.3 kg 磷酸盐干粉灭火器 2. 手提式	具	222
	9-1-99	灭火器安装 手提式		具	222
15	031003003001	闸阀	沟槽阀,DN150	个	4
	10-5-119	沟槽阀门 公称直径(mm 以内)150		个	4
16	031003003002	闸阀	沟槽阀,DN100	个	3
	10-5-117	沟槽阀门 公称直径(mm 以内)100		个	3

续表

序号	项目编码	项目名称	项目特征	计量单位	工程量
17	031003003003	闸阀	法兰阀,DN65	个	2
	10-5-40	法兰阀门安装 公称直径(mm 以内)65		个	2
18	031003003004	蝶阀	沟槽阀,DN150	个	13
	10-5-119	沟槽阀门 公称直径(mm 以内)150		个	13
19	031003003005	蝶阀	沟槽阀,DN100	个	24
	10-5-117	沟槽阀门 公称直径(mm 以内)100		个	24
20	031003002001	蝶阀	法兰阀,DN65	个	2
	10-5-40	法兰阀门安装 公称直径(mm 以内)65		个	2
21	031003003006	止回阀	沟槽阀,DN150	个	2
	10-5-119	沟槽阀门 公称直径(mm 以内)150		个	2
22	031003003007	止回阀	沟槽阀,DN100	个	3
	10-5-117	沟槽阀门 公称直径(mm 以内)100		个	3
23	031003003008	防护阀	沟槽阀,DN150	个	5
	10-5-119	沟槽阀门 公称直径(mm 以内)150		个	5
24	031003003009	防护阀	沟槽阀,DN100	个	8
	10-5-117	沟槽阀门 公称直径(mm 以内)100		个	8
25	031003001001	橡胶软接头	法兰式,DN150	个	4
	10-5-442	法兰式软接头安装 公称直径(mm 以内)150		个	4
26	031003001002	橡胶软接头	法兰式,DN100	个	2
	10-5-440	法兰式软接头安装 公称直径(mm 以内)100		个	2
27	030817005001	钢制排水漏斗	制作安装,DN200	个	2
	8-7-69	钢制排水漏斗制作与安装 公称直径(mm 以内)200		个	2
28	031003001003	自动排气阀	DN25,含截止阀	个	1
	10-5-30	自动排气阀安装 公称直径(mm 以内)25		个	1
29	030601002001	压力仪表		台	3
	6-1-46	压力表 就地		台(块)	3
30	030109001001	离心式泵	消火栓给水泵 $Q=20$ L/s,$H=80$ m,$N=37$ kW	台	2
	1-8-11	多级离心泵 设备重量(t 以内)0.3		台	2

序号	项目编码	项目名称	项目特征	计量单位	工程量
31	031006002001	稳压给水设备	1. 消火栓增压设备 $Q=5\,L/s$，$H=30\,m$，$N=1.5\,kW$ 2. 含增压泵、气压罐、附件、泵组底组等成套设备	套	1
	10-9-8	稳压给水设备 设备重量(t 以内)0.6		套	1
32	031006015001	水箱	1. 消防不锈钢矩形水箱 2. 有效容积 18 m³	台	1
	10-9-105	整体水箱安装 水箱总容量(m³ 以内)25		台	1
33	030905002001	水灭火控制装置调试	消火栓灭火系统调试	点	98
	9-5-11	消火栓灭火系统调试		点	98
2. 自动喷淋给水系统					
34	030901001001	水喷淋钢管	1. 安装部位:室内 2. 材质:镀锌钢管 3. 规格:DN150 4. 连接方式:沟槽连接 5. 水冲洗、水压试验按设计要求	m	1 264.81
	9-1-20	水喷淋钢管 管道安装(沟槽连接) 公称直径 150		10 m	126.481
	9-1-28	水喷淋钢管 钢管(沟槽连接) 管件安装 公称直径 150		10 个	48.6
35	030901001002	水喷淋镀锌钢管	1. 安装部位:室内 2. 材质:镀锌钢管 3. 规格:DN100 4. 连接方式:沟槽连接 5. 水冲洗、水压试验按设计要求	m	544.2
	9-1-18	水喷淋钢管 管道安装(沟槽连接) 公称直径 100		10 m	54.42
	9-1-26	水喷淋钢管 钢管(沟槽连接) 管件安装 公称直径 100		10 个	25.6
36	030901001003	水喷淋镀锌钢管	1. 安装部位:室内 2. 材质:镀锌钢管 3. 规格:DN80 4. 连接方式:螺纹连接 5. 水冲洗、水压试验按设计要求	m	818.2
	9-1-6	水喷淋钢管 镀锌钢管(螺纹连接) 公称直径 80		10 m	81.82
37	030901001004	水喷淋镀锌钢管	1. 安装部位:室内 2. 材质:镀锌钢管 3. 规格:DN70 4. 连接方式:螺纹连接 5. 水冲洗、水压试验按设计要求	m	21.1
	9-1-5	水喷淋钢管 镀锌钢管(螺纹连接) 公称直径 65		10 m	2.11

续表

序号	项目编码	项目名称	项目特征	计量单位	工程量
38	030901001005	水喷淋镀锌钢管	1. 安装部位:室内 2. 材质:镀锌钢管 3. 规格:DN50 4. 连接方式:螺纹连接 5. 水冲洗、水压试验按设计要求	m	316.5
	9-1-4	水喷淋钢管 镀锌钢管(螺纹连接) 公称直径50		10 m	31.65
39	030901001006	水喷淋镀锌钢管	1. 安装部位:室内 2. 材质:镀锌钢管 3. 规格:DN40 4. 连接方式:螺纹连接 5. 水冲洗、水压试验按设计要求	m	2 921.6
	9-1-3	水喷淋钢管 镀锌钢管(螺纹连接) 公称直径40		10 m	292.16
40	030901001007	水喷淋镀锌钢管	1. 安装部位:室内 2. 材质:镀锌钢管 3. 规格:DN25 4. 连接方式:螺纹连接 5. 水冲洗、水压试验按设计要求	m	4 513.1
	9-1-1	水喷淋钢管 镀锌钢管(螺纹连接) 公称直径25		10 m	451.31
41	031201001002	管道刷油	樟丹二遍,红色黄环调和漆二道	m²	1 976.84
	12-2-1	管道刷油 红丹防锈漆 第一遍 实际遍数(遍):2		10 m²	197.684
	12-2-8	管道刷油 调和漆 第一遍 实际遍数(遍):2 标志色环等 零星刷油 人工×2		10 m²	197.684
42	031002001002	管道支架	制作、安装	kg	10 511
	10-11-1	管道支架制作 单件重量(kg以内)5		100 kg	105.11
	10-11-6	管道支架安装 单件重量(kg以内)5		100 kg	105.11
43	031201003002	金属结构刷油	管道支架刷樟丹二遍,灰色调和漆二遍	kg	10 511
	12-2-49	金属结构刷油 一般钢结构 红丹防锈漆 第一遍 实际遍数(遍):2		100 kg	105.11
	12-2-58	金属结构刷油 一般钢结构 调和漆 第一遍 实际遍数(遍):2		100 kg	105.11
44	031002003004	套管	1. 柔性防水套管制作安装 2. 介质管道 DN150	个	2
	10-11-49	柔性防水套管制作 介质管道公称直径(mm以内)150		个	2
	10-11-61	柔性防水套管安装 介质管道公称直径(mm以内)150		个	2

序号	项目编码	项目名称	项目特征	计量单位	工程量
45	031002003005	套管	1. 一般钢套管制作安装 2. 介质管道 DN150	个	21
	10-11-32	一般钢套管制作安装 介质管道公称直径(mm 以内)150		个	21
46	031002003006	套管	1. 一般钢套管制作安装 2. 介质管道 DN100	个	22
	10-11-30	一般钢套管制作安装 介质管道公称直径(mm 以内)100		个	22
47	031002003007	套管	1. 一般钢套管制作安装 2. 介质管道 DN80	个	11
	10-11-29	一般钢套管制作安装 介质管道公称直径(mm 以内)80		个	11
48	031002003008	套管	1. 刚性防水套管制作安装 2. 介质管道 DN100	个	4
	10-11-71	刚性防水套管制作 介质管道公称直径(mm 以内)100		个	4
	10-11-83	刚性防水套管安装 介质管道公称直径(mm 以内)100		个	4
49	030901003001	水喷淋(雾)喷头	无吊顶 DN15	个	322
	9-1-42	水喷淋(雾)喷头 无吊顶 公称直径(mm 以内)15		个	322
50	030901003002	水喷淋(雾)喷头	有吊顶 DN15	个	2 431
	9-1-45	水喷淋(雾)喷头 有吊顶 公称直径(mm 以内)15		个	2 431
51	030901004001	报警装置	成套湿式报警装置,DN150	组	4
	9-1-49	湿式报警装置 公称直径(mm 以内)150		组	4
52	030901006001	水流指示器	沟槽连接,DN150	个	22
	9-1-57	水流指示器(沟槽法兰连接) 公称直径(mm 以内)150		个	22
53	030901008001	末端试水装置	DN25	组	12
	9-1-74	末端试水装置 公称直径(mm 以内)25		组	12
54	030901012002	消防水泵接合器	1. 地上式,DN100 2. 自带安全阀及止回阀	套	3
	9-1-97	消防水泵接合器 地上式 DN100		套	3
55	031003003010	信号蝶阀	沟槽阀,DN150	个	30
	10-5-119	沟槽阀门 公称直径(mm 以内)150		个	30
56	031003003011	闸阀	沟槽阀,DN150	个	4
	10-5-119	沟槽阀门 公称直径(mm 以内)150		个	4
57	031003003012	闸阀	沟槽阀,DN100	个	2
	10-5-117	沟槽阀门 公称直径(mm 以内)100		个	2

续表

序号	项目编码	项目名称	项目特征	计量单位	工程量
58	031003003013	闸阀	法兰阀,DN80	个	1
	10-5-41	法兰阀门安装 公称直径(mm 以内)80		个	1
59	031003003014	闸阀	法兰阀,DN65	个	2
	10-5-40	法兰阀门安装 公称直径(mm 以内)65		个	2
60	031003003015	蝶阀	沟槽阀,DN150	个	1
	10-5-119	沟槽阀门 公称直径(mm 以内)150		个	1
61	031003003016	蝶阀	法兰阀,DN80	个	1
	10-5-41	法兰阀门安装 公称直径(mm 以内)80		个	1
62	031003002002	蝶阀	螺纹阀,DN50	个	12
	10-5-6	螺纹阀门安装 公称直径(mm 以内)50		个	12
63	031003003017	防护阀	沟槽阀,DN150	个	7
	10-5-119	沟槽阀门 公称直径(mm 以内)150		个	7
64	031003001004	橡胶软接头	法兰阀,DN150	个	4
	10-5-442	法兰式软接头安装 公称直径(mm 以内)150		个	4
65	031003001005	橡胶软接头	法兰阀,DN100	个	2
	10-5-440	法兰式软接头安装 公称直径(mm 以内)100		个	2
66	030817005002	钢制排水漏斗	制作安装,DN200	个	2
	8-7-69	钢制排水漏斗制作与安装 公称直径(mm 以内)200		个	2
67	031003001006	自动排气阀	DN25,含截止阀	个	4
	10-5-30	自动排气阀安装 公称直径(mm 以内)25		个	4
68	030601002002	压力仪表		台	3
	6-1-46	压力表 就地		台(块)	3
69	030109001002	离心式泵	喷淋给水泵 $Q=30$ L/s,$H=85$ m,$N=45$ kW	台	2
	1-8-11	多级离心泵 设备重量(t 以内)0.3		台	2
70	031006002002	稳压给水设备	1. 喷淋增压设备 $Q=1$ L/s,$H=30$ m,$N=1.5$ kW 2. 含增压泵、气压罐、附件、泵组底组等成套设备	套	1
	10-9-8	稳压给水设备 设备重量(t 以内)0.6		套	1
71	030905002002	水灭火控制装置调试	自动喷水灭火系统调试	点	22
	9-5-12	自动喷水灭火系统调试		点	22

序号	项目编码	项目名称	项目特征	计量单位	工程量
3. 消防水炮系统					
72	030901001008	水喷淋镀锌钢管	1. 安装部位:室内 2. 材质:镀锌钢管 3. 规格:DN100 4. 连接方式:沟槽连接 5. 水冲洗、水压试验按设计要求	m	10.8
	9-1-18	水喷淋钢管 管道安装(沟槽连接)公称直径100		10 m	1.08
	9-1-26	水喷淋钢管 钢管(沟槽连接)管件安装 公称直径100		10个	0.4
73	030901001009	水喷淋镀锌钢管	1. 安装部位:室内 2. 材质:镀锌钢管 3. 规格:DN50 4. 连接方式:螺纹连接 5. 水冲洗、水压试验按设计要求	m	78.8
	9-1-4	水喷淋钢管 镀锌钢管(螺纹连接)公称直径50		10 m	7.88
74	031201001003	管道刷油	樟丹二遍,红色黄环调和漆二道	m²	17.76
	12-2-1	管道刷油 红丹防锈漆 第一遍 实际遍数(遍):2		10 m²	1.776
	12-2-8	管道刷油 调和漆 第一遍 实际遍数(遍):2 标志色环等零星刷油 人工＊2		10 m²	1.776
75	031002001003	管道支架	制作、安装	kg	210
	10-11-1	管道支架制作 单件重量(kg 以内)5		100 kg	2.1
	10-11-6	管道支架安装 单件重量(kg 以内)5		100 kg	2.1
76	031201003003	金属结构刷油	管道支架刷樟丹二遍,灰色调和漆二遍	kg	210
	12-2-49	金属结构刷油 一般钢结构 红丹防锈漆 第一遍 实际遍数(遍):2		100 kg	2.1
	12-2-58	金属结构刷油 一般钢结构 调和漆 第一遍 实际遍数(遍):2		100 kg	2.1
77	031002003009	套管	1. 一般钢套管制作安装 2. 介质管道 DN100	个	4
	10-11-30	一般钢套管制作安装 介质管道公称直径(mm 以内)100		个	4
78	030901014001	消防水炮	LAS-C25 型高压水炮	台	2
	9-1-101	电控式消防水炮安装 进口口径(mm 以内)50		台	2
79	030901008002	末端试水装置	消防水炮模拟末端试水装置50	组	1
	9-1-104	电控式消防水炮安装 模拟末端试水装置50		台	1

序号	项目编码	项目名称	项目特征	计量单位	工程量
80	030901006002	水流指示器	沟槽连接,DN100	个	1
	9-1-56	水流指示器(沟槽法兰连接) 公称直径(mm 以内)100		个	1
81	031003003018	信号蝶阀	沟槽阀,DN100	个	1
	10-5-117	沟槽阀门 公称直径(mm 以内)100		个	1
82	031003001007	蝶阀	螺纹阀,DN50	个	1
	10-5-6	螺纹阀门安装 公称直径(mm 以内)50		个	1
83	031003001008	闸阀	螺纹阀,DN50	个	2
	10-5-6	螺纹阀门安装 公称直径(mm 以内)50		个	2
84	031003001009	电磁阀	螺纹阀,DN50	个	2
	10-5-15	螺纹电磁阀安装 公称直径(mm 以内)50		个	2
85	030905002003	水灭火控制装置调试	消防水炮控制装置调试	点	2
	9-5-13	消防水炮控制装置调试		点	2

4. 火灾报警系统

序号	项目编码	项目名称	项目特征	计量单位	工程量
86	030904013001	联动控制主机	1. 联动型智能化火灾报警控制器 2. USC4000/1000 点	台	1
	9-4-53	联动控制主机安装 落地(点以内)1000		台	1
87	030904016001	消防电源	LD-D02 DC24V6A	套	1
	9-4-65	备用电源及电池主机(柜)		台	1
88	030904008001	多线控制盘	LD-KZ014	个	1
	9-4-28	消防专用模块(模块箱)安装 模块 多输入多输出		个	1
89	030904014001	消防电话主机	TS-210A10 门	台	1
	9-4-61	消防广播及电话主机(柜)安装 消防电话主机(路以内)30		台	1
90	030904014002	消防广播主机	USC4627A(250W)	台	1
	9-4-55	消防广播及电话主机(柜)安装 消防广播控制柜		台	1
91	030904015001	彩色 CRT 显示系统		台	1
	9-4-64	火灾报警控制微机、图形显示及打印终端		台	1
92	030904001001	点型探测器	智能型光电感温探测器	个	155
	9-4-2	点型探测器安装 感温		个	155
93	030904001002	点型探测器	智能型光电感烟探测器	个	414
	9-4-1	点型探测器安装 感烟		个	414

序号	项目编码	项目名称	项目特征	计量单位	工程量
94	030904003001	按钮	1. 智能型手动报警按钮 2. 带电话插孔 USC4211	个	70
	9-4-9	火灾报警按钮		个	70
95	030904003002	按钮	智能型消火栓按钮 USC4212	个	97
	9-4-10	消火栓报警按钮		个	97
96	030904005001	声光报警器	USC4241	个	54
	9-4-12	声光报警器		个	54
97	030904006001	消防报警电话	USC4510	部	7
	9-4-18	消防报警电话插孔(电话)安装 电话分机		个	7
98	030904007001	消防广播(扬声器)	吸顶式 3W	个	56
	9-4-20	消防广播(扬声器)安装 扬声器 吸顶式(3W-5W)		个	56
99	030904007002	消防广播(扬声器)		个	74
	9-4-21	消防广播(扬声器)安装 扬声器 壁挂式(3W-5W)		个	74
100	030904008002	短路隔离器	USC4230	个	22
	9-4-26	消防专用模块(模块箱)安装 模块 多输出		个	22
101	030904008003	楼层显示器		个	21
	9-4-23	消防专用模块(模块箱)安装 模块 单输入		个	21
102	030904008004	单输入单输出总线联动模块	USC4221	个	142
	9-4-27	消防专用模块(模块箱)安装 模块 单输入单输出		个	142
103	030904008005	输入模块	USC4202	个	50
	9-4-23	消防专用模块(模块箱)安装 模块 单输入		个	50
104	030411005001	消防接线箱		个	22
	4-13-174	接线箱暗装 半周长(mm)≤700		个	22
105	030411003001	桥架	防火钢制槽式桥架 300×150	m	146
	4-9-66	钢制槽式桥架(宽+高 mm)≤600		10 m	14.6
106	030408002001	控制电缆	NH-KVVV-5×1.5	m	486.2
	4-9-310	室内铜芯控制电缆敷设 电缆芯数(芯)≤6		10 m	48.62
107	030408002002	控制电缆	NH-KVV-14×1.5	m	165
	4-9-311	室内铜芯控制电缆敷设 电缆芯数(芯)≤14		10 m	16.5
108	030408007001	控制电缆头	终端头制作与安装 电缆芯数(芯)≤6	个	12
	4-9-320	控制电缆终端头制作与安装 电缆芯数(芯)≤6		个	12

续表

序号	项目编码	项目名称	项目特征	计量单位	工程量
109	030408007002	控制电缆头	终端头制作与安装 电缆芯数（芯）≤14	个	4
	4-9-321	控制电缆终端头制作与安装 电缆芯数（芯）≤14		个	4
110	030411004001	配线	管内穿 BV-120 mm² 接地线	m	10.2
	4-13-34	管内穿线 穿动力线 铜芯 导线截面（mm²）≤120		10 m	1.02
	4-4-29	压铜接线端子 导线截面（mm²）≤120		个	2
111	030411001001	配管	1. SC50 2. 砖混凝土结构暗配	m	6.3
	4-12-39	镀锌钢管敷设 砖、混凝土结构暗配 公称直径（DN）≤50		10 m	0.63
112	030411001002	配管	1. SC32 2. 砖混凝土结构暗配	m	46.9
	4-12-37	镀锌钢管敷设 砖、混凝土结构暗配 公称直径（DN）≤32		10 m	4.69
113	030411001003	配管	1. SC25 2. 砖混凝土结构暗配	m	158
	4-12-36	镀锌钢管敷设 砖、混凝土结构暗配 公称直径（DN）≤25		10 m	15.8
114	030411001004	配管	1. SC20 2. 砖混凝土结构暗配	m	9005.1
	4-12-35	镀锌钢管敷设 砖、混凝土结构暗配 公称直径（DN）≤20		10 m	900.51
115	030411001005	配管	1. SC15 2. 砖混凝土结构暗配	m	3 415.5
	4-12-34	镀锌钢管敷设 砖、混凝土结构暗配 公称直径（DN）≤15		10 m	341.55
116	030411001006	配管	DN15 金属软管敷设	m	506
	4-12-173	金属软管敷设 内径（mm）≤16 每根长≤0.5 m		10 m	50.6
117	030411001007	配管	DN20 金属软管敷设	m	65.6
	4-12-174	金属软管敷设 内径（mm）≤20 每根长≤0.5 m		10 m	6.56
118	030411006001	接线盒		个	1 299
	4-13-179	暗装接线盒		个	1 299
119	030411004002	配线	1. 火灾报警线 NH-RVS-2×1.5 2. 桥架内布线	m	948.9
	4-13-95	线槽配线 导线截面（mm²）≤2.5		10 m	94.89
120	030411004003	配线	1. 火灾报警线 NH-RVS-2×1.5 2. 管内穿线	m	6 128.5
	4-13-40	管内穿线 穿多芯软导线 二芯 单芯导线截面≤1.5		10 m	612.85

续表

序号	项目编码	项目名称	项目特征	计量单位	工程量
121	030411004004	配线	1. 电源线 NH－RV－2.5 2. 桥架内布线	m	2 533.4
	4－13－95	线槽配线 导线截面(mm²)≤2.5		10 m	253.34
122	030411004005	配线	1. 电源线 NH－RV－2.5 2. 管内穿线	m	17 105
	4－13－24	管内穿线 穿动力线 铜芯 导线截面(mm²)≤2.5		10 m	1 710.5
123	030411004006	配线	1. 消防电话线 NH－RVP－2×1.0 2. 桥架内布线	m	650.8
	4－13－95	线槽配线 导线截面(mm²)≤2.5		10 m	65.08
124	030411004007	配线	1. 消防电话线 NH－RVP－2×1.0 2. 管内穿线	m	2 081.9
	4－13－39	管内穿线 穿多芯软导线 二芯 单芯导线截面(mm²)≤1		10 m	208.19
125	030411004008	配线	1. 消防广播线 NH－RVB－2×1.5 2. 桥架内布线	m	939.7
	4－13－95	线槽配线 导线截面(mm²)≤2.5		10 m	93.97
126	030411004009	配线	1. 消防广播线 NH－RVB－2×1.5 2. 管内穿线	m	2 528.2
	4－13－40	管内穿线 穿多芯软导线 二芯 单芯导线截面≤1.5		10 m	252.82
127	030905001001	自动报警系统调试	1 000 以下	系统	1
	9－5－5	自动报警系统调试(点以内)1000		系统	1
128	030905001002	自动报警系统调试	广播喇叭及音箱、电话插孔调试	系统	1
	9－5－9	火灾事故广播、消防通信系统调试 广播喇叭及音箱、电话插孔		10 只	20
129	030905001003	自动报警系统调试	通信分机调试	系统	1
	9－5－10	火灾事故广播、消防通信系统调试 通信分机		10 只	0.7
130	030905003001	防火控制装置调试	防火卷帘门调试	个	60
	9－5－14	防火卷帘门		点	60
131	030905003002	防火控制装置调试	排烟阀、防火阀调试	个	6
	9－5－16	电动防火阀、电动排烟阀、电动正压送风阀		点	6
132	030905003003	防火控制装置调试	消防风机调试	个	9
	9－5－18	消防风机调试		点	9
133	030905003004	防火控制装置调试	消防水泵联动调试	个	4
	9－5－19	消防水泵联动调试		点	4

续表

序号	项目编码	项目名称	项目特征	计量单位	工程量
134	030905003005	防火控制装置调试	消防电梯调试	个	2
	9－5－20	消防电梯调试		部	2
135	030905003006	防火控制装置调试	一般客用电梯调试	个	1
	9－5－21	一般客用电梯调试		部	1

思政案例

　　他爱国、爱桥,所以建造钱塘江大桥;他爱国、爱桥,所以挥泪炸毁钱塘江大桥。他只留下一句话:"抗战必胜,此桥必复!"他就是"中国桥梁之父"——茅以升。

　　茅以升(1896年1月29日—1989年11月12日),也写作茅以昇,字唐臣,江苏镇江人。中共党员,九三学社社员,生前系九三学社中央名誉主席,中国铁道科学研究院院长,中国科协名誉主席,土木工程学家,桥梁专家,中国科学院院士,美国工程院外籍院士,中央研究院院士。中国土木工程学家、桥梁专家、工程教育家。

　　茅以升在中国桥梁设计和建设领域做出了巨大贡献。他参与设计和建设了多座中国重要的桥梁,如南京长江大桥、武汉长江大桥等。他在桥梁设计领域引入和发展了多项技术创新,例如,在南京长江大桥的设计中采用了创新的桥塔和悬索结构,使得桥梁在当时成为世界上最长的公路和铁路两用桥。

　　茅以升不仅是一位工程师,也是一位教育者。他在中国的多所大学教授桥梁工程,培养了一代又一代的工程师。他的研究工作对桥梁工程学科的发展产生了深远影响。他发表了多篇学术论文,并在国内外学术会议上分享他的研究成果。

　　茅以升的工作不仅推动了中国桥梁工程技术的发展,还对中国的基础设施建设和经济发展产生了重要影响。茅以升精神用八个字进行概括,即:爱国、科学、奋斗、奉献。茅以升作为土木工程学家和桥梁专家,一生孜孜以求,为桥梁事业奉献终身,其爱国精神、科学精神、奋斗精神、奉献精神值得我们学习和传承。

复习思考题

　　1.室内外消防给水管道界线如何划分?

　　2.建筑消防给水管道工程量计算规则是什么?

　　3.水灭火系统中,泵房内外的消防管道如何列清单项目?简述其执行定额。

　　4.消防管道在管道间、管廊内安装因增加工作难度,定额人工消耗量乘以系数是多少?

　　5.消防管道上的阀门、法兰、管道支架、套管、消防水箱、消防增压稳压装置安装如何列清单项目?简述其执行定额。

　　6.室内外消火栓成套产品包括的内容有哪些?

7. 消防水泵接合器(地上式)成套产品包括的内容有哪些?

8. 湿式报警装置、末端试水装置成套产品包括的内容有哪些?

9. 报警联动一体机安装定额中的"点"数是指什么?

10. 火灾自动报警系统中的桥架、配管、配线、接线盒安装如何列清单项目? 简述其执行定额。

11. 上机操作题:应用计价软件编制本章办公楼消防工程主要项目的招标控制价,并导出相应表格。

第5章 建筑通风工程计量与计价

【教学目的】

掌握建筑通风工程工程量清单编制及招标控制价编制。

【教学重点】

建筑通风工程工程量清单计算规则和计价方法。

【思政元素】

习近平总书记指出,"选择吃苦也就选择了收获,选择奉献也就选择了高尚";"要积极弘扬奉献精神,凝聚起万众一心奋斗新时代的强大力量";"广大青年对五四运动的最好纪念,就是在党的领导下,勇做走在时代前列的奋进者、开拓者、奉献者";"在改革开放历史新时期,'蓝领专家'孔祥瑞、'金牌工人'窦铁成、'新时期铁人'王启明、'新时代雷锋'徐虎、'知识工人'邓建军、'马班邮路'王顺友、'白衣圣人'吴登云、'中国航空发动机之父'吴大观等一大批劳动模范和先进工作者,干一行、爱一行,专一行、精一行,带动群众锐意进取、积极投身改革开放和社会主义现代化建设,为国家和人民建立了杰出功勋"。

5.1 建筑通风空调工程概述

1. 建筑通风工程的分类和组成

通风工程就是改善室内空气环境的一种手段,建筑通风就是把建筑物内被污染了的空气直接或经过处理之后排到室外,把新鲜空气补充进来,从而保持室内的空气环境符合卫生要求。

(1)通风工程分类,一般按通风作用范围的大小和通风动力的不同划分。

① 通风工程按其作用范围划分为全面通风、局部通风、混合通风。

② 通风工程按动力不同划分为自然通风和机械通风,其中自然通风又分为无组织的自然通风和有组织的自然通风。

(2)通风工程的组成,一般由送风系统和排风系统两部分组成。

① 送风系统组成:包括新风口、空气处理室、通风机、送风管、回风管、送(出)风口、吸(回、排)风口、管道配件、管道部件等,如图5.1所示。

② 排风系统组成:包括排风口、排风管、排风机、风帽、除尘器及其他管件和部件等,如图5.2所示。

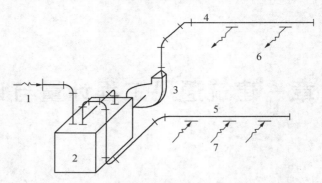

图 5.1　送风(J)系统组成示意图

1. 新风口;2. 空气处理室;3. 通风机;4. 送风管;5. 回风管;6. 送(出)风口;7. 吸(回)风口

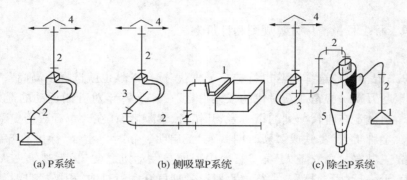

(a) P系统　　　　(b) 侧吸罩P系统　　　　(c) 除尘P系统

图 5.2　排风系统组成示意图

1. 排风口(侧吸罩);2. 排风管;3. 排风机;4. 风帽;5. 除尘器

2. 空调系统的分类和组成

空调是将送入房间的空气进行净化,加热(冷却)、干燥、加湿等处理,使其"四度"(温度、湿度、洁净度、气流速度)保持在一定范围内,从而确保空气质量适应工作与生活需要。

(1)空调系统的分类:空调系统一般按工艺要求可分为集中空调、局部空调、混合式空调三种形式。

① 集中空调系统:将空气集中处理后由风机把空气输送到需要空气调节处理的房间。当系统的制冷量要求大时,因设备体积较大,可将所有空调设备集中安装在某个机房中,然后配以风管、风机、风口及各种配套阀门和控制设备。恒温恒湿集中式空调系统如图5.3所示。

② 局部空调系统(分散式):将空气设备直接或就近安装在需要空气调节的房间,就地调节空气。这类系统只要求局部实现空气调节,可直接采用空调机组。如:柜式、壁挂式、窗式等,并在空调机上加新风口、电加热器、送风口及送风管等。

③ 混合式空调系统,既有集中处理,又有局部处理的空气调节,也称半集中式空调系统。这类系统是先通过集中式空调器对空气进行处理后,由风机和管道将处理过的空气(一次风)送至空调房间内的诱导器,空气经喷嘴以高速射出,在诱导器内形成负压,室内空气(二次风)被吸入诱导器,一、二次风相混合后由诱导器风口送出。

此外空调系统还可按对空气参数的不同要求,分为恒温恒湿空调系统、降湿空调系统;按空气循环利用方式不同分为直流式空调系统、一次循环(回风)系统、二次循环(回风)系统。

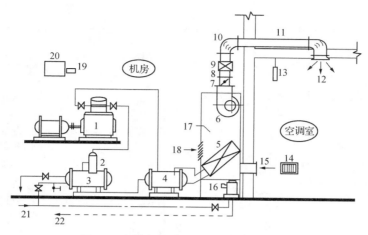

图 5.3　恒温恒湿集中式空调系统示意图

1. 压缩机；2. 油水分离器；3. 冷凝器；4. 热交换器；5. 蒸发器；

6. 风机；7. 送风调节阀；8. 帆布接头；9. 电加热器；10. 导流片；

11. 送风管；12. 送风口；13. 电接点温度计；14. 排风口；15. 回风口；16. 电加湿器；

17. 空气处理室；18. 新风口；19. 电子仪控制器；20. 电控箱；21. 给水管；22. 回水管

（2）空调系统的组成：空调系统多为定型设备，一般组成部分有：百叶窗、保温阀、空气过滤器、一次加热器、调节阀门、淋水室（喷淋室）、二次加热器。

（3）风道材料与连接方式

通风与空调工程的风道和部件、配件所用的材料，可分为金属材料和非金属材料。常用的金属材料主要有普通薄钢板、镀锌钢板和型钢等。

常用的非金属材料有硬聚氯乙烯板、玻璃钢，有时也用砖、混凝土、矿渣石膏板和木丝板等。

通风与空调工程主要部件的连接方式有咬口、焊接和法兰连接三种。

5.2　通风空调工程计量与计价项目

5.2.1　通风空调设备及部件计量与计价项目

按照《通用安装工程工程量计算规范》（GB 50856—2013）附录 A.8、G.1，常用通风空调设备清单项目、项目特征描述内容、计量单位、工程量计算规则、工程内容详见表 5-1。

表 5-1　通风及空调设备制作安装

项目编码	项目名称	项目特征	计量单位	工程量计算规则	工程内容
030108001	离心式通风机	1. 名称 2. 型号 3. 规格 4. 质量 5. 材质 6. 减振底座形式、数量 7. 灌浆配合比 8. 单机试运转要求	台	按设计图示数量计算	1. 本体安装 2. 拆装检查 3. 减振台座制作、安装 4. 二次灌浆 5. 单机试运转 6. 补刷（喷）油漆
030108003	轴流通风机				

续表

项目编码	项目名称	项目特征	计量单位	工程量计算规则	工程内容
030701003	空调器	1. 名称 2. 型号 3. 规格 4. 安装形式 5. 质量 6. 隔振垫(器)、支架形式、材质	台(组)		1. 本体安装或组装、调试 2. 设备支架制作、安装 3. 补刷(喷)油漆
030701004	风机盘管	1. 名称 2. 型号 3. 规格 4. 安装形式 5. 减振器、支架形式、材质 6. 试压要求	台		1. 本体安装、调试 2. 支架制作、安装 3. 试压 4. 补刷(喷)油漆

注:通风空调设备安装的地脚螺栓按设备自带考虑。

通风空调设备清单项目执行第七册《通风空调工程》(以下简称第七册)第一章通风空调设备安装相应的定额子目,计价内容如下:

1. 通风机

(1) 风机安装:通风机按"附录 A.8 风机安装"相应清单编码列项,执行第七册第一章通风机安装相应定额子目,区分通风机形式、安装风量的不同,按设计图示数量以"台"为计量单位。

风机箱安装区分安装方式、风量的不同,按设计图示数量计算,以"台"为计量单位。

① 第七册通风机安装定额适用于专供通风工程配套的各种风机;其他冷动机站内的风机、工业用风机(如热力设备用风机)执行第一册《机械设备安装工程》定额。

② 第七册通风机安装定额内包括电动机安装,其安装形式包括 A、B、C、D 等型,适用于碳钢、不锈钢、塑料通风机安装。定额工作内容包括:开箱检查设备、附件、底座螺栓、吊装、找平、找正、加垫、灌浆、螺栓固定。

(2) 风机减震台座:执行第七册第一章设备支架相应定额子目,区分支架重量的不同,按设计要求以"100 kg"为计量单位。定额中不包括减震器用量,应按设计图纸按实计算。风机减震台座的除锈、油漆,执行第十二册《刷油、防腐蚀、绝热工程》相应项目。

2. 空调器

(1) 本体安装:执行第七册第一章空调器安装相应定额子目,区分空调器的类型、安装方式、质量、安装风量的不同,按设计图示数量以"台"为计量单位。

多联体空调机室外机安装依据制冷量,按设计图示数量计算,以"台"为计量单位。

(2) 空调器支架制作、安装:执行第七册第一章设备支架制作安装相应定额子目,区分支架重量的不同,按设计要求以"100 kg"为计量单位。设备支架的除锈、油漆,执行第十二册《刷油、防腐蚀、绝热工程》相应项目。

3. 风机盘管

（1）本体安装：执行第七册第一章风机盘管安装相应定额子目,区分风机盘管安装方式的不同,按设计图示数量以"台"为计量单位。

诱导器安装执行风机盘管安装子目。VRV 系统的室内机按安装方式执行风机盘管子目,应扣除膨胀螺栓。

（2）风机盘管支架制作、安装：执行第七册第一章设备支架制作安装相应定额子目。设备支架的除锈、油漆,执行第十二册《刷油、防腐蚀、绝热工程》相应项目。

4. 室内空调系统水管

冷动机组站内的管道,按"附录 F 工业管道工程"相应清单编码列项;执行第八册《工业管道工程》相应定额子目。

冷动机组站外墙皮以外通往通风空调设备的供热、供冷、供水管道（即室内空调系统水管）,按"附录 K 给排水、采暖、燃气工程"相应清单编码列项;执行第十册《给排水、采暖、燃气工程》相应定额子目。

5.2.2　通风管道计量与计价项目

按照《通用安装工程工程量计算规范》(GB 50856—2013)附录 G.2,通风管道清单项目、项目特征描述内容、计量单位、工程量计算规则、工程内容详见表 5-2。

表 5-2　通风管道制作安装

项目编码	项目名称	项目特征	计量单位	工程量计算规则	工程内容
030702001	碳钢通风管道	1. 名称 2. 材质 3. 形状 4. 规格 5. 板材厚度 6. 管件、法兰等附件及支架设计要求 7. 接口形式	M²	按图示内径尺寸以展开面积计算	1. 风管、管件、法兰、零件、支吊架制作、安装 2. 过跨风管落地支架制作、安装
030702002	净化通风管				
030702003	不锈钢板风管	1. 名称 2. 形状 3. 规格 4. 板材厚度 5. 管件、法兰等附件及支架设计要求 6. 接口形式			
030702004	铝板通风管道				
030702005	塑料通风管道				
030702006	玻璃钢通风管道	1. 名称 2. 形状 3. 规格 4. 板材厚度 5. 支架形式、材质 6. 接口形式		按图示外径尺寸以展开面积计算	1. 风管、管件安装 2. 支吊架制作、安装 3. 过跨风管落地支架制作、安装

续表

项目编码	项目名称	项目特征	计量单位	工程量计算规则	工程内容
030702007	复合型风管	1. 名称 2. 材质 3. 形状 4. 规格 5. 板材厚度 6. 接口形式 7. 支架形式、材质	M²	按图示内径尺寸以展开面积计算	1. 风管、管件安装 2. 支吊架制作、安装 3. 过跨风管落地支架制作、安装
030702008	柔性软风管	1. 名称 2. 材质 3. 规格 4. 风管接头、支架形式、材质	1. m 2. 节	1. 以米计量,按图示中心线长度计算 2. 以节计量,按设计图示数量计算	1. 风管安装 2. 风管接头安装 3. 支吊架制作、安装
030702009	弯头导流叶片	1. 名称 2. 材质 3. 规格 4. 形式	1. m² 2. 组	1. 以面积计量,按设计图示以展开面积平方米计算 2. 以组计量,按设计图示数量计算	1. 制作 2. 组装
030702010	风管检查孔	1. 名称 2. 材质 3. 规格	1. kg 2. 个	1. 以千克计量,按风管检查孔质量计算 2. 以个计量,按设计图示数量计算	1. 制作 2. 安装
030702011	温度、风量测定孔	1. 名称 2. 材质 3. 规格 4. 设计要求	个	按设计图示数量以个计算	
031201001	设备与矩形管道刷油	1. 除锈级别 2. 油漆品种 3. 涂刷遍数、漆膜厚度 4. 标志色方式、品种	1. m² 2. m	1. 以平方米计量,按设计图示表面积尺寸以面积计算 2 以米计量,按设计图示尺寸以长度计算	1. 除锈 2. 调配、涂刷
031208003	通风管道绝热	1. 绝热材料品种 2. 绝热厚度 3. 软木品种	1. m³ 2. m²	1. 以立方米计量,按图示表面积加绝热层厚度及调整系数计算 2 以平方米计量,按图示表面积及调整系数计算	

续表

项目编码	项目名称	项目特征	计量单位	工程量计算规则	工程内容
031208007	防潮层、保护层	1. 材料 2. 厚度 3. 层数 4. 对象 5. 结构形式	1. m² 2. kg	1. 以平方米计量,按图示表面积加绝热层厚度及调整系数计算 2. 以千克计量,按图示金属结构质量计算	安装

注:1. 风管展开面积,不扣除检查孔、测定孔、送风口、吸风口等所占面积;风管长度一律以设计图示中心线长度为准(主管与支管以其中心线交点划分),包括弯头、三通、变径管、天圆地方等管件的长度,但不包括部件所占的长度。风管展开面积不包括风管、管口重叠部分面积。风管渐缩管:圆形风管按平均直径,矩形风管按平均周长;

2. 穿墙套管按展开面积计算,计入通风管道工程量中;

3. 通风管道的法兰垫料或封口材料,按图纸要求应在项目特征中描述;

4. 净化通风管的空气清洁度按 100 000 级标准编制,净化通风管使用的型钢材料如要求镀锌时,工作内容应注明支架镀锌;

5. 弯头导流叶片数量,按设计图纸或规范要求计算;

6. 风管检查孔、温度测定孔、风量测定孔数量,按设计图纸或规范要求计算。

通风管道清单项目执行第七册第二章通风管道制作安装相应的定额子目,计价内容如下:

1. 碳钢通风管道

(1) 薄钢板风管制作安装:执行第七册第二章薄钢板风管装相应定额子目,区分圆形、矩形、连接方式、规格及壁厚等不同,按设计图示规格以展开面积计算,以"10 m²"为计量单位。

各类风管工程量计算时,不扣除检查孔、测定孔、送风口、吸风口等所占面积。风管展开面积不计算风管、管口重叠部分面积。风管长度计算时均以设计图示中心线长度(主管与支管以其中心线交点划分),包括弯头、变径管、天圆地方等管件的长度,不包括部件所占长度。即:风管展开面积 m² = 风管断面周长 × (风管中心线长度 - 部件长度)。

① 薄钢板风管通风系统设计采用渐缩管均匀送风者,圆形风管按平均直径、矩形风管按平均周长参照相应规格子目,其人工乘以系数 2.5。

② 如制作空气幕送风管时,按矩形风管平均周长执行相应风管规格子目,其人工乘以系数 3,其余不变。

③ 薄钢板风管子目中的板材,如设计要求厚度不同时可以换算,人工、机械消耗量不变。镀锌薄钢板风管子目中的板材是按镀锌薄钢板编制的,如设计要求不用镀锌薄钢板时,板材可以换算,其他不变。

④ 薄钢板通风管道安装中,包括弯头、三通、变径管、天圆地方等管件及法兰、加固框和吊托支架的制作安装,但不包括过跨风管落地支架。

(2) 薄钢板风管落地支架制作、安装:执行第七册第一章设备支架制作安装相应定额子目,区分支架重量的不同,按设计要求以"100 kg"为计量单位。支架的除锈、油漆,执行第十二册《刷油、防腐蚀、绝热工程》相应定额子目。

2. 净化通风管道

（1）净化风管制作安装：执行第七册第二章镀锌薄钢板风管相应定额子目，区分规格的不同，按设计图示规格以展开面积计算，以"10 m²"为计量单位。

① 净化圆形风管制作安装执行矩形风管制作安装子目，人工乘以系数 1.1。

② 净化风管涂密封胶按全部口缝外表面涂抹考虑。如设计要求口缝不涂抹而只在法兰处涂抹时，每 10 m² 风管应减去密封胶 1.5 kg 和一般技工 0.37 工日。

③ 净化通风管道定额中，包括弯头、三通、变径管、天圆地方等管件及法兰、加固框和吊托支架的制作安装，但不包括过跨风管落地支架。

（2）净化风管落地支架制作安装：执行第七册第一章"设备支架制作、安装"定额子目。支架的除锈、油漆，执行第十二册《刷油、防腐蚀、绝热工程》相应定额子目。

3. 不锈钢板风管

（1）不锈钢风管制作安装：执行第七册第二章不锈钢板风管相应定额子目，区分圆形、矩形、规格及壁厚的不同，按设计图示规格以展开面积计算，以"10 m²"为计量单位。

① 不锈钢板风管如设计厚度不同时可以换算，人工、机械不变。

② 不锈钢板风管咬口连接制作安装执行镀锌薄钢板风管法兰连接定额子目。

③ 不锈钢板风管制作安装定额中包括管件，但不包括法兰和吊托支架。

② 不锈钢风管法兰：执行第七册第三章不锈钢圆形法兰相应定额子目，区分重量的不同，按设计要求以"100 kg"为计量单位。

（2）不锈钢风管吊托支架：执行第七册第三章不锈钢吊托支架定额子目，按设计要求以"100 kg"为计量单位。

（3）不锈钢风管落地支架制作安装：执行第七册第一章"设备支架制作、安装"定额子目。支架的除锈、油漆，执行第十二册《刷油、防腐蚀、绝热工程》相应定额子目。

4. 铝板通风管道

（1）铝板风管制作安装：执行第七册第二章铝板风管相应定额子目，区分圆形、矩形风管的焊接方式、直径及壁厚的不同，按设计图示规格以展开面积计算，以"10 m²"为计量单位。

① 铝板风管如设计厚度不同时可以换算，人工、机械不变。

② 铝板风管制作安装定额中包括管件，但不包括法兰和吊托支架。

（2）铝板风管法兰：执行第七册第三章铝板法兰相应定额子目，区分圆形、矩形、重量的不同，按设计要求以"100 kg"为计量单位。

（3）铝板风管吊托支架：执行第七册第一章设备支架制作、安装子目。

（4）铝板风管落地支架制作安装：执行第七册第一章"设备支架制作、安装"定额子目。支架的除锈、油漆，执行第十二册《刷油、防腐蚀、绝热工程》相应定额子目。

5. 塑料通风管道

（1）塑料风管制作安装：执行第七册第二章塑料风管相应定额子目，区分圆形、矩形、规格及壁厚的不同，按设计图示规格以展开面积计算，以"10 m²"为计量单位。

① 塑料风管定额子目中规格所表示的直径为内径，周长为内周长。

② 塑料风管子目中的板材，如设计厚度不同时可以换算，人工、机械不变。

③ 塑料风管定额中包括管件、法兰、加固框，但不包括吊托支架制作安装。

（2）塑料风管吊托支架：执行第七册第一章设备支架制作、安装子目。

（3）塑料风管落地支架制作安装：执行第七册第一章"设备支架制作、安装"定额子目。支架的除锈、油漆，执行第十二册《刷油、防腐蚀、绝热工程》相应定额子目。

6. 玻璃钢通风管道

（1）玻璃钢风管制作安装：执行第七册第二章玻璃钢风管相应定额子目，区分圆形、矩形、规格的不同，按设计图示规格以展开面积计算，以"10 m²"为计量单位。

① 玻璃钢风管及管件以图示工程量加损耗计算，按外加工定做考虑。

② 玻璃钢风管定额中，包括弯头、三通、变径管、天圆地方等管件及法兰、加固框和吊托支架的制作安装，但不包括过跨风管落地支架。

（2）玻璃钢风管落地支架制作安装：执行第七册第一章"设备支架制作、安装"定额子目。支架的除锈、油漆，执行第十二册《刷油、防腐蚀、绝热工程》相应定额子目。

7. 复合型风管

（1）复合型风管制作安装：执行第七册第二章复合型风管相应定额子目，区分圆形、矩形、规格的不同，按设计图示规格以展开面积计算，以"10 m²"为计量单位。

① 复合型风管定额子目中规格所表示的直径为内径，周长为内周长。

② 复合型风管定额中，包括弯头、三通、变径管、天圆地方等管件及法兰、加固框和吊托支架的制作安装，但不包括过跨风管落地支架。

（2）复合型风管落地支架制作安装：执行第七册第一章"设备支架制作、安装"定额子目。支架的除锈、油漆，执行第十二册《刷油、防腐蚀、绝热工程》相应定额子目。

8. 柔性软风管

（1）柔性软风管制作安装：执行第七册第二章柔性软风管相应定额子目，区分有无保温、规格的不同，按设计图示中心线长度计算，以"m"为计量单位。

柔性软风管是指由金属、涂塑化纤织物、聚酯、聚乙烯、聚氯乙烯薄膜、铝箔等材料制成的软风管。

（2）柔性软风管接头安装：执行第七册第二章软管接头定额子目，按设计图示尺寸，以展开面积计算，以"m²"为计量单位。

（3）柔性软风管吊托支架：执行第七册第一章设备支架制作、安装定额子目。支架的除锈、油漆，执行第十二册《刷油、防腐蚀、绝热工程》相应定额子目。

9. 弯头导流叶片

执行第七册第二章弯头导流叶片定额子目，按设计图示叶片的面积计算，以"m²"为计量单位。

10. 风管检查孔、温度、风量测定孔

执行第七册第二章风管检查孔、温度风量测定孔定额子目，按设计图示尺寸，以每个的"m²"为计量单位。

11. 通风管道刷油

薄钢板风管刷油按附录 M.1"设备矩形管道刷油"清单编码列项；执行第十二册第二章设备与矩形管道刷油相应定额子目，区分刷油种类及遍数，按设计图示外表面积，以"10 m²"为计量单位。

（1）执行相应定额子目时，仅外（或内）面刷油定额乘以系数 1.20，内外均刷油定额乘以系数 1.10（其法兰加固框、吊托支架已包括在此系数内）。

（2）薄钢板部件刷油按其工程量执行金属结构刷油项目，定额乘以系数 1.15。

（3）薄钢板风管、部件以及单独列项的支架，其除锈不分锈蚀程度，均按其第一遍刷油的工程量，执行第十二册《刷油、防腐蚀、绝热工程》中除轻锈定额子目。

12. 通风管道绝热

按附录 M.8"通风管道绝热"清单编码列项；执行第十二册第四章绝热工程相应定额子目，区分保温材料、厚度、规格的不同，按设计要求保温体积，以"10 m³"为计量单位。

13. 通风管道防潮层、保护层

按附录 M.8"防潮层、保护层"清单编码列项；执行第十二册第四章防潮层、保护层相应定额子目，区分材料、安装方式的不同，按保温层外表面积以
"10 m²"为计量单位。

（1）矩形风管保温层体积如图 5.4 所示。其公式：
$$V = S\delta + 4\delta L。$$

（2）矩形风管外壳保护层面积计算公式：
$$S = [(A+B) \times 2 + 8\delta]L。$$

（3）圆形风管及设备简体保温层体积计算公式：
$$V = \pi \times (D + 1.033\delta) \times 1.033\delta \times L$$

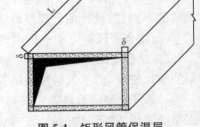

图 5.4　矩形风管保温层

（4）圆形风管及设备简体防潮和保护层面积计算公式：
$$S = \pi \times (D + \delta + 0.008\,2) \times L$$

上述公式中：S 为风管展开面积；A、B 为矩形风管截面尺寸(m)；D 为圆形风管直径(m)；δ 为保温材料厚度(m)；L 为风管或设备简体长度(m)，1.033、2.1 为调整系数；0.008 2 为捆扎线直径或钢带厚。

5.2.3　通风管道部件计量与计价项目

按照《通用安装工程工程量计算规范》（GB 50856—2013）附录 G.3，常用的碳钢通风管道部件清单项目、项目特征描述内容、计量单位、工程量计算规则、工程内容详见表 5-3。

表 5-3　通风管道部件制作安装（编码：030703）

项目编码	项目名称	项目特征	计量单位	工程量计算规则	工程内容
030703001	碳钢阀门	1. 名称 2. 型号 3. 规格 4. 质量 5. 类型 6. 支架形式、材质	个	按设计图示数量计算	1. 阀体制作 2. 阀体安装 3. 支架制作、安装

项目编码	项目名称	项目特征	计量单位	工程量计算规则	工程内容
030703007	碳钢风口、散流器、百叶窗	1. 名称 2. 型号 3. 规格 4. 质量 5. 类型 6. 形式	个	按设计图示数量计算	1. 风口制作、安装 2. 散流器制作、安装 3. 百叶窗安装
030703012	碳钢风帽	1. 名称 2. 规格 3. 质量 4. 类型 5. 形式 6. 风帽筝绳、泛水设计要求	个	按设计图数量计算	1. 风帽制作、安装 2. 筒形风帽滴水盘制作、安装 3. 风帽筝绳制作、安装 4. 风帽泛水制作、安装
030703017	碳钢罩类	1. 名称 2. 型号 3. 规格 4. 质量 5. 类型 6. 形式	个	按设计图数量计算	1. 罩类制作 2. 罩类安装
030703019	柔性接口	1. 名称 2. 规格 3. 材质 4. 类型 5. 形式	m²	按设计图示尺寸以展开面积计算	1. 柔性接口制作 2. 柔性接口安装
030703020	消声器	1. 名称 2. 规格 3. 材质 4. 形式 5. 质量 6. 支架形式、材质	个	按设计图示数量计算	1. 消声器制作 2. 消声器安装 3. 支架制作安装
030703021	静压箱	1. 名称 2. 规格 3. 形式 4. 材质 5. 支架形式、材质	1. 个 2. m²	1. 以个计量,按设计图示数量计算 2. 以平方米计量,按设计图示尺寸以展开面积计算	1. 静压箱制作、安装 2. 支架制作、安装

项目编码	项目名称	项目特征	计量单位	工程量计算规则	工程内容

注：1. 碳钢阀门包括：空气加热器上通阀、空气加热器旁通阀、圆形瓣式启动阀、风管蝶阀、风管止回阀、密闭式斜插板阀、矩形风管三通调节阀、对开多叶调节阀、风管防火阀、各型风罩调节阀等；

2. 碳钢风口、散流器、百叶窗包括：百叶风口、矩形送风口、矩形空气分布器、风管插板风口、旋转吹风口、圆形散流器、方形散流器、流线型散流器、送吸风口、活动箅式风口、网式风口、钢百叶窗等；

3. 碳钢罩类包括：皮带防护罩、电动机防雨罩、侧吸罩、中小型零件焊接台排气罩、整体分组式槽边侧吸罩、吹吸式槽边通风罩、条缝槽边抽风罩、泥心烘炉排气罩、升降式回转排气罩、上下吸式圆形回转罩、升降式排气罩、手锻炉排气罩；

4. 柔性接口指：金属、非金属软接口及伸缩节；

5. 消声器包括：片式消声器、矿棉管式消声器、聚酯泡沫管式消声器、卡普隆纤维管式消声器、弧形声流式消声器、阻抗复合式消声器、微穿孔板消声器、消声弯头；

6. 通风部件图纸要求制作安装，或用成品部件只安装不制作，这类特征在项目特征中应明确描述；

7. 静压箱的面积计算：按设计图示尺寸以展开面积计算，不扣除开口的面积。

常用的碳钢通风管道部件清单项目执行第七册第三章通风管道部件安装相应的定额子目，计价内容如下：

1. 碳钢阀门

（1）碳钢阀门安装：执行第七册第三章碳钢阀门安装相应定额子目，区分风阀类型、直径（圆形）或周长（方形），按设计图示数量计算，以"个"为计量单位。

① 密闭式对开多叶调节阀与手动式对开多叶调节阀执行同一定额子目。

② 风管蝶阀安装定额子目适用于圆形保温蝶阀，方、矩形保温蝶阀，圆形蝶阀，方、矩形蝶阀。

③ 风管止回阀安装定额子目适用于圆形风管止回阀、方形风管止回阀。

④ 铝合金或其他材料制作的风阀安装应执行第三章碳钢阀门相应子目。

（2）调节阀支架制作、安装：执行第七册第一章"设备支架制作安装"定额子目。支架的除锈、油漆，执行第十二册《刷油、防腐蚀、绝热工程》相应定额子目。

2. 碳钢风口、散流器、百叶窗

执行第七册第三章碳钢各种风口、散流器、百叶窗安装相应定额子目，依据类型、规格尺寸的不同，按设计图示数量计算，以"个"为计量单位。

（1）碳钢散流器安装定额子目适用于圆形直片散流器、方形直片散流器、流线型散流器。

（2）碳钢送吸风口安装子目适用于单面送吸风口、双面送吸风口。

（3）铝合金风口安装应执行碳钢风口子目，人工乘以系数 0.9；塑料风口安装应执行碳钢风口子目，人工乘以系数 0.8。

3. 碳钢风帽

（1）风帽制作安装：执行第七册第三章碳钢风帽相应定额子目，区分类型、质量的不同，按其质量以"100 kg"为计量单位；非标准风帽制作安装按成品质量以"100 kg"为计量单位。风帽为成品安装时制作不再计算。

（2）筒形风帽滴水盘制作安装：执行第七册第三章碳钢筒形风帽滴水盘相应定额子目，区分质量的不同，按设计图示尺寸以质量计算，以"100 kg"为计量单位。

（3）碳钢风帽筝绳制作安装：执行第七册第三章碳钢风帽筝绳定额子目，按设计图示规格长度以质量计算,以"100 kg"为计量单位。

(4)碳钢风帽泛水制作安装:执行第七册第三章碳钢风帽泛水定额子目,按设计图示尺寸以展开面积计算,以"m²"为计量单位。

4. 碳钢罩类

执行第七册第三章罩类相应定额子目,区分类型的不同,按其质量以"kg"为计量单位;非标准罩类制作安装按成品质量以"kg"为计量单位。罩类为成品安装时制作不再计算。

5. 柔性接口

执行第七册第三章柔性接口及伸缩节相应定额子目,区分有无法兰,按其设计外表面积以"m²"为计量单位。

6. 消声器

执行第七册第三章消声器相应定额子目,区分类型、规格的不同,微穿孔板消声器、管式消声器、阻抗式消声器成品安装按设计图示数量计算,以"节"为计量单位。消声弯头安装按设计图示数量计算,以"个"为计量单位。

管式消声器安装适用于各类管式消声器。

消声器定额工作内容中含吊托支架制作安装。

7. 静压箱

(1)静压箱制作、安装:执行第七册第三章静压箱相应定额子目,消声静压箱安装区分展开面积的不同,按设计图示数量计算,以"个"为计量单位;其他静压箱制作安装按设计图示尺寸以展开面积计算,以"m²"为计量单位。

(2)静压箱支架制作、安装:执行第七册第一章"设备支架制作安装"定额子目。支架的除锈、油漆,执行第十二册《刷油、防腐蚀、绝热工程》相应定额子目。

5.2.4　通风工程检测调试计量与计价项目

按照《通用安装工程工程量计算规范》(GB 50856—2013)附录 G.4,通风工程检测调试清单项目、项目特征描述内容、计量单位、工程量计算规则、工程内容详见表 5-4。

表 5-4　通风工程检测、调试(编码:030704)

项目编码	项目名称	项目特征	计量单位	工程量计算规则	工程内容
030704001	通风工程检测、调试	风管工程量	系统	按通风系统计算	1. 通风管道风量测定 2. 风压测定 3. 温度测定 4. 各系统风口、阀门调整
030704002	风管漏光试验、漏风试验	漏光试验、漏风实验、设计要求	m²	按设计图纸或规范要求以展开面积计算	通风管道漏光试验、漏风实验

通风工程检测调试清单项目计价按第七册定额说明中通风系统调整费计算,即按通风系统工程人工费 7%计取,其费用中人工费占 35%,包括风管漏风量测试和漏光法测试费用。

5.3　建筑通风工程招标控制价实例

因建筑通风工程的设计施工图纸太大,及通风工程量用算量软件计算效率更高,本书篇幅有限,故未列出通风工程施工图和工程量计算式,仅提供某办公楼通风工程招标控制价文件供大家参考用。

1. 封面

表 5－5　封面

某办公楼通风工程 **招标控制价**
招标控制价(小写):380129.19 元 (大写):叁拾捌万零壹佰贰拾玖元壹角玖分
招标人:略工程造价咨询人:略 (单位盖章)(单位资质专用章)
法定代表人法定代表人 或其授权人:略或其授权人:略 (签字或盖章)(签字或盖章)
编制人:略复核人:略 (造价人员签字盖专用章)(造价工程师签字盖专用章)
编制时间:×年×月×日复核时间:×年×月×日

2. 总说明

表 5－6　总说明

某办公楼消防工程招标控制价 **编制说明**
一、工程概况 　该项目为江西省某市区的一栋办公楼,框架结构,地上 11 层、地下 1 层,檐高 42 m,建筑面积为 22 348 m²。本招标控制价计算范围为设计施工图中的平时通风系统。 　二、招标控制价编制依据 　1. 建设单位提供的该工程设计施工图纸及相关通知; 　2.《建设工程工程量清单计价规范》(GB 50500—2013); 　3.《江西省通用安装工程消耗量定额及统一基价表(2017)》及其配套的费用定额; 　4. 主要材料价格:按江西省造价管理站发布的安装工程信息价,信息价中没有的主材单价按市场中档材料价格计取; 　5. 按现行政策性文件,安装人工费按 100 元/工日调差;一般计税法计算税金。 　三、招标控制价说明 　1. 考虑到施工中可能发生的设计变更或签证,按业主要求,本工程量清单暂列金额为 50 000 元;各类通风机为暂估价材料,决算时就按实调整。 　2. 其他说明本章省略。

3. 单位工程招标控制价汇总表

表 5 - 7　单位工程招标控制价汇总表

工程名称:某办公楼通风工程(招标控制价)

序号	汇总内容	金额:(元)	其中:暂估价(元)
一	分部分项工程量清单计价合计	274 102.29	58 625.27
1	其中:定额人工费	57 137.12	
2	其中:定额机械费	2 135.4	
1.1	1. 平时通风	274 102.29	58 625.27
	措施项目合计	14 852.91	
二	单价措施项目清单计价合计	5 696.23	
3	其中:定额人工费	2 593.34	
4	其中:定额机械费		
三	总价措施项目清单计价合计	9 156.68	
5	安全文明施工措施费	7 352.82	
5.1	安全文明环保费	5 148.77	
5.2	临时设施费	2 204.05	
6	其他总价措施费	1 803.86	
6a	扬尘治理措施费		
四	其他项目清单计价合计	50 000	—
五	规费	9 787.18	—
7	社会保险费	7 733.23	—
8	住房公积金	1 954.96	—
9	工程排污费	98.99	—
六	税金	31 386.81	—
	招标控制价合计	380 129.19	58 625.27

4. 分部分项工程及单价措施项目清单与计价表

表 5-8　分部分项工程及单价措施项目清单与计价表

工程名称:某办公楼通风工程(招标控制价)

序号	编码	名称	项目特征描述	计量单位	工程量	综合单价	合价	其中 暂估价
		1. 平时通风					274 102.29	58 625.27
1	030108001001	离心式通风机	1. 消防高温排烟风机(双速)HTF(A)-Ⅱ-10 2. 风量 35 000/24 019 m³/h 3. 支架制作安装	台	1	17 924.15	17 924.15	15 964.52
2	030108001002	离心式通风机	1. 消防高温排烟风机(双速)HTF(A)-Ⅱ-8 2. 风量 26 012/17 222 m³/h 3. 支架制作安装	台	1	12 602.65	12 602.65	10 643.02
3	030108001003	离心式通风机	1. 消防高温排烟风机 HTF(A)-Ⅰ-8 2. 风量 26 012 m³/h 3. 支架制作安装	台	1	10 828.81	10 828.81	8 869.18
4	030108001004	离心式通风机	1. 消防高温排烟风机 HTF(A)-Ⅰ-6.5 2. 风量 21 500 m³/h 3. 支架制作安装	台	2	9 054.98	18 109.96	14 190.68
5	030108003001	轴流通风机	1. 高效低噪声混流风机 SWF(A)-Ⅰ-7 2. 风量 15 319 m³/h	台	1	5 354.49	5 354.49	5 144.12
6	030108003002	轴流通风机	1. 高效低噪声混流风机 SWF(A)-Ⅰ-6 2. 风量 10 000 m³/h	台	1	4 024.12	4 024.12	3 813.75
7	030108003003	轴流通风机	1. 低噪声壁式轴流风机 DZ-1-3 2. 风量 2 000 m³/h	台	2	906.97	1 813.94	
8	030108006001	其他风机	吸顶式换气扇 FV-24CU6C(带止回阀)	台	18	145.8	2 624.4	
9	030108006002	其他风机	吸顶式换气扇 FV-32CU6C(带止回阀)	台	25	171.73	4 293.25	
10	030703019001	柔性接口		m²	14.6	422.82	6 173.17	

序号	编码	名称	项目特征描述	计量单位	工程量	金额（元）		其中
						综合单价	合价	暂估价
11	030702001001	碳钢通风管道	1. 材质:镀锌钢板 2. 形状:圆形 3. 直径:D600 4. 板材厚度:0.75 mm 5. 接口形式:咬口	m²	3.4	157.03	533.9	
12	030702001002	碳钢通风管道	1. 材质:镀锌钢板 2. 形状:圆形 3. 直径:200 mm 以下 4. 板材厚度:0.5 mm 5. 接口形式:咬口	m²	24.9	189.8	4 726.02	
13	030702001003	碳钢通风管道	1. 材质:镀锌钢板 2. 形状:矩形 3. 长边长(mm)≤1 000 4. 板材厚度:0.75 mm 5. 接口形式:咬口	m²	168.84	133.13	22 477.67	
14	030702001004	碳钢通风管道	1. 材质:镀锌钢板 2. 形状:矩形 3. 长边长(mm)≤1 250 4. 板材厚度:1.0 mm 5. 接口形式:咬口	m²	394.92	152.35	60 166.06	
15	030702001005	碳钢通风管道	1. 材质:镀锌钢板 2. 形状:矩形 3. 长边长(mm)≤2 000 4. 板材厚度:1.2 mm 5. 接口形式:咬口	m²	366.44	176.53	64 687.65	
16	030703001001	碳钢阀门	280 度排烟防火阀 1 600 * 400	个	1	880.47	880.47	
17	030703001002	碳钢阀门	280 度排烟防火阀 1 800 * 250	个	1	759.44	759.44	
18	030703001003	碳钢阀门	280 度排烟防火阀 2 000 * 500	个	2	992.86	1 985.72	
19	030703001004	碳钢阀门	70 度防火调节阀 500 * 250	个	1	397.01	397.01	
20	030703001005	碳钢阀门	70 度防火调节阀 1 000 * 250	个	2	539.49	1 078.98	
21	030703001006	碳钢阀门	70 度防火调节阀 1 200 * 250	个	1	561.09	561.09	
22	030703001007	碳钢阀门	70 度防火阀 D100	个	9	310.57	2 795.13	

续表

序号	编码	名称	项目特征描述	计量单位	工程量	金额（元）		其中
						综合单价	合价	暂估价
23	030703001008	碳钢阀门	70 度防火阀 D150	个	20	327.85	6 557	
24	030703007001	碳钢风口	防火百叶风口 500*500	个	1	737.47	737.47	
25	030703007002	碳钢风口	单层百叶风口（带调节阀）500*400	个	1	237.91	237.91	
26	030703007003	碳钢风口	单层百叶风口（带调节阀）630*400	个	19	300	5 700	
27	030703007004	碳钢风口	单层百叶风口（带调节阀）800*800	个	1	556.81	556.81	
28	030703007005	碳钢风口	单层百叶风口（带调节阀）2 000*500	个	2	755.64	1 511.28	
29	030703007006	碳钢风口	常闭多叶送风口（800*250）*630	个	1	983.53	983.53	
30	030703007007	碳钢风口	多叶排烟口（800*250）*630	个	2	1 329.32	2 658.64	
31	030703007008	碳钢风口	防雨百叶风口 250*250	个	1	63.08	63.08	
32	030703007009	碳钢风口	防雨百叶风口 1 000*250	个	1	201.51	201.51	
33	030703007010	碳钢风口	防雨百叶风口 1 200*400	个	1	331.89	331.89	
34	030703007011	碳钢风口	防雨百叶风口 1 500*800	个	1	742.42	742.42	
35	030703007012	碳钢风口	防雨百叶风口 2 000*500	个	3	656.59	1 969.77	
36	030703007013	碳钢风口	防雨百叶风口 2 000*1 200	个	2	1 396.16	2 792.32	
37	030704001001	通风工程检测、调试		系统	1	4 260.58	4 260.58	
		技术措施项目					5 696.23	
38	031301017001	脚手架搭拆		项	1	2 434.61	2 434.61	
39	031302007001	高层施工增加		项	1	3 261.62	3 261.62	
合　计							279 798.52	58 625.27

5. 总价措施项目清单与计价表

表 5 - 9　总价措施项目清单与计价表

工程名称:某办公楼通风工程(招标控制价)

序号	项目编码	项目名称	计算基础	费率(%)	金额(元)	调整费率(%)	调整后金额(元)	备注
1	1	安全文明施工措施费			7 352.82			
2	1.1	安全文明环保费(环境保护、文明施工、安全施工费)			5 148.77			
3	1.2	临时设施费			2 204.05			
4	2	其他总价措施费			1 803.86			
合　　计					9 156.68			

6. 其他项目清单与计价汇总表

表 5 - 10　其他项目清单与计价汇总表

工程名称:某办公楼消防工程(招标控制价)

序号	项目名称	金额(元)	结算金额(元)	备注
1	暂列金额	50 000		明细详见表-12-1
2	暂估价			
2.1	材料(工程设备)暂估价	—		明细详见表-12-2
2.2	专业工程暂估价			明细详见表-12-3
3	计日工			明细详见表-12-4
4	总承包服务费			明细详见表-12-5
5	索赔与现场签证			明细详见表-12-6
	合计	50 000		

7. 暂列金额明细表

表 5 - 11　暂列金额明细表

工程名称:某办公楼通风工程(招标控制价)

序号	项目名称	计量单位	合价	备注
1	用于设计变更或签证	项	50 000	
2				
	暂列金额合计		50 000	

8. 材料(工程设备)暂估单价表

表 5 - 12　材料(工程设备)暂估单价表

工程名称:某办公楼通风工程(招标控制价)

序号	材料(工程设备)名称、规格、型号	进项税率(%)	计量单位	数量		市场单价	
				暂估	确认	单价	合价
1	消防高温排烟风机(双速)HTF(A)-Ⅱ-10 风量 35 000/24 019 m³/h	12.75	台	1		15 964.52	15 964.52
2	消防高温排烟风机(双速)HTF(A)-Ⅱ-8 风量 26 012/17 222 m³/h	12.75	台	1		10 643.02	10 643.02
3	消防高温排烟风机 HTF(A)-Ⅰ-8 风量 260 120 m³/h	12.75	台	1		8 869.18	8 869.18
4	消防高温排烟风机 HTF(A)-Ⅰ-6.5 风量 21 500 m³/h	12.75	台	2		7 095.34	14 190.68
5	高效低噪声混流风机 SWF(A)-Ⅰ-7 风量 15 319 m³/h	12.75	台	1		5 144.12	5 144.12
6	高效低噪声混流风机 SWF(A)-Ⅰ-6 风量 10 000 m³/h	12.75	台	1		3 813.75	3 813.75
1	消防高温排烟风机(双速)HTF(A)-Ⅱ-10 风量 35 000/24 019 m³/h	12.75	台	1		15 964.52	15 964.52

9. 规费、税金项目清单与计价表

表 5 - 13　规费、税金项目清单与计价表

工程名称:某办公楼通风工程(招标控制价)

序号	项目名称	计算基础	计算基数	计算费率(%)	金额
1	规费				9 787.18
1.1	社会保险费	定额人工费+定额机械费			7 733.23
1.2	住房公积金	定额人工费+定额机械费			1 954.96
1.3	工程排污费	定额人工费+定额机械费			98.99
2	税金	分部分项+措施项目+其他项目+规费	348 742.38	9	31 386.81

10. 人工、主要材料设备价格表(仅供参考)

表 5 - 14　人工、主要材料设备价格表

工程名称:某办公楼通风工程(招标控制价)

序号	编码	名称及规格	单位	单价	数量	合价
一		人工				
1	00010104	综合工日	工日	100	656.12	65 612

序号	编码	名称及规格	单位	单价	数量	合价
二		主要材料设备				
1	Z00060@1	消防高温排烟风机（双速）HTF(A)-Ⅱ-10|风量 35 000/24 019 m³/h	台	15 560.17	1	15 560.17
2	Z00060@2	消防高温排烟风机（双速）HTF(A)-Ⅱ-8|风量 26 012/17 222 m³/h	台	10 373.44	1	10 373.44
3	Z00060@3	消防高温排烟风机 HTF(A)-Ⅰ-8|风量 260 120 m³/h	台	8 644.54	1	8 644.54
4	Z00060@4	消防高温排烟风机 HTF(A)-Ⅰ-6.5|风量 21 500 m³/h	台	6 915.63	2	13 831.26
5	Z00063@3	低噪声壁式轴流风机 DZ-1-3|风量 2 000 m³/h	台	743.43	2	1 486.86
6	Z00064@1	高效低噪声混流风机 SWF(A)-Ⅰ-6|风量 10 000 m³/h	台	3 717.15	1	3 717.15
7	Z00064@2	高效低噪声混流风机 SWF(A)-Ⅰ-7|风量 15 319 m³/h	台	5 013.83	1	5 013.83
8	Z00071@2	吸顶式换气扇|FV-24CU6C（带止回阀）	台	129.67	18	2 334.06
9	Z00071@3	吸顶式换气扇|FV-32CU6C（带止回阀）	台	155.6	25	3 890
10	01210109Z	角钢（综合）	kg	4.21	3 918.907	16 498.6
11	01290525Z	镀锌薄钢板 δ 0.5	m²	27.53	28.336	780.1
12	01290535Z	镀锌薄钢板 δ 0.75	m²	41.23	196.009	8 081.46
13	01290537Z	镀锌薄钢板 δ 1.0	m²	55.07	449.419	24 749.5
14	01290539Z	镀锌薄钢板 δ 1.2	m²	66.13	417.009	27 576.79
15	22410106@1	常闭多叶送风口|(800×250)×630	个	950.9	1	950.9
16	22410106@2	多叶排烟口|(800×250)×630	个	1 296.68	2	2 593.36
17	22410241@1	防雨百叶风口|1 000×250	个	138.31	1	138.31
18	22410241@4	防雨百叶风口|250×250	个	34.58	1	34.58
19	22410241@5	防火百叶风口|500×500	个	674.27	1	674.27
20	22410241@6	防雨百叶风口|1 200×400	个	259.34	1	259.34
21	22410241@7	防雨百叶风口|2 000×500	个	535.96	3	1 607.88
22	22410241@8	防雨百叶风口|2 000×1 200	个	1 253.46	2	2 506.92
23	22410241@9	防雨百叶风口|1 500×800	个	648.34	1	648.34
24	22410246@1	单层百叶风口（带调节阀）|630×400	个	190.18	19	3 613.42

序号	编码	名称及规格	单位	单价	数量	合价
25	22410246@2	单层百叶风口(带调节阀)|500×400	个	155.6	1	155.6
26	22410246@3	单层百叶风口(带调节阀)|800×800	个	389	1	389
27	22410246@4	单层百叶风口(带调节阀)|2 000×500	个	587.83	2	1 175.66
28	22530435@1	280度排烟防火阀|2 000×500	个	734.79	2	1 469.58
29	22530435@2	70度防火阀|D150	个	198.82	20	3 976.4
30	22530435@3	70度防火调节阀|1 000×250	个	345.78	2	691.56
31	22530435@5	280度排烟防火阀|1 600×400	个	622.41	1	622.41
32	22530435@6	280度排烟防火阀|1 800×250	个	501.38	1	501.38
33	22530435@7	70度防火调节阀|500×250	个	267.98	1	267.98
34	22530435@8	70度防火调节阀|1 200×250	个	367.39	1	367.39
35	22530435@9	70度防火阀|D100	个	181.54	9	1 633.86
		主材设备合计			166 815.9	

注:上表中主要材料设备单价是不含税市场价,即材料单价中不包含增值税可抵扣进项税额的价格。

11. 工程量清单综合单价分析表

由于《建设工程工程量清单规范》(GB 50500—2013)中的表-09:综合单价分析表的篇幅过大,本章省略。提供下面的"清单、定额计价分析表"在清单计价时执行定额子目参考用。

12. 参考用的分部分项工程量清单计价表(含定额子目)

表 5-15 分部分项工程量清单计价表(含定额子目)

工程名称:某办公楼通风工程(招标控制价)

序号	项目编码	项目名称	项目特征	计量单位	工程量
			1. 平时通风		
1	030108001001	离心式通风机	1. 消防高温排烟风机(双速)HTF(A)-Ⅱ-10 2. 风量35 000/24 019 m³/h 3. 支架制作安装	台	1
	7-1-60	离心式通风机 风机安装风量(m³/h)≤62 000		台	1
	7-1-86	设备支架 ≤50 kg		100 kg	0.3
2	030108001002	离心式通风机	1. 消防高温排烟风机(双速)HTF(A)-Ⅱ-8 2. 风量26 012/17 222 m³/h 3. 支架制作安装	台	1
	7-1-60	离心式通风机 风机安装风量(m³/h)≤62 000		台	1
	7-1-86	设备支架 ≤50 kg		100 kg	0.3

序号	项目编码	项目名称	项目特征	计量单位	工程量
3	030108001003	离心式通风机	1. 消防高温排烟风机 HTF(A)-Ⅰ-8 2. 风量 26 012 m³/h 3. 支架制作安装	台	1
	7-1-60	离心式通风机 风机安装风量(m³/h)≤62 000		台	1
	7-1-86	设备支架 ≤50 kg		100 kg	0.3
4	030108001004	离心式通风机	1. 消防高温排烟风机 HTF(A)-Ⅰ-6.5 2. 风量 21 500 m³/h 3. 支架制作安装	台	2
	7-1-60	离心式通风机 风机安装风量(m³/h)≤62 000		台	2
	7-1-86	设备支架 ≤50 kg		100 kg	0.6
5	030108003001	轴流通风机	1. 高效低噪声混流风机 SWF(A)-Ⅰ-7 2. 风量 15 319 m³/h	台	1
	7-1-64	轴流式、斜流式、混流式通风机安装风量(m³/h)≤25 000		台	1
6	030108003002	轴流通风机	1. 高效低噪声混流风机 SWF(A)-Ⅰ-6 2. 风量 10 000 m³/h	台	1
	7-1-64	轴流式、斜流式、混流式通风机安装风量(m³/h)≤25 000		台	1
7	030108003003	轴流通风机	1. 低噪声壁式轴流风机 DZ-1-3 2. 风量 2 000 m³/h	台	2
	7-1-63	轴流式、斜流式、混流式通风机安装风量(m³/h)≤8 900		台	2
8	030108006001	其他风机	吸顶式换气扇 FV-24CU6C(带止回阀)	台	18
	7-1-71	卫生间通风器安装		台	18
9	030108006002	其他风机	吸顶式换气扇 FV-32CU6C(带止回阀)	台	25
	7-1-71	卫生间通风器安装		台	25
10	030703019001	柔性接口		m²	14.6
	7-3-135	柔性接口及伸缩节 无法兰		m²	14.6

序号	项目编码	项目名称	项目特征	计量单位	工程量
11	030702001001	碳钢通风管道	1. 材质:镀锌钢板 2. 形状:圆形 3. 直径:D600 4. 板材厚度:0.75 mm 5. 接口形式:咬口	m²	3.4
	7-2-3	镀锌薄钢板圆形风管(δ=1.2 mm 以内咬口)直径(mm)≤1 000		10 m²	0.34
12	030702001002	碳钢通风管道	1. 材质:镀锌钢板 2. 形状:圆形 3. 直径:200 mm 以下 4. 板材厚度:0.5 mm 5. 接口形式:咬口	m²	24.9
	7-2-1	镀锌薄钢板圆形风管(δ=1.2 mm 以内咬口)直径(mm)≤320		10 m²	2.49
13	030702001003	碳钢通风管道	1. 材质:镀锌钢板 2. 形状:矩形 3. 长边长(mm)≤1 000 4. 板材厚度:0.75 mm 5. 接口形式:咬口	m²	168.84
	7-2-8	镀锌薄钢板矩形风管(δ=1.2 mm 以内咬口)长边长(mm)≤1 000		10 m²	16.884
14	030702001004	碳钢通风管道	1. 材质:镀锌钢板 2. 形状:矩形 3. 长边长(mm)≤1 250 4. 板材厚度:1.0 mm 5. 接口形式:咬口	m²	394.92
	7-2-9	镀锌薄钢板矩形风管(δ=1.2 mm 以内咬口)长边长(mm)≤1 250		10 m²	39.492
15	030702001005	碳钢通风管道	1. 材质:镀锌钢板 2. 形状:矩形 3. 长边长(mm)≤2 000 4. 板材厚度:1.2 mm 5. 接口形式:咬口	m²	366.44
	7-2-10	镀锌薄钢板矩形风管(δ=1.2 mm 以内咬口)长边长(mm)≤2 000		10 m²	36.644
16	030703001001	碳钢阀门	280 度排烟防火阀 1 600×400	个	1
	7-3-27	碳钢调节阀安装 风管防火阀周长(mm)≤5 400		个	1
17	030703001002	碳钢阀门	280 度排烟防火阀 1 800×250	个	1
	7-3-27	碳钢调节阀安装 风管防火阀周长(mm)≤5 400		个	1

续表

序号	项目编码	项目名称	项目特征	计量单位	工程量
18	030703001003	碳钢阀门	280 度排烟防火阀 2 000×500	个	2
	7-3-27	碳钢调节阀安装 风管防火阀周长(mm)≤5 400		个	2
19	030703001004	碳钢阀门	70 度防火调节阀 500×250	个	1
	7-3-25	碳钢调节阀安装 风管防火阀周长(mm)≤2 200		个	1
20	030703001005	碳钢阀门	70 度防火调节阀 1 000×250	个	2
	7-3-26	碳钢调节阀安装 风管防火阀周长(mm)≤3 600		个	2
21	030703001006	碳钢阀门	70 度防火调节阀 1 200×250	个	1
	7-3-26	碳钢调节阀安装 风管防火阀周长(mm)≤3 600		个	1
22	030703001007	碳钢阀门	70 度防火阀 D100	个	9
	7-3-25	碳钢调节阀安装 风管防火阀周长(mm)≤2 200		个	9
23	030703001008	碳钢阀门	70 度防火阀 D150	个	20
	7-3-25	碳钢调节阀安装 风管防火阀周长(mm)≤2 200		个	20
24	030703007001	碳钢风口	防火百叶风口 500×500	个	1
	7-3-37	碳钢风口安装 百叶风口周长(mm)≤2 500		个	1
25	030703007002	碳钢风口	单层百叶风口(带调节阀)500×400	个	1
	7-3-58	碳钢风口安装 带调节阀(过滤器)百叶风口安装周长(mm)≤1 800		个	1
26	030703007003	碳钢风口	单层百叶风口(带调节阀)630×400	个	19
	7-3-59	碳钢风口安装 带调节阀(过滤器)百叶风口安装周长(mm)≤2 400		个	19
27	030703007004	碳钢风口	单层百叶风口(带调节阀)800×800	个	1
	7-3-61	碳钢风口安装 带调节阀(过滤器)百叶风口安装周长(mm)≤4 000		个	1
28	030703007005	碳钢风口	单层百叶风口(带调节阀)2 000×500	个	2
	7-3-61	碳钢风口安装 带调节阀(过滤器)百叶风口安装周长(mm)≤4 000		个	2
29	030703007006	碳钢风口	常闭多叶送风口(800×250)×630	个	1
	7-3-99	碳钢风口安装 多叶排烟口(送风口)周长(mm)≤3 800		个	1

续表

序号	项目编码	项目名称	项目特征	计量单位	工程量
30	030703007007	碳钢风口	多叶排烟口（800×250）×630	个	2
	7-3-99	碳钢风口安装 多叶排烟口（送风口）周长(mm)≤3 800		个	2
31	030703007008	碳钢风口	防雨百叶风口 250×250	个	1
	7-3-35	碳钢风口安装 百叶风口周长(mm)≤1 280		个	1
32	030703007009	碳钢风口	防雨百叶风口 1 000×250	个	1
	7-3-37	碳钢风口安装 百叶风口周长(mm)≤2 500		个	1
33	030703007010	碳钢风口	防雨百叶风口 1 200×400	个	1
	7-3-38	碳钢风口安装 百叶风口周长(mm)≤3 300		个	1
34	030703007011	碳钢风口	防雨百叶风口 1 500×800	个	1
	7-3-39	碳钢风口安装 百叶风口周长(mm)≤4 800		个	1
35	030703007012	碳钢风口	防雨百叶风口 2 000×500	个	3
	7-3-40	碳钢风口安装 百叶风口周长(mm)≤6 000		个	3
36	030703007013	碳钢风口	防雨百叶风口 2 000×1 200	个	2
	7-3-41	碳钢风口安装 百叶风口周长(mm)≤7 000		个	2
37	030704001001	通风工程检测、调试		系统	1
	BM36	系统调整费（第七册 通风空调工程）		元	1

思政案例

　　铁人王进喜是中国石油工业的著名劳动模范和英雄人物，他的事迹在中国具有深远的影响。

　　1950 年代初，大庆油田环境恶劣，条件艰苦，但王进喜不畏困难，带领他的团队克服重重障碍，为开发油田做出了巨大贡献。在大庆油田的开发过程中，王进喜多次带领团队超额完成钻井任务。他坚持在一线工作，深入实际，解决了许多技术难题。在生命的最后阶段，王进喜被诊断出患有严重的疾病，但他依然坚持工作，在病床上还在思考工作问题，直至生命的最后一刻。

　　王进喜提倡的"铁人精神"，即"艰苦奋斗、勇于创新、不怕牺牲、忠于职守"的精神，成为中国人民的重要精神财富。

复习思考题

　　1. 建筑通风工程中的通风机如何列清单项目及执行定额？

2. 通风空调设备的支架制作安装、支架除锈刷油如何计价？

3. 通风管道工程量如何计算？

4. 薄钢板风管的吊托架、过跨风管落地支架制作安装如何计价？

5. 通风管道刷油、绝热如何列清单项目及执行定额？

6. 铝合金风口如何执行定额？

7. 调节阀、消声器、静压箱的支架制作安装如何计价？

8. 通风空调系统水管如何列清单项目及执行定额？

9. 通风工程检测调试清单项目如何列项及计价？

10. 上机操作题：应用计价软件编制本章办公楼通风工程主要项目的招标控制价，并导出相应表格。

第 6 章　安装工程计量与计价软件简介

【教学目的】

了解现行安装工程算量与计价软件的特点及操作程序。

【教学重点】

介绍广联达 BIM 安装算量软件 GQI2021 和广联达 GBQ4.0 计价软件。

【思政元素】

党的十八大以来,习近平总书记用"创新智慧"领航中国行稳致远。"惟改革者进,惟创新者强,惟改革创新者胜"。

我们要打破传统的学习模式,要用创新思维学习;鼓励自己对各种现象提出问题,不满足于表面答案,深入探究其背后的原理和逻辑;通过实际操作;敢于挑战传统观念,通过批判性思考,识别和纠正错误的观念和方法,促进知识的发展;要持续学习,不断适应新的技术和趋势。

6.1　安装工程造价软件概述

计算机编制安装工程施工图预算,是指利用计算机代替人手,进行工程量计算、工程量清单编制、定额套用、费用计取、工料分析等一系列的工作,完成安装工程施工图预算的编制。对于安装工程施工图预算来说,用手工编制,其计算量大,耗时长。现阶段,应用计算机辅助编制施工图预算已得到迅猛发展。

随着计算机硬件与软件技术的不断提高,安装工程造价应用软件的设计水平也越来越高,用计算机辅助编制施工图预算的应用也越来越广泛。

1. 安装工程造价软件的特点

（1）数据计算和整理快捷

安装工程算量与计价,因专业涉及范围广,项目多,特别是管线复杂、设备多样,运用计算机辅助处理,计算速度快,又节省人力物力,还便于过程中的变更处理及长期保存。另外工程材料价格是经常变动的,而材料费占工程造价的 60% 左右,对造价影响较大,采用计算机管理,存储方便,修改便捷,并且有利于材料价格的预测。

（2）便于计算与调整

在施工企业投标报价的过程中,计算机显示出极大的优越性。在编制报价的过程中,投标人根据工程图纸和现场施工条件计算出工程预算。在此基础上,根据市场的竞争情况,要采取某些报价策略,对工程预算价格进行调整,例如,采用不平衡报价策略将对某些分项工程的价格降低,而对某些项目的价格升高,而总价保持不变,如采用计算机则方便、迅速。

（3）方便多指标的形成

应用计算机辅助编制工程造价，不仅能计算工程造价、招标标底和投标报价，而且根据需要可生成多项指标。例如，主材用量、平方米材料含量、分部造价等。

2. 安装工程造价软件的发展

在 20 世纪 90 年代初期以前，计算机还未普及，工程预算编制人员不得不进行大量的手工作业来完成预算编制，由于很多建筑安装工程量大、工程复杂，涉及面广，预算编制人员要面对大量的图纸、数据和资料，费时费力，而且不可避免地要出现这样那样的错误，这时就需要返工重算，浪费大量人力、财力。计算机的出现，特别是预算应用软件的出现把预算编制人员从大量繁杂的劳动中解放出来，不但加快了预算编制的速度，而且还提高了预算编制的准确度，避免了不必要的损失。

在我国比较广泛使用的安装工程软件有《神机妙算造价管理软件》《PKPM 造价管理软件》《广联达工程造价管理软件》《清华斯维尔造价管理软件》《鲁班造价管理软件》等，这几家软件设计公司实力都比较大的，他们的软件在全国各地都有使用，得到良好的使用效果。

而由于各省市所采用的定额不同，在一些比较大的省市又有各自编制的预算软件，结合各省市的情况编制适合的本地区预算软件系统，使用起来也较为方便。本书主要介绍广联达 BIM 安装算量软件 GQI2021 和广联达 GBQ4.0 计价软件。

6.2　广联达安装算量软件与计价软件简介

1. 广联达 BIM 安装算量软件 GQI2021 简介

该软件是针对民用建筑工程中安装专业所研发的一款工程量计算软件。集成了 CAD 图算量、PDF 图纸算量、天正实体算量、表格算量、描图算量等多种算量模式。通过设备一键全楼统计，管线一键整楼识别等一系列功能，软件中共内置了给排水、采暖燃气、电气、消防、通风空调、智能弱电六大专业，涵盖全面，满足各个专业算量要求，解决工程造价人员在招投标、过程提量、结算对量等过程中手工统计繁杂、审核难度大、工作效率低等问题。

该软件总体可以分为六步操作过程，如图 6.1 所示。

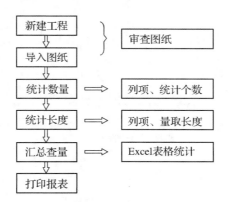

图 6.1　广联达 BIM 安装算量软件 GQI2021 操作过程

在软件的操作界面中,左侧导航栏从上至下分别为"工程设置""绘图输入""表格输入""集中套用做法"及"报表预览"五个模块,即导航栏。在每个模块中,从左至右,就是该模块的操作流程,即工具栏,此操作流程是完全模拟手工算量设计的,如图 6.2 所示。

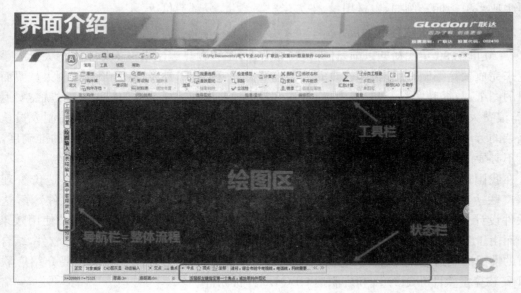

图 6.2　操作界面

2. 广联达 BIM 安装算量软件 GQI2021 操作流程

结合软件的六步操作流程和五个模块,我们简单介绍一下该算量软件的操作。

(1) 新建工程

打开软件后,首先需要新建工程,在这里,可以进行输入工程名称、选择计算规则等操作。安装算量软件中内置了《建设工程工程量清单计价规范》(GB 50500—2013),如图 6.3 所示。

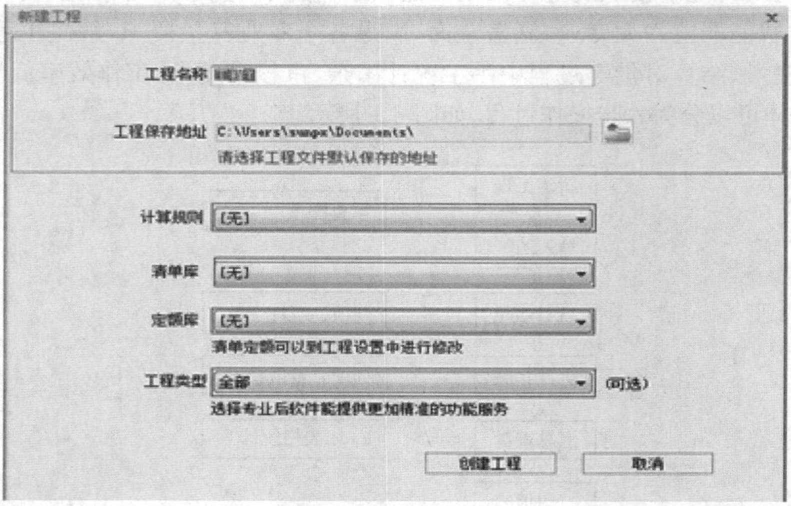

图 6.3　新建工程界面

（2）导入图纸

在"工程设置"模块中，利用"图纸管理"的功能，将图纸添加进来。"图纸管理"功能可以完成审阅图纸的工作，再通过"工程信息""设计说明信息"等提取施工图纸上相应的信息。通过这样的设置，我们利用手工算量的思路，就可以快速上手软件了。

选择"添加图纸"，找到图纸的保存路径，点击"打开"。在计算工程量时，根据图纸中不同的楼层，分别计算对应的工程量。在软件中，可以通过"楼层设置"分别插入不同的楼层。插入完成之后，设置每一层的层高，这样软件就可以分别计算每一层的工程量，最后提量的时候，也可以根据不同的楼层分别进行提量。"楼层设置"功能如图 6.4 所示。

图 6.4　导入图纸界面

除了楼层信息外，工程中管道的刷油、保温、材质等一系列的信息一般会在图纸的设计说明中进行描述，通过软件的"设计说明信息"可以集中输入管道的材质、连接方式、刷油类型及保温。在这里统一设置完成后，软件在算量时，会自动读取已设置的信息，方便后续操作。水专业"设计说明信息"功能如图 6.5 所示。

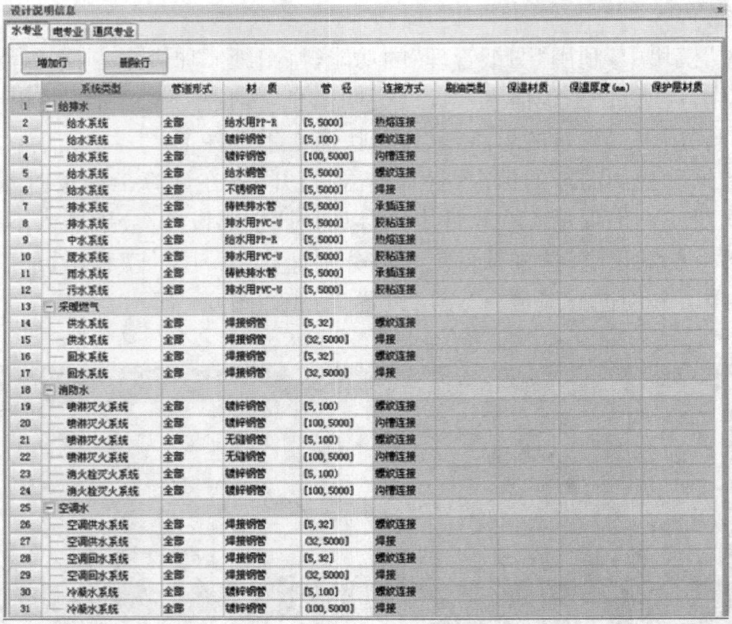

设计说明信息

水专业 | 电专业 | 通风专业

增加行　删除行

	系统类型	管道形式	材　质	管　径	连接方式	刷油类型	保温材质	保温厚度(mm)	保护层材质
1	− 给排水								
2	给水系统	全部	给水用PP-R	[5, 5000]	热熔连接				
3	给水系统	全部	镀锌钢管	[5, 100)	螺纹连接				
4	给水系统	全部	镀锌钢管	[100, 5000]	沟槽连接				
5	给水系统	全部	给水铸管	[5, 5000]	螺纹连接				
6	给水系统	全部	不锈钢管	[5, 5000]	焊接				
7	排水系统	全部	铸铁排水管	[5, 5000]	承插连接				
8	排水系统	全部	排水用PVC-U	[5, 5000]	胶粘连接				
9	中水系统	全部	给水用PP-R	[5, 5000]	热熔连接				
10	废水系统	全部	排水用PVC-U	[5, 5000]	胶粘连接				
11	雨水系统	全部	铸铁排水管	[5, 5000]	承插连接				
12	污水系统	全部	排水用PVC-U	[5, 5000]	胶粘连接				
13	− 采暖燃气								
14	供水系统	全部	焊接钢管	[5, 32]	螺纹连接				
15	供水系统	全部	焊接钢管	(32, 5000]	焊接				
16	回水系统	全部	焊接钢管	[5, 32]	螺纹连接				
17	回水系统	全部	焊接钢管	(32, 5000]	焊接				
18	− 消防水								
19	喷淋灭火系统	全部	镀锌钢管	[5, 100)	螺纹连接				
20	喷淋灭火系统	全部	镀锌钢管	[100, 5000]	沟槽连接				
21	喷淋灭火系统	全部	无缝钢管	[5, 100)	螺纹连接				
22	喷淋灭火系统	全部	无缝钢管	[100, 5000]	沟槽连接				
23	消火栓灭火系统	全部	镀锌钢管	[5, 100)	螺纹连接				
24	消火栓灭火系统	全部	镀锌钢管	[100, 5000]	沟槽连接				
25	− 空调水								
26	空调供水系统	全部	焊接钢管	[5, 32]	螺纹连接				
27	空调供水系统	全部	焊接钢管	(32, 5000]	焊接				
28	空调回水系统	全部	焊接钢管	[5, 32]	螺纹连接				
29	空调回水系统	全部	焊接钢管	(32, 5000]	焊接				
30	冷凝水系统	全部	镀锌钢管	[5, 100]	螺纹连接				
31	冷凝水系统	全部	镀锌钢管	(100, 5000]	焊接				

图 6.5　设计说明信息

同时，在算量时，我们需要一层一层图纸进行计算，通过“分割定位”图纸，我们可以将图纸定位并快速的分配到对应的楼层。首先，选择定位点，选择需要分配的图纸，自动读取图纸名称，选择需要分配的楼层，点击确定，这样我们就将一层图纸分配好了。利用此方法，我们可以将各层的图纸全部分配完成。分配完成后，点击“生成分配图纸”，这样软件会将各层对应的图纸自动分配到对应的楼层。

在安装算量中，存在很多个专业，每个专业在算量时，又有很多不同的计算规则。软件在“计算设置”中内置了各个专业的计算规则，软件在计算时，智能判断，保证精准出量。给排水专业“计算设置”功能如图 6.6 所示。

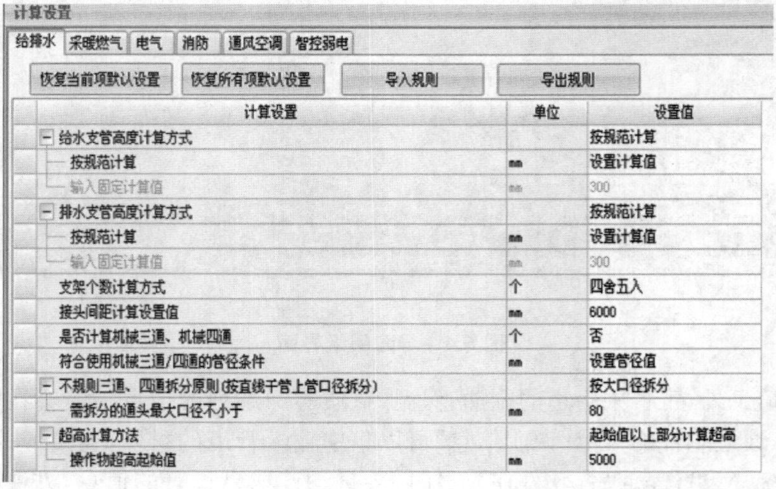

计算设置

给排水 | 采暖燃气 | 电气 | 消防 | 通风空调 | 智控弱电

恢复当前项默认设置　恢复所有项默认设置　导入规则　导出规则

计算设置	单位	设置值
− 给水支管高度计算方式		按规范计算
按规范计算	mm	设置计算值
输入固定计算值	mm	300
− 排水支管高度计算方式		按规范计算
按规范计算	mm	设置计算值
输入固定计算值	mm	300
支架个数计算方式	个	四舍五入
接头间距计算设置值	mm	6000
是否计算机械三通、机械四通	个	否
符合使用机械三通/四通的管径条件	mm	设置管径值
− 不规则三通、四通拆分原则(按直线干管上管口径拆分)		按大口径拆分
需拆分的通头最大口径不小于	mm	80
− 超高计算方法		起始值以上部分计算超高
操作物超高起始值	mm	5000

图 6.6　计算设置

（3）统计数量

在"绘图输入"模块中，根据算量的顺序，可以依次切换到安装专业中的给排水、采暖燃气、电气、消防、通风空调、智控弱电。

在数量的统计过程中，如卫生器具、灯具、消火栓等工程量，软件可以利用"图例""点""形识别"或"一键识别"功能将图纸中相同的图例一次性识别，快速统计工程量，解决手算工程中统计数量的烦恼。

（4）统计长度

安装工程中需要计算的工程量除了数量，另外一个就是长度。比如给排水管道的长度，通风风管的长度等。管道需要区分不同的管径进行出量。在长度的计算时，可以通过"自动识别""选择识别"等方式生成管道。管道生成完毕后，软件会在自动计算管道的同时，自动计算通头相应的工程量，并且按照连接管道的规格型号统计出不同的连接方式，可以做到一键多量。同时，在软件计算中，我们不仅可以看到平面计算的工程量，更可以通过动态观察，直接显示管道三维模型，方便检查和修改，如图 6.7 所示。

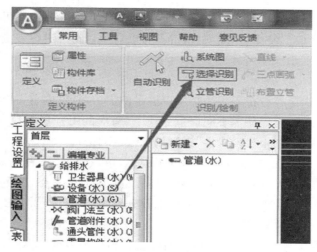

图 6.7　统计长度界面

（5）汇总查量

① 点击查量功能包中的"汇总计算"功能，如图 6.8 所示。

图 6.8　汇总计算按钮

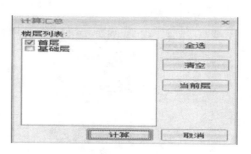

图 6.9　计算汇总界面

② 弹出"汇总计算"界面，点击"计算"按钮，如图 6.9 所示。

③ 屏幕弹出"工程量计算完毕"的界面；点击"确定"按钮，如图 6.10 所示。

图 6.10　工程量计算完毕界面

量算完后，我们要进行套做法、出报表的工作，可以利用"集中套用做法"模块和"报表"模块的操作。在套做法和报表之前，我们可以对工程量进行检查，软件提供了"漏量检查""漏项检查""碰撞检查""属性检查""设计规范检查"等检查类功能来保证工程量的完整性和准确性。

工程量检查完成后，切换到"集中套用做法"模块，"集中套用做法"是模拟手工工程量统计的方法，将工程量进行分组显示，方便用户对应套取清单、定额。我们还可以使用"自动套用清单"进行清单的一键套取。使用"匹配项目特征"可以对项目特征进行一键匹配。这样，我们就快速完成了套清单的工作。

（6）打印报表

软件中为用户提供了各种报表来满足用户提量的需求，软件内置了"工程量汇总表""系统汇总表"等多种提量方式，可以显示不同提量方式下，对应的工程量。当内置的报表格式不满足用户的需求时，可以通过"报表设置器"进行设置输量的格式。

如果使用报表对量过程中，遇到有疑问的工程量，可以使用"报表反查"功能，快速定位到绘图区，工程量计算的位置，检查一下到底哪个地方的工程量不一致，做到计算结果可追溯，结果可查。在软件使用过程中遇到难题，都可以通过软件中的"帮助"页签找到答案。

① 在左侧选择"报表预览"模块；

② 在左侧导航栏中选择相应的报表，在右侧就会出现报表预览界面，如图 6.11 所示。

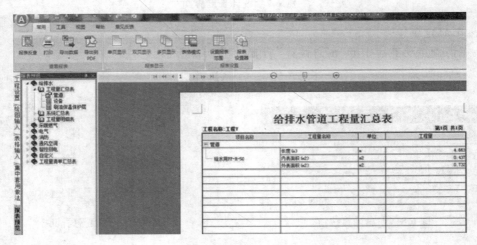

图 6.11　报表预览界面

③ 点击"打印"按钮则可打印该张报表。

完成以上操作后,即可保存工程。点击软件窗口上方快速启动栏→"保存";最后,点击左上角  "退出"即可退出安装算量 GQI2018,如图 6.12 所示。

图 6.12　退出按钮

3. 广联达 GBQ4.0 计价软件简介

广联达 GBQ4.0 是广联达推出的融计价、招标管理、投标管理于一体的全新计价软件,旨在帮助工程造价人员解决电子招投标环境下的工程计价、招投标业务问题,使计价更高效、招标更便捷、投标更安全。

(1) 广联达 GBQ4.0 计价软件的用途

① 招标人在招投标阶段编制工程量清单及标底;

② 投标人在招投标阶段编制投标报价;

③ 施工单位在施工过程中编制进度结算;

④ 施工单位在竣工后编制竣工结算;

⑤ 甲方审核施工单位的竣工结算。

(2) 广联达 GBQ4.0 计价软件的操作流程

以招投标过程中的工程造价管理为例,GBQ4.0 软件操作流程分以下两种情况:

① 招标人编制工程量清单操作流程:

a. 新建招标项目:包括新建招标项目工程,建立项目结构;

b. 编制单位工程分部分项工程量清单:包括输入清单项,输入清单工程量,编辑清单名称,分部整理;

c. 编制措施项目清单;

d. 编制其他项目清单;

e. 编制甲供材料、设备表;

f. 查看工程量清单报表;

g. 生成电子标书:包括招标书自检,生成电子招标书,打印报表,刻录及导出电子标书。

② 投标人编制投标报价操作流程:

a. 新建投标项目;

b. 编制单位工程分部分项工程量清单计价:包括工程量清单导入、套定额子目,输入子目工程量,子目换算,设置单价构成;

c. 编制措施项目清单计价:包括计算公式组价、定额组价、实物量组价三种方式;

d. 编制其他项目清单计价;

e. 人材机汇总:包括调整人材机价格,设置甲供材料、设备;

f. 查看单位工程费用汇总:包括调整计价程序,工程造价调整;

g. 查看报表;

h. 汇总项目总价:包括查看项目总价,调整项目总价;

i. 生成电子标书:包括符合性检查,投标书自检,生成电子投标书,打印报表,刻录及导出电子标书。

参考文献

[1] 中华人民共和国住房和城乡建设部等.建设工程工程量清单计价规范:GB 50500—2013[S].
　　北京:中国计划工业出版社,2013

[2] 江西省建设工程造价管理局.江西省通用安装工程消耗量定额及统一基价表(2017)[S].长
　　沙:湖南科学技术出版社,2017

[3] 江西省建设工程造价管理局.江西省建筑与装饰、通用安装、市政工程费用定额(2017)[S].
　　长沙:湖南科学技术出版社,2017

[4] 左丽萍,李茜.建筑安装工程预算[M].南京:南京大学出版社,2015

[5] 刘钦.建筑安装工程概预算[M].北京:机械工业出版社.2010

[6] 吴心远.安装工程造价[M].重庆:重庆大学出版社.2011

[7] 胡洋,孙旭琴,李清奇.建筑工程计量与计价[M].南京:南京大学出版社.2012